集成电路科学与工程类新工科系列教材

半导体光物理过程

Optical physics processes of Semiconductors

主　编：王卿璞

编　委：王汉斌　徐明升　辛　倩

　　　　冯先进　张锡健　胡慧宁

　　　　张翼飞

U0238797

图书在版编目(CIP)数据

半导体光物理过程 / 王卿璞主编. —济南:山东
大学出版社,2021.1(2022.1重印)
ISBN 978-7-5607-6891-5

Ⅰ.①半… Ⅱ.①王… Ⅲ.①半导体物理学－光学－
物理过程 Ⅳ.①O47 ②O43

中国版本图书馆 CIP 数据核字(2020)第 270953 号

策划编辑:祝清亮
责任编辑:姜　山
封面设计:牛　钧

出版发行:山东大学出版社
　　社　　址　山东省济南市山大南路 20 号
　　邮　　编　250100
　　电　　话　市场部(0531)88363008
经　　销:新华书店
印　　刷:山东和平商务有限公司
规　　格:787 毫米×1092 毫米　1/16
　　　　　18.25 印张　410 千字
版　　次:2021 年 1 月第 1 版
印　　次:2022 年 1 月第 2 次印刷
定　　价:58.00 元

总　序

　　集成电路科学与工程是 20 世纪 60 年代创建并迅速发展的科学技术领域,自 1958 年世界上诞生第一块半导体集成电路开始,人类社会迈入"硅器"时代。经过 60 多年的发展,特别是伴随着智能手机、移动互联网、云计算、大数据和移动通信的普及,半导体集成电路已经从单纯实现电路小型化的技术方法,演变为今天所有信息系统的核心,成为人类社会战略性产业发展的技术支撑,强力推动着电子信息、数字经济、工业控制、网络通信、医疗器械、智能制造、国防装备、信息安全、消费电子等各个领域的发展,深刻影响着国民经济、社会进步和国家安全。当前,因为"卡脖子"问题和国家战略需求,"新工科"集成电路已经成为高等教育领域关注的热点。

　　全球新一轮科技革命和产业革命加速发展,以集成电路为代表的新一代信息技术产业以其强大的创新性、融合性、带动性和渗透性成为核心驱动力,其战略性、基础性和先导性作用进一步凸显。人才兴则科技兴,人才强则产业强。目前我国集成电路产业发展正处于攻坚期,要突破核心技术瓶颈解决"卡脖子"问题,增强内生发展动力,迫切需要大批领军人才、专业技术人才和工匠型人才的支撑。根据 2014 年 6 月《国家集成电路产业发展推进刚要》、2020 年教育部发布《关于开展新工科研究与实践的通知》《关于推荐新工科研究与实践项目的通知》等要求,各高校积极推进新工科建设,先后形成了"复旦共识""天大行动"和"北京指南",积极探索新工科人才培养中国模式。为了提高人才培养的数量和质量,使工程应用型人才更具创新能力,一流专业建设是龙头,优质课程建设是关键。

　　近年来,山东大学微电子学院作为国家示范性建设学院,以集成电路设计与集成系统、微电子科学与工程一流专业建设为目标,以人才培养模式的创新为中心,以教师团队建设、教学方法改革、实践课程培育、实习实训项目开发等一系列条件为支撑,以课程建设为着力点,以校企融合、产学研结合为突破口,实施了新工科课程改革战略,尤其在教材建设方面加大了力度,以培养国家核心技术人才为己任,建设世界一流、在国内外具有重要影响的高水平学科和专业,为我国微电子与集成电路产业培养高级专业技术人才。学院决定从课程改革和教材建设相结合的方面进行探索,组织富有经验的教师编写适应新工科课程教学需求的专业教材,给予大力支持。该系列教材既注重专业知识技能的提高,又兼顾理论的提升,力求满足微电子和集成电路科学与工程专业的学科需求,为学生的就业和继续深造打下坚实的基础,切实提高人才培养质量,培养国家战略急需的人才。

通过各编写教师和主审教师的辛勤劳动,本系列教材即将陆续面世,希望能进一步推动微电子和集成电路科学与工程类的教学与课程改革,也希望业内专家和同仁对本套教材提出建设性和指导性意见,以便在后续教学和教材修订工作中持续改进。

本系列教材在编写过程中得到了行业专家的支持,山东大学出版社对教材的出版也给予了大力支持和帮助,在此一并致谢。

山东大学微电子学院

2021 年 1 月于济南

前　言

半导体科学技术是 20 世纪最伟大的科技成就之一,是自然科学和技术领域中的一个极其重要的活跃分支,也是完美体现当代科学技术发展特点的一个突出范例。半导体晶体管的发明终结了电子管时代,开创了集成电路的新纪元,为人类的科技发展和社会生活带来了翻天覆地变化,极大地促进了人类文明的进步。

本书是 2003—2020 学年我在山东大学物理学院、微电子学院开设研究生课的基础上组织编写而成的。在编写的过程中,我加入了一些研究论文的内容和新的发展介绍。本书涉及半导体晶体中电子的运动状态、光子与电子、原子之间的相互作用,宽带隙半导体氧化物薄膜特性、太赫兹技术简介等内容,包括半导体的光吸收、光跃迁、光产生、光调制等等。有一些过程和现象比较复杂,有一些现象的理论基础在固体物理中已经给出解释,还有一些物理概念比如极化子、极化声子、激子复合体、太赫兹波等较难理解,在本书中都有介绍。在半导体中涉及的光物理过程较多,本书也不可能全部详细论述,常用的一些原理、应用基本都有涵盖。

我非常感谢我的同事们给我的支持,感谢我的学生和各年级的同学们对此课感兴趣并选择了它,这也是我完成此书的最大动力源泉;我还要感谢参与完成各章节内容编写的以下同事和学生:第 3、4 章的王汉斌,第 7 章的辛倩、张锡健,第 9 章的冯先进、许萌,第 10、11 章的徐明升,第 12 章的张翼飞、胡慧宁;感谢他们帮助一起完成此书的内容。因水平所限,书中难免有错误和不当之处,敬请各界读者批评指正。

编　者

2020 年 9 月 9 日

内容简介

《半导体光物理过程》一书主要论述了半导体材料与器件中的光学现象与物理过程，重点论述了半导体材料中光的吸收、辐射、复合、激射以及半导体氧化物薄膜光电特性等基本原理以及与光现象相关的各种效应和应用。全书共计十二章，分别由以下人员编写完成各章节：第1章半导体的能带结构和电子能量状态（王卿璞）；第2章半导体的光吸收（王卿璞）；第3章半导体的光学常数（王汉斌）；第4章半导体的外场效应（王汉斌）；第5章半导体中的光发射（王卿璞）；第6章半导体的辐射与非辐射复合（王卿璞）；第7章氧化物薄膜半导体特性（王卿璞、辛倩、张锡健）；第8章PN结中的光电过程（王卿璞）；第9章半导体光生伏特效应（冯先进、许萌）；第10章半导体的自发辐射和受激辐射（徐明升）；第11章半导体激光器（徐明升）；第12章半导体太赫兹技术与应用（王卿璞、张翼飞、胡慧宁）。

本书内容丰富，概念清晰，完整性和系统性比较强，适合从事半导体材料与器件、光电子技术、固体光学、微电子与集成电路、半导体激光器等相关专业的研究人员，以及大专院校和科研机构相关专业的本科生、研究生阅读参考。

目　录

第1章
半导体的能带结构和电子能量状态

在本章中我们主要讨论同一类型的原子聚集在一起形成晶体时所具有的能带结构和一系列电子允许的能量状态。

1.1 能带结构

1.1.1 原子的能级与晶体的能带

单原子的电子能级是分立的、量子化的,要了解半导体材料的性质,首先要考虑当同一类型的原子聚集在一起形成晶体时,它们的电子波函数就会发生不同程度的交叠,这时原子上的电子就不再局限于一个原子上。由于这些原子之间的相互作用,使大量电子在晶体中共有化,这就解除了孤立原子系统电子能级的简并(孤立原子相同的能级),使原来具有相同能级值的多个能级分裂成具有不同能值的多个能级,这些电子的能级非常接近地形成能带。为了满足泡利不相容原理(一个原子中没有任何两个电子可以拥有完全相同的量子态),所有自旋成对的电子状态的能量不同于孤立原子中相应的值。假如由 N 个原子相互作用排列成晶体时,相同轨道上有 $2N$ 个电子占据着 $2N$ 个不同的状态,它们形成一个能带以取代孤立原子状态下的分立能级。

固体一般分为晶体和非晶体两大类。在内部结构中,粒子(原子、离子或分子)有规则排列的称为晶体,内部粒子排列不规则的叫非晶体。实际上,晶体中的价电子并非是完全自由的,电子与正离子(原子实)、电子与电子之间还存在相互作用。当 N 个原子相互接近排列成晶体时,孤立原子的一个能级将分裂成 N 个能级(未考虑自旋时),即展宽为近似连续的能带。其能级间隔如式(1-1):

$$\Delta E_n = E_{n+1} - E_n = \frac{2n+1}{N^2} E_1 \quad (n=1,2,3,\cdots) \tag{1-1}$$

电子所占据的能量状态的能量分布很强烈地依赖于原子之间的距离。如图1-1所示给出了硅材料3s、3p能带随晶格原子间距变化的能量分布图(其较低的电子态 $1s^2 2s^2$,

$2p^6$ 形成了较深的价带,其特征是电子态被电子完全填满)。

考虑晶体中的电子是在周期性晶格势场和其他电子的作用中运动。根据计算可得到晶体中电子的能态在布里渊区边界 $k = \pm \dfrac{n\pi}{a}$ 处出现了能量间隙,如图1-1所示。能隙处是电子能量的禁止区域,又称为禁带。禁带之外的能带区域称为充带,包括价带和导带。这些能带区又称为布里渊区。当晶格由 N 个原胞组成,则每一能带内有 N 个能级。再考虑电子自旋时,每个能级可容纳2个电子,则每一能带可容纳 $2N$ 个电子,具有 $2N$ 个能级。

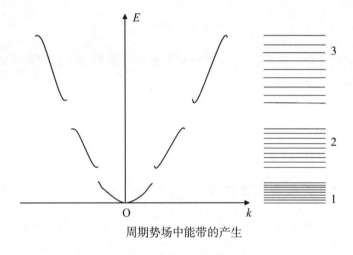

周期势场中能带的产生

图1-1　周期势场中能带的产生

1.1.2　晶体半导体能带模型

半导体材料一般为晶体,其电子运动状态与孤立原子中的电子状态有些不同。在晶体中大量原子集合在一起,彼此间距离很近,使得各个壳层之间有不同程度的交叠。尤其是最外面的电子壳层交叠最多,导致外层电子的状态有很明显的变化。壳层的交叠使电子不再局限于某个原子上,它可能转移到相邻原子的相似壳层上去,也可能从相邻原子运动到更远的原子壳层上去,这样电子有可能在整个晶体中运动,已经很难区分电子究竟属于哪个原子。晶体中电子的这种运动称为电子的共有化运动。外层电子的共有化运动较为显著,而内层壳层固交叠少而共有化运动不十分显著。但是电子的共有化运动只能在原子中具有同一能级的同名壳层之间进行,没有获得外来能量或释放能量就不能跃迁到其他壳层上去。

电子共有化会使得本来处于同一能量状态的电子发生了能量微小的差异。例如,组成晶体的数个原子在某一能级上的电子本来都具有相同的能量,现在它们由于处于共有化状态而只有 N 个微小差别的能量,形成了具有一定宽度的能带,原子能级分裂成能带示意如图1-2所示。

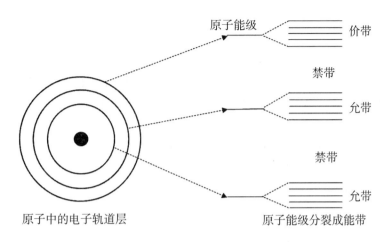

图 1-2 原子能级分裂成能带示意图

原子中每一电子所在能级在晶体中都分裂成能带。这些允许被电子占据的能带称为允带。允带之间的范围是不允许电子占据的,这一范围称为禁带。

晶体中电子的能量状态也遵守原子的能量最低原理和泡利不相容原理。内层低能级所分裂的允带总是被电子先占满。然后再占据能量更高的外面一层允带。被电子占满的允带称为满带。在晶体原子中最外层电子为价电子,相应地最外层电子壳层分裂所成的能带称为价带。价带可能被电子填满,也可能不被填满。填满的价带也称为满带,满带电子不导电。

半导体晶体多为共价键。例如,锗(Ge) 或硅(Si) 原子外层有 4 个价电子,它们与相邻原子组成共价键后形成原子外层有 8 个电子的稳定结构。如纯净锗晶体:在热力学温度为零时,材料不导电。但是,共价键上电子所受束缚力较小,它会因为受到热激发而跃过禁带,去占据价带上面能量更高的允带,称为导带。电子从价带跃迁到导带后,导带中的电子称为自由电子。因为它们能量很高,不附着于任何原子上,它们可以在晶体中自由运动,在外加电场作用下形成净电流。另外,价带中电子跃迁到导带后,价带中出现电子的空缺称为自由空穴。在外电场作用下,附近电子可以去填补空缺,于是犹如自由空穴发生定向移动形成自由空穴运动,从而形成电流。所以说在常温下半导体有导电性。

由上可知,与半导体导电特性有关的能带是导带和价带。常用图 1-2 所示的示意图来表示纯净半导体的能带结构。在纯净半导体中,电子获取热能后从价带跃迁到导带,导带中出现自由电子,价带中出现自由空穴,出现电子 — 空穴对导电载流子。这样的半导体常称为本征半导体,而导电的自由电子和自由空穴统称为载流子。本征半导体导电性能高低与材料的禁带宽度有关。禁带宽度小者,电子容易跃迁到导带,因而导电性能就高。如锗的禁带宽度比硅的小,所以其导电性能随温度变化就比硅更显著。绝缘体因禁带宽度很大则呈现无导电性能。

1.1.3 能带宽度

能带的宽度或散度,即能带最高和最低能级之间的能量差,是一个非常重要的特征,它是由相互作用的轨道之间的重叠来决定的,因而反映出轨道之间的重叠情况,相邻的轨道之间重叠越大,带宽就越大。图1-3是固体的能带结构和原子间距的关系示意图。

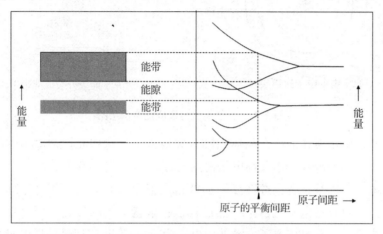

图1-3 是固体的能带结构和原子间距的关系示意图

半导体中人为掺入少量杂质形成掺杂半导体。杂质对半导体的导电性能有很大的影响,后面再叙述。

1.1.4 导带、禁带与价带

能带用来定性地阐明晶体中电子运动的普遍特点。价带,通常指绝对零度时,半导体材料里低能带的量子态被价电子完全填满所形成的能带。导带在绝对零度时,其量子态是空的,在导带中,电子的能量范围高于价带,而所有在导带中的电子均可在外电场的加速下形成电流。对于半导体而言,价带的上方有一个能隙,能隙上方的能带则是导带,只有电子进入导带后才能在固体材料内自由移动,形成电流。对金属而言,则没有能隙介于价带与导带之间,金属具导电性就是因为其导带电子不满或者其导带与价带重叠的缘故。能带的三部分:导带、禁带和价带,如图1-4所示。

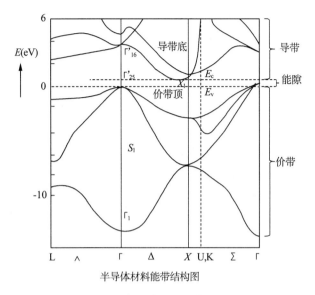

半导体材料能带结构图

图 1-4　半导体材料能带结构图

1.1.4.1　满带电子情况

从前面可知,晶体中电子能量本征值 $E(k)$ 是波矢 k 的偶函数,即 $E(-k) = E(k)$,则可以证明 $v(-k) = -v(k)$,即电子的速度 $v(k)$ 是波矢 k 的奇函数。若一个能带完全填满电子,电子在能带上的分布,在 k 空间具有中心对称性,即一个电子处于 k 态,其能量为 $E(k)$,则必有另一个与其能量相同的 $E(-k) = E(k)$ 电子处于 $-k$ 态。当不存在外电场时,尽管对于每一个电子来说,都可以形成电流 $-ev$,但是 k 态和 $-k$ 态的电子电流 $-ev(k)$ 和 $-ev(-k)$ 正好一对正负相互抵消,没有宏观电流。所以,在不加外电场时,电子在波矢空间内对称分布,使得总的电流始终为零。

当加外电场时,每个电子都会受到一个力 $F = -eE$ 的作用,电子在能带中分布具有 k 空间中心对称性的情况仍不会改变。以一维能带为例,图 1-5 中 k 轴上的点表示简约布里渊区内均匀分布的各量子态的电子。

如上所述,在外电场 E 的作用下,所有电子所处的状态都以速度 dk/dt 沿 k 轴移动。

$$\frac{\mathrm{d}k}{\mathrm{d}t} = -\frac{eE}{\hbar} \tag{1-2}$$

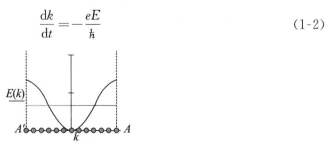

图 1-5　满带电子在外场下的运动

由于布里渊区边界 A 和 A' 两点实际上代表同一状态,在电子填满布里渊区所有状态即满带情况下,从 A 点流出去的电子同时就从 A' 点流进来,因而整个能带仍处于均匀分布填满状态,整体分布没有变化,使得满带中的电子对导电没有贡献,并不产生电流。因此,对于满带电子情况,不论是否有外加电场,都没有导电现象发生。价带便是如此。

1.1.4.2　非满带电子情况

图 1-6 给出不满带电子填充的情况,图 1-6(a) 图是不加外电场时,电子从最低能级开始填充,而且 k 态和 $-k$ 态总是成对地被电子填充的,所以总电流为零。图 1-6 (b) 是加上外电场时,整个电子分布将向着电场反方向移动,由于电子受到声子或晶格不完整性的散射作用,电子不会无限地移动下去,而是稍稍偏离原来的分布,如图 1-6 (b) 所示。当电子分布偏离中心对称状况时,随着外加电场增强,电子分布更加偏离中心对称分布,未被抵消的电子电流就愈大,晶体总电流也就愈大。由于不满带电子可以导电,因而将不满带称为导带。

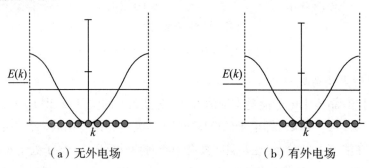

（a）无外电场　　　　　　　　　（b）有外电场

图 1-6　不满带电子在 k 空间的分布

1.2　能量在动量空间的分布

1.2.1　等能面

在 K 空间中,电子的能量等于一个固定值的曲面称为等能面。对于自由电子来说,其能量为 $E = \hbar^2 k^2 / 2m$,所以其等能面为一个个同心的球面,在绝对温度零度时,电子将能量区间 $0 \sim E_F$ 占满,那么 E_F 就称为费米能。$E_F = \hbar^2 k_F^2 / 2m$,对应能量 E_F 的等能面称为费米面,k_F 称为费米半径。也就是说,在绝对零度时,电子占满了半径为 k_F 的一个球。

对于晶体中的电子其波函数是按晶格周期调幅的平面波,电子的波函数具有周期性,

满足如下形式：
$$\phi_k(r) = e^{ik \cdot r} u_k(r), u_k(r) = u_k(r + R_n) \tag{1-3}$$
$$R_n = n_1 \boldsymbol{a}_1 + n_2 \boldsymbol{a}_2 + n_3 \boldsymbol{a}_3$$

（R_n 是个格矢,倒格矢）

上述理论称为布洛赫(Bloch) 定理.

在晶体中存在大量的电子,电子的运动是相互关联的,这是一个多体问题,根据量子力学理论,我们可以把这个多体问题简化成单电子问题,即把每个电子的运动看成是独立的在一个等效势场中的运动。依据晶格的周期性,这个等效势场 $V(r)$ 必定具有晶格的周期性,即有 $V(r)=V(r+R_n)$。

利用晶格的周期性,在直角坐标系中,薛定谔方程中的哈密顿函数 $H(r)$ 也具有晶格的平移对称性,即 $H(r)=H(r+R_n)$,根据量子力学中对易算符的特点:对易算符有共同的本征函数。

由此可以推导出:晶体中的电子波函数满足方程:

$$\phi(r+R_n)=\mathrm{e}^{ikR_n}\phi(r) \tag{1-4}$$

可以验证,平面波

$$\phi(r)=\mathrm{e}^{ik\cdot r}$$

能满足上述公式。

对于布洛赫电子,在布里渊区边界上,其能带是不连续的,出现禁带。我们知道,布洛赫波函数满足薛定谔方程:$H\phi=E\phi$,求解方程,可得到布洛赫波函数可以展开成一系列平面波 $\mathrm{e}^{i(k+K)\cdot r}$ 的线性组合;

通过波函数展开,再代入公式积分,根据波函数的共轭特性可以得到:$E(k)=E(-k)$

这说明,在波矢 k 空间内,电子的能量具有反演对称性。

1.2.2 能态密度定义

单位能量间隔的两个等能面间所包含的量子态数目称为能态密度。它描述的是能级密集的程度随能量变化的情况,可用能量介于 $E\sim E+\Delta E$ 之间的量子能态数目 ΔZ 与能量差 ΔE 之比表示,即 $\Delta Z/\Delta E$。在此基础上,对 $\Delta Z/\Delta E$ 取极限,即 $\lim\Delta Z/\Delta E=N(E)$,由此可推出能态密度函数 $N(E)$ 与能量 E 之间的关系。

假设晶体的体积为 V,则单位波矢空间体积内的波矢数目为 $V/(2\pi)^3$,考虑到电子的自旋,每个状态可以允许 2 个上下自旋方向不同的电子,那么单位波矢空间体积内对应的量子态数目为:$2V/(2\pi)^3$,则能量为 $E\sim E+\mathrm{d}E$ 的两个等能面之间的量子状态数为:$\mathrm{d}Z=N(E)\mathrm{d}E=2V/(2\pi)^3\int\mathrm{d}^3k$,$\mathrm{d}^3k=\mathrm{d}s\,\mathrm{d}k$,$\mathrm{d}^3k=\mathrm{d}S_E\mathrm{d}k_1$。

其中:$\mathrm{d}S_E$ 为等能面上的单位面积,$\mathrm{d}k_1$ 为两等能面之间的垂直距离,沿等能面法向。根据两个等能面之间的能量梯度,可知

$$\mathrm{d}E=|\bigtriangledown_k E(k)|\,\mathrm{d}k_1, \tag{1-5}$$

所以,能态密度 $N(E)=\mathrm{d}Z/\mathrm{d}E$

$$D(E)=\frac{V}{4\pi^3}\int_B\frac{\mathrm{d}S_E}{|\bigtriangledown_k E(k)|}, \tag{1-6}$$

考虑到能带间的可能重叠,设第 n 能带的态密度为:$N_n(E)$,

则总的能态密度为：$N(E) = \sum N_n(E)$。 (1-7)

在零点或布里渊区边界，$|\nabla_k E_n(k)| = 0$，存在有极值，被积函数是发散的。对二、三维情况，此函数可积，$N_n(E)$ 值有限。能态密度作为能量的函数，一般情况是连续的。但在个别的能量点上，能态密度有可能出现奇异性，这些点称为范·霍夫(Van Hove) 奇点。

二维紧束缚模型在半满时费米能级就是处在范霍夫奇点上。

对于不同维度的晶体材料，能态密度分别计算如下：

(1) 对于一维金属中的自由电子，若设电子的总数为 N，晶格常数为 a，则在 $E \sim E + dE$ 能量区间内，波矢的数目为：$(N/2\pi/a) \times 2dk = Na/\pi \times dk$，根据自由电子的能量与波矢的关系：$E = \hbar^2 k^2/2m$，$k = (2mE/\hbar^2)^{1/2}$，$dk = m/k\hbar^2 dE$，可推出在 $E \sim E + dE$ 能量区间内的量子态数目为：

$dZ = 2 \times Na/\pi \times dk$，考虑到电子的自旋，前面乘以 2。所以，在单位能量间隔、单位长度内存在的量子状态数量即能量态密度为 $N(E) = 1/Na \times dZ/dE$。 (1-8)

(2) 对于二维金属中的自由电子，电子能量 $E = \hbar^2 k^2/2m$，且有 $k^2 = 2mE/\hbar^2$，$k\, dk = m/\hbar^2 \times dE$，所以

$$dZ = 2 \times a^2/(2\pi)^2 \times 2\pi k\, dk,$$

故能态密度 $N(E) = 1/s \times dZ/dE = m/\hbar^2$ (1-9)

(3) 对于三维自由电子。大家在固体物理中学过，金属中的电子可看作自由电子，可以用自由电子气模型进行讨论，自由电子的费米能级 E_F 与金属的体积 V 和电子的能态密度 $N(E)$ 相关。对于自由电子，可用经典关系：$E = P^2/2m$ 可以推出能量 E 与动量 K 之间的关系：$E = \hbar^2 k^2/2m$。在 k 空间当中，能量 $E(k)$ 所构成的等能面为 $E = $ 常数的球面，等能面是一个以 k 为半径的球面，k 的大小为：$k = (2mE/\hbar^2)^{1/2}$，在等能球面上的任何一个点，都有 $dE/dk = \hbar^2 k/m$，是一个常数。即由 E 和 $E + \Delta E$ 围成的空间薄壳层体积为 ΔV，该状态在 k 空间是均匀分布的，则在单位能量间隔、单位体积内存在的量子状态数量即能量态密度为：$N(E) = d(\Delta Z/V)/dE$，在 k 空间中，在能量 E 和 $E + \Delta E$ 之间两个等能面之间的体积为 $\Delta V = V/(2\pi)^3$，可以推出能态密度 $N(E) = d(E)/dk$，N-E 关系反映出固体中电子能态的结构。

1.3 晶体波函数与能带分析

晶体中存在大量的电子，不仅存在着电子和电子之间的相互作用，也存在着电子与离子的相互作用。为了方便讨论问题，必须作简化处理。

根据单电子近似：忽略电子之间的相互作用，只考虑晶体原子的周期性势场对电子的影响，同时认为原子核是固定不动的。这种近似也叫做"独立单电子近似"。可利用以下经典关系：

$$p = m_0 v, E = \frac{1}{2}\frac{p^2}{m_0}, k = |k| = \frac{1}{\lambda}$$

$$E = h\nu, p = hk$$

$$v = \frac{hk}{m_0}, E = \frac{h^2 k^2}{2m_0}$$

单电子近似认为,电子与原子的作用相当于电子在原子的势场中运动;周期性的原子排列产生了周期性的势场。在一维晶格中,x 处的势能为:$V(x) = V(x + na)$,晶体中电子所满足的波函数为布洛赫波函数:

$$\Phi(x) = U_k(x)\mathrm{e}^{i2\pi kx} \tag{1-10}$$

其中 $\mathrm{e}^{i2\pi kx}$ 是平面波函数,电子在空间各点出现的几率相同,是共有化的。$U_k(x) = U_k(x + na)$:为周期函数,反映电子在每个原子附近的运动情况。电子的运动状态由电子波矢 k 的大小和方向确定,求解 $E(k)$ 与 k 的关系,可以得到电子的能量。

对于孤立原子来说,不同原子的同壳层电子的能级是简并的;对于晶体来说,大量的原子形成晶格的周期性,单原子量子化的能级就会分裂成能带,不同壳层上的电子分裂成不同的能带,这种能带分裂和导带与价带的出现就形成了晶体的能带理论。根据固体物理中的紧束缚理论,考虑到 S 态电子为球对称,最近邻的电子分布总是对称的,只考虑最近邻个格点,则 S 态紧束缚电子的能带为:

$E_s(k) = E_s^{at} - C_s - J_s \Sigma \mathrm{e}^{ik \cdot R_n}$,$R_n$ 是最近邻的格矢。

对于简立方晶体,最近邻有 6 个原子,其坐标为:

$$(\pm a, 0, 0), (0, \pm a, 0), (0, 0, \pm a),$$

可得到简立方结构晶格的 s 能带的 $E(k)$ 表达形式为:

$$E(k) = \varepsilon_s - J_0 - 2J_1(\cos k_x a + \cos k_y a + \cos k_z a) \tag{1-11}$$

当 R_n 是最近邻的格矢时,积分 J_1 的值都相同.

1.3.1　导带底附近的能态密度

根据前面我们已经得到的自由电子的能态密度 $N(E)$ 函数,

$$N(E) = 4\pi V\left(\frac{2m}{h^2}\right)^{\frac{3}{2}} E^{\frac{1}{2}} \tag{1-12}$$

可以看出自由电子能量 E 和能态密度 $N(E)$ 的关系曲线是抛物线,如图 1-7 所示。而晶体中电子受到周期性势场的作用后,其能量 $E(k)$ 与波矢的关系不再是抛物线性质,因此原来的公式不再适用于晶体中电子。下面以紧束缚理论的简立方结构晶格的 s 态电子状态为例,分析晶体中电子态密度。

有效质量给晶体中的电子赋予了经典荷电粒子的性质,使电子在晶体中的运动可以使用类似经典力学的关系概括。可以证明,在能带极值点 $k = 0$ 附近,周期性势场中的电子的速度可以写为:$v = hk/m_n^*$,晶体中电子的加速度也有类似表达:$a = f/m_n^*$。通过电子的有效质量来概括晶格对电子的总体作用。

对于导带底,其能量极小值在 Γ 点 $\boldsymbol{k}=(0,0,0)$ 处,根据上述公式,其极小能量为 $E(\boldsymbol{k})=\varepsilon_s-J_0-6J_1$,所以在 Γ 点附近的能量,可以通过将式子(1-11)$E(\boldsymbol{k})$ 展开为在 $\boldsymbol{k}=0$ 处的泰勒级数而得到,以 $\cos x=1-x^2/2+\cdots$,取前两项代入,可以得到:

$$E(\boldsymbol{k})=\varepsilon_s-J_0-2J_1\left[3-\frac{1}{2}a^2(k_x^2+k_y^2+k_z^2)\right]=E_s(\Gamma)-J_1a^2(k_x^2+k_y^2+k_z^2)$$

$$(1-13)$$

根据有效质量的定义,可以求出简立方晶格 s 带 Γ 点处的有效质量为一个标量,简立方对称晶体的有效质量也是各向同性的,即 $m_{xx}{}^*=m_{yy}{}^*=m_{zz}{}^*=h^2/2a^2J_1>0$,

$$m^*=\frac{\hbar^2}{2a^2J_1}>0 \tag{1-14}$$

代入后,可得到:$E(\boldsymbol{k})=E_s(\Gamma)+\dfrac{\hbar^2k^2}{2m^*}$ $\quad\quad(1-15)$

式(1-15)表明:在能带底 $\boldsymbol{k}=0$ 附近,等能面是球面,如果以 $E(\boldsymbol{k})-E_s(\Gamma)$ 及 m^* 分别代替自由电子的能量 E 及质量 m,就可得到晶体中电子在能带底附近的能态密度函数:

$$N(E)=4\pi V\left(\frac{2m^*}{\hbar^2}\right)^{\frac{3}{2}}\left[E(\boldsymbol{k})-E_s(\Gamma)\right]^{\frac{1}{2}} \tag{1-16}$$

1.3.2 价带顶附近的能态密度

在晶体能带的价带顶 $\boldsymbol{k}=(\pi/a,\pi/a,\pi/a)$ 的 R 点处,其能量最大值为 $E(\boldsymbol{k})=\varepsilon_s-J_0+6J_1$。以 R 点附近的波矢 $\boldsymbol{k}=(\pm\dfrac{\pi}{a}+\Delta k_x,\pm\dfrac{\pi}{a}+\Delta k_y,\pm\dfrac{\pi}{a}+\Delta k_z)$ 代入 $E(\boldsymbol{k})$ 表达式中,就得到在能量极大值附近的能量表达式:

$$E(\boldsymbol{k})=\varepsilon_s-J_0-2J_1\left[\cos(\pm\pi+\Delta k_xa)+\cos(\pm\pi+\Delta k_ya)+\cos(\pm\pi+\Delta k_za)\right]$$

$$(1-17)$$

再利用 $\cos(\alpha+\beta)=\cos\alpha\cos\beta-\sin\alpha\sin\beta$ 公式展开,就可得到:

$$E(\boldsymbol{k})=\varepsilon_s-J_0+2J_1(\cos\Delta k_xa+\cos\Delta k_ya+\cos\Delta k_za) \tag{1-18}$$

将式中余弦函数进行泰勒展开,利用 $\cos x=1-x^2/2+\cdots$ 后,上式变成:

$$E(\boldsymbol{k})=\varepsilon_s-J_0+2J_1\left[3-\frac{1}{2}a^2(\Delta k_x^2+\Delta k_y^2+\Delta k_z^2)\right]$$

$$=E_s(R)-\frac{\hbar^2}{2m^*}\left[(\Delta k_x)^2+(\Delta k_y)^2+(\Delta k_z)^2\right] \tag{1-19}$$

或写成:

$$E_s(R)-E(\boldsymbol{k})=-\frac{\hbar^2}{2m^*}\left[(\Delta k_x)^2+(\Delta k_y)^2+(\Delta k_z)^2\right] \tag{1-20}$$

式中 $m^*=\dfrac{\hbar^2}{2a^2J_1}$,$\Delta k_i$ 是波矢 $\boldsymbol{k}$ 与能带顶 R 的波矢之差。所以,若以 R 点为原点建立

坐标系 k_x, k_y, k_z 轴,则 Δk_i 的意义就与 k_i 的意义是一样的。因此,式(1-20)表示能量极大值附近的等能面是一些以 R 点为球心的球面。这样,我们即可得到能带极大值附近的能态密度函数:

$$N(E) = 4\pi V \left(\frac{2m^*}{h^2}\right)^{\frac{3}{2}} \left[E_s(R) - E(\mathbf{k})\right]^{\frac{1}{2}} \tag{1-21}$$

虽然,式(1-20)和式(1-21)是从一个特例出发得到的,但却具有普遍意义。也就是说,当能带极值处的有效质量是各向同性的,等能面是球面时,式(1-20)和式(1-21)均适用。

1.3.3 非极值点处的能态密度

图 1-8 给出了自由电子和近自由电子的能态密度曲线。在原点附近,等能面基本上保持为球面,能态密度基本上与自由电子的能态密度相近,但当接近布里渊区边界时,等能面向布里渊区边界突出,在能量接近 E_A 时,等能面向外突出,所以,这些单位能量间隔的两个等能面之间的波矢空间体积显然比自由电子两个球面之间的体积大许多,所以在接近布里渊区边界时,晶体中近自由电子的能态密度要大于自由电子的能态密度,因而所包含的状态也较多,使晶体电子的能态密度在接近 E_A 时比自由电子的显著增大,达到最大值;当能量超过 E_A 时(过了 A 点),由于等能面不再连续,等能面之间的体积迅速缩小,能态密度也迅速缩小,因此,能量在 E_A 到 E_C 之间的能态密度将随能量增加而逐渐减小,最后下降到 C 点为零。

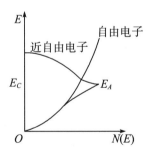

图 1-8　自由电子与晶体中电子态密度

如果考虑两个没有交叠的能带的能态密度,下面一个带的态密度曲线亦如图 1-9 所示,在能带顶处态密度为零。在禁带内亦一直保持为零(因禁带内无电子的量子态存在),当能量到达上面能带的带底时,能态密度才又随能量的增加而增加,如图 1-9(a)所示。如果所考虑的能带有交叠,则两能带态密度也会发生交叠,态密度函数如图 1-9(b)所示。可见,交叠能带与不交叠能带的态密度函数是很不相同的。

当电子能量远离极值点时,晶体电子的等能面不再是球面,这时电子的等能面为椭球面,在考虑晶体的对称性时,也可用类似的方法去求能态密度。

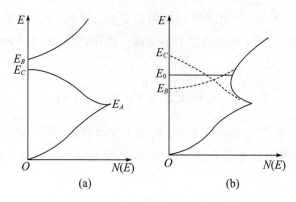

图 1-9 （a）不交叠能带（b）交叠能带

1.4　费米能级与能量色散

1.4.1　费米能级

　　费米能级是温度为绝对零度时固体能带中充满电子的最高能级。根据泡利不相容原理，一个量子态不能同时容纳两个或两个以上的费米子（电子），在量子态填充过程中每个费米子都占据最低的可供占据的量子态。所以在绝对零度下，电子将从低到高依次填充各能级，费米能级以下均被电子填满，形成电子能态的"费米海"，"海平面"即是费米能级，因此在绝对零度下，所有电子的能量都低于费米能级。一般情况下费米能级对应态密度为零的地方，但对于绝缘体而言，费米能级就位于价带顶。费米能级等于费米子系统在趋于绝对零度时的化学势，因此在半导体物理和电子学领域中，费米能级经常被当做电子或空穴化学势的代名词。费米能级的物理意义是该能级上的一个状态被电子占据的概率是二分之一。在半导体物理中，费米能级是个很重要的物理参数，只要知道了它的数值，在一定温度下，电子在各量子态上的统计分布就完全确定了。

　　费米能级和半导体材料的导电类型、温度、杂质的含量以及能量零点的选取有关。N型半导体的费米能级靠近导带底，N型高掺杂半导体的费米能级会进入导带；P型半导体费米能级靠近价带顶，过高掺杂会进入价带。将半导体中大量电子的集体看成一个热力学系统，可以证明处于热平衡状态下的电子系统有统一的费米能级。

　　对于本征半导体和绝缘体，费米能级则处于禁带中间。因为它们的价带是填满了价电子、导带是完全空着的，则它们的费米能级正好位于禁带中央。即使温度升高时，本征激发而产生出了电子－空穴对，但由于导带中增加的电子数等于价带中减少的电子数，则禁带中央的能级仍然是占据几率为二分之一，所以本征半导体的费米能级的位置不随温度而变化，始终位于禁带中央。

1.4.2 能量色散

同一个能带内之所以会有不同能量的量子态,原因是能带的电子具有不同的波矢量(wave vector),或是 k — 向量。在量子力学中,k — 向量即为粒子的动量,不同的材料会有不同的能量 — 动量关系($E - k$ relationship)。能量色散决定了半导体材料的能隙是直接能隙还是间接能隙。如导带最低点与价带最高点的 k 值相同,则为直接能隙,否则为间接能隙。

1.5　导体、半导体、绝缘体

人们根据固体材料导电性能的大小差异,很早就已经把固体材料分为导体、半导体和绝缘体。当给固体材料加一个电场时,导体会有较大的电流流过,半导体的电流就较弱,而绝缘体根本就没有电流流过,这是什么原因呢? 这些问题曾经在很长时间内没有得到根本性的解释。能带理论出现以后,才为解释固体材料导电的本质提供了理论依据。用能带理论解释固体材料导电的基本观点是能带的电子填充:当能带被电子填满时,满带中的电子是不参与导电的;只有不满带中的电子对导电才有贡献。

1.5.1 能带的填充与导电性

在某种确定的晶体中,每个电子都有一定的能量,某些能量区域可以有电子存在,但是另一些能量区域中不存在与此能量对应的电子,在晶体中能带是将多个粒子的电子能级扩展而成。前面已经知道,在绝对零度下,费米能级以下的状态都被电子填满了,费米能级以上的状态则没有电子填充。晶体中不允许的电子能量范围称禁带,晶体中允许的电子能量范围称允带。根据能量最低原理,通常情况下低能带是填满电子的,较高能带是空的。晶体中的电子之所以会形成能带,是由于电子的波动性受到了周期性排列的原子形成的周期性势场和大量电子的平均势场共同作用的结果。

根据自由电子能带的特点,能带是波矢 k 的偶函数,则有

$$E(k) = E(-k) \tag{1-22}$$

其中

$$E(k) = \frac{h^2 k^2}{2m} + \Delta$$

E 是 k 的偶函数,速度 $v(k)$ 是波矢 k 的奇函数. 对于一个完全被电子占满的能带来说,在外电场作用下,$\mathrm{d}\vec{k} = -e\vec{E}/H$。因为 k 态与 $-k$ 态的电子数相等,对电流的贡献正好相互抵消,总电流 $I = 0$;在不加外电场时,电子在波矢空间内呈现对称分布,也使得总电流始终为零,如图 1-10 的上图;对于一个不被电子完全占满的能带来说,在外电场的作用下,电子在波矢空间内呈现不对称分布,使得总电流不为

零,如图 1-10 的下图。

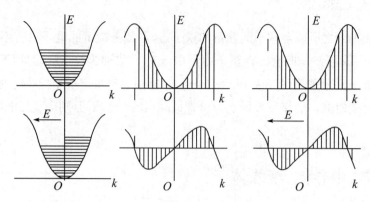

图 1-10 电子能量在波矢空间分布

1.5.2 导体、半导体、绝缘体

根据能带理论,满带中的电子不参与导电,不满带中的电子才参与导电,那么,对导体而言,因为导电性能好,所以一定存在一个没有填满电子的能带,而绝缘体也一定存在填满电子的能带或者是空带(没有电子),但其带隙比较大。对于导体存在的没有填满电子的能带称导带或价带,如金、银、铜和碱金属,所含有的 S 态能带顶部未被电子占满,而较高能带的底部有电子占据。对于半导体来说,它是导电性能介于导体与绝缘体之间的材料,其禁带宽带 Eg 的值大于零,一般小于 4eV,纯净的半导体材料满带和空带之间的禁带比较小,一般在 2eV 以下,远小于绝缘体的禁带($Eg > 4eV$),少数电子会因为热激发到空带底,导致空带中有少量电子参与导电;同时由于热激发满带电子激发后,会在满带中留下空穴,该空穴也参与导电。

我们考虑所有的电子都处在使用 Fermi-Dirac 统计的能带上,假定在 $T = 0K$ 时完全填充的能带是"价带",而所有部分填充或未填充的能带都是"导带",一些能量较低的能带将被电子完全填满。对于最高价带和最低的导带附近区域,该区域不仅决定了基本吸收边缘附近的光学特性,而且还决定了材料的磁性能和电子对电导率和产生发热的贡献。在 $T = 0K$ 的时候,金属就是以这种方式填充的,有一个或多个部分填充的导带如图 1-11 所示。如果原子轨道形成部分被电子占据的能带,就会出现这种情况,该能带本身仅部分被电子占据(例如,碱金属 Li, Na…… 的外部 s 级),如图 1-11(a) 所示。或者如果被电子完全填充的轨道形成的能带其与来自空原子轨道的能带重叠(如稀土金属 Ca,Mg 中的情况),如图 1-11(b) 所示。另一方面,有一个或多个完全填充的价带,其与完全空的导带之间间隔带隙为 Eg。当半导体中有杂质原子存在时,因为杂质原子多出的电子(或空穴) 会导致空带中有少数电子或满带中有少数空穴存在,使半导体导电性增强。

对于半导体有:$0 < Eg \leqslant 4eV$,而对于绝缘体,一般来说其禁带宽度 $Eg > 4eV$,但是也不是绝对的。关于 4eV 的能量"边界线"是按照一般惯例来设定的,但这不是绝对的。

例如金刚石的带隙有 5.5eV,但仍被认为是半导体材料,是因为它可以掺杂成 N 型或 P 型。

对于带隙宽度 $Eg=0$ 的材料,虽然其导带最低点和价带的最高点相互衔接,但如果二者并没有重叠,仍然被称为是半金属。

对于禁带宽度较小的半导体,如 $0<Eg\leqslant0.5\text{eV}$,我们称之为窄带隙半导体;半导体的禁带宽度通常在 $0.5\text{eV}<Eg\leqslant2\text{eV}$,该类半导体更具有广泛的应用性,如 Si,Ge,GaAs 等。若半导体的禁带宽度在 $2\text{eV}<Eg\leqslant4\text{eV}$ 范围内,一般称为宽带隙半导体;半导体的禁带宽度 $Eg>4\text{eV}$,它接近于绝缘体,常称之为超宽禁带半导体。

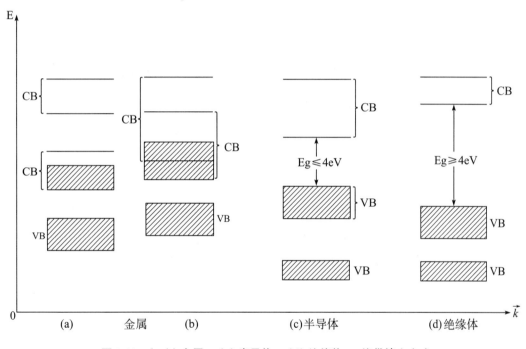

图 1-11 (a,b) 金属 (c) 半导体 (d) 绝缘体 能带填充方式

下面简单介绍"直接带隙"和"间接带隙"半导体。如果价带的最大值和导带的最小值出现在第一布里渊区的相同波矢(K)点,我们就称该半导体具有直接带隙,或者说是直接半导体。这一相同波矢点经常出现在 Γ 点(即 $k=0$),但不一定都是 Γ 点(即 $k=0$),直接带隙半导体的带隙发生在布里渊区边界特定的点上。如果价带的最大值和导带的最小值出现在布里渊区的两个不同极值点、不同 k 值处,则该半导体被称为具有间接带隙或称为间接半导体。这个术语的原因是来自能带极值之间的光跃迁。具有能量等于半导体带隙宽度能量的光子,在第一个布里渊区域上几乎没有的动量。在 $E(k)$ 关系中,电子吸收光跃迁是垂直的。如果能带极值出现在 k 空间中的相同点,则通过吸收光子或发射光子就可以直接实现极值之间的电子跃迁转换。在另一种情况下,这种转变被动量守恒定律所禁止,只有间接跃迁是可能的,这也涉及声子的吸收或发射以保持动量守恒。

1.6 半导体载流子浓度

前面我们已经知道了能态密度分布,下面看看这些能态的占据情况。当用光照射晶体时,光子与电子发生相互作用,相互作用的强弱依赖于涉及的电子数的多少,能量为 E 的状态被电子占据的几率为:

$$f(E) = \frac{1}{1 + e^{\frac{(E - E_f)}{k_B T}}} \tag{1-23}$$

式中 E_f 为费米能级,k_B 为波尔兹曼常数。在该能级处,即当 $E = E_f$,$f(E_f) = \frac{1}{2}$ 时,能态被电子占据的几率为 $\frac{1}{2}$,或者说在 0K 时,电子所具有的最高能态几率为 $\frac{1}{2}$。$f(E)$ 也可理解为能量为 E 的能级上的平均电子数。

同理,根据被空穴占据的几率为:

$$f_p(E) = 1 - f(E) = 1 - \frac{1}{1 + e^{\frac{(E - E_f)}{k_B T}}} = \frac{1}{1 + e^{\frac{(E_f - E)}{k_B T}}} \tag{1-24}$$

对于给定的半导体材料,在给定的的温度下,费米能级 E_f 总是确定的,且随着温度升高,掺杂半导体材料的 E_f 向中间移动(接近 $\frac{E_g}{2}$)。若已知 E_f,则可求导带中的电子浓度 n 和价带中的空穴浓度 p

$$\begin{cases} n = \sum_j f(E_j) \\ p = \sum_i f_p(E_i) \end{cases} \tag{1-25}$$

由于导带中能级密度很高,在 $E \approx E + dE$ 的能量间隔内包含了大量的电子状态,我们知道:$g(E)$ 是表示单位体积单位能量间隔内的状态的。

所以在此能量间隔内的电子浓度 dn 为:

$$dn = f(E) \cdot g(E) \cdot dE \tag{1-26}$$

则公式(1-10)的求和可化为积分:

$$n = \int_{导带} f(E) \cdot g(E) \cdot dE \tag{1-27}$$

由此可求出载流子浓度。如图 1-12 所示,给出了电子-空穴对复合示意图。

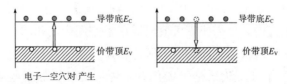

图 1-12   电子-空穴对复合示意图

当然,载流子电子和空穴的多少决定着 E_f 的位置,在多电子的情况下,E_f 位于禁带中靠近导带底(离开带边若干 $k_B T$)。

E_f 越靠近导带,则导带中的电子浓度就越高,半导体表现为 N 型。

E_f 越靠近价带,则价带中的电子浓度就越低,空穴浓度越高,半导体表现为 P 型。

光照可以激发价带的电子到导带,形成电子—空穴对,该过程为本征吸收,吸收光子能量满足于 $h\omega \geqslant E_g$ 推导出 $\dfrac{2\pi hc}{\lambda} \geqslant E_g$。

存在光吸收的有限波长 $\lambda_0 = \dfrac{2\pi hc}{E_g} = \dfrac{hc}{E_g}$,称 λ_0 为本征吸收边。

对于本征半导体,电子浓度和空穴浓度相等,则电子、空穴浓度为:

$$n_i = p_i = 2(\frac{k_B T}{2\pi \hbar^2})^{3/2} \cdot (m_e \cdot m_h)^{3/4} \cdot e^{-E_g}/2k_B T \tag{1-28}$$

在热平衡状态下,若半导体导带电子浓度 n_0 与价带空穴浓度 p_0,在一定温度下,载流子的产生和复合两个相反过程之间保持一种动态平衡,使得导带中电子数目和价带空穴数目保持不变。这种状态下的电子和空穴的浓度与时间无关,因而产生与复合速率相等。

$$n_0 = N_c \cdot e^{-(E_c - E_f)/k_B T}, N_c = 2 \cdot \frac{(2\pi m_e^* \cdot k_B T)^{3}/2}{\hbar^3}, N_c \text{ 为导带有效状态密度}$$

$$p_0 = N_v \cdot e^{(E_v - E_f)/k_B T}, N_v = 2 \cdot \frac{(2\pi p_2^* \cdot k_B T)^{3}/2}{\hbar^3}, N_v \text{ 为价带有效状态密度}$$

这里,无论是导带电子还是价带空穴,都是借助于热激发产生的,就是说杂质电离或本征激发所需的能量都是来自热运动的能量,这种载流子称为热平衡载流子(n_0, p_0)。

若对半导体施加外界作用(如光照),迫使它处于与热平衡状态相偏离的状态,此状态称为非平衡状态。处于非平衡状态的载流子不再是 n_0, p_0,可以比它们多出一部分,多出的这部分载流子称为过剩载流子,因此在非平衡状态下(电场或光照),载流子浓度为:

$$n = n_0 + \Delta n, \quad p = p_0 + \Delta p, np = n_i^2 e^{(E_F^n - E_F^p)/k_B T}$$

非平衡载流子越多,准 Fermi 能级 E_{Fn} 和 E_{Fp} 偏离 E_F 就越远,电子的准 Fermi 能级 E_{Fn} 和空穴的准 Fermi 能级 E_{Fp} 的差值直接反映出半导体偏离热平衡状态的程度。

1.7 半导体中的杂质能态

在完整的晶体中,禁带中不存在电子状态。但实际情况是晶体并不完整,不管用什么方法(MBE、MOCVD、PLD 等等)制备晶体材料总是有杂质和缺陷存在,产生局域化的电子态,这些局域化的电子态能级位于禁带之中,形成杂质能态。杂质可以改变半导体的电传导性质,大部分半导体器件是由杂质半导体制成的。不同杂质原子在不同的半导体中所占据位置的形式不同。

1.7.1 施主与受主杂质能级

(1) 若杂质原子取代一个构成晶体的原子,并能向晶体提供一个比被取代的原子多一个或更多个的附加电子,且自身成为带正电的离子,该杂质称施主。例如,硅中(Si) 掺入磷(P),锗(Ge) 晶体中的砷(As),都是施主。施主向导带释放电子所需要的最小能量称为施主电离能(E_i) $\begin{cases} E_i = E_C - E_D \\ E_i = E_A - E_V \end{cases}$

反之称为受主。

杂质原子也可能处于晶体的间隙位置,而不取代晶体中的本体原子,其外层电子也可参与传导,这种间隙式杂质也是施主。

(2) 在化合物晶体中,若化合物为 Ⅲ−Ⅴ 族化合物,则杂质的作用与 Ge、Si 中的作用类似,但较为复杂一些,它既可能成为施主,又可能成为受主。如 Ⅳ 族元素若取代 Ⅲ 族元素则可成为施主;若取代 Ⅴ 族元素,则成为受主。

另外,化合物在形成的过程中,若化学配比不当,也会产生施主或受主。比如,溅射 ZnO 会产生氧空位 V_O、O_i、V_{Zn}、Zn_i、O_{Zn}、ZnO 等,氧空位 V_O、Zn_i 是施主,V_{Zn} 是受主。由于空位的氧决定了 ZnO 材料是 N 型的,要制备 P 型 ZnO 非常困难,必须用特殊方法(如掺杂 GaO,真空高温光照退火等)。

(3) 杂质的补偿作用。在半导体中同时掺入 p 型和 n 型两种杂质,它们会相互抵消。若 $N_D > N_A$,则为 N 型半导体,$n = N_D - N_A$;反之则为 P 型半导体,$p = N_A - N_D$。其净杂质浓度称之为"有效杂质浓度"。值得注意的是,当两种杂质的含量均较高且浓度基本相同时,材料容易被误认为是"高纯半导体",实际上,过多的杂质含量会使半导体的性能变差,不能用于制造器件。因此,半导体掺杂是有限制的,同时掺杂这两种杂质时可以用来调节半导体的导电类型和电阻率。

(4) 自补偿效应(self-compensation effect) 在离子化合物中,尤其是 Ⅱ−Ⅵ 族化合物半导体(例如 ZnO 半导体) 中,在合成和制备化合物半导体晶体时,由于非金属元素的蒸汽压比较大,会产生较大的化学剂量比偏离,容易形成空位、间隙原子、杂质引起的缺陷。这些缺陷将直接影响材料的电学性质。当这些材料因掺杂而增加载流子浓度时,材料中会自发地出现具有相反电荷的缺陷中心,以补偿自由载流子。如材料中掺入施主杂质,晶体中就会产生受主性缺陷和它补偿;如材料中掺入受主杂质,则晶体中就会产生施主性缺陷和它补偿,这种现象称为自补偿效应。

1.7.2 类氢模型

当施主杂质代替了原来的晶体原子时,原来的周期势场中就仿佛增加了一个正电中心,多出的电子被该正电中心以库伦势的方式强烈的吸引着,好像是一个氢原子的电子浸入高介电常数(ε)的晶体中。该电子在势场中的运动遵守量子力学方程:

$$\left[-\frac{\hbar^2 \nabla^2}{2m^*}+V(\boldsymbol{r})\right]\cdot f(\boldsymbol{r})=E\cdot f(\boldsymbol{r})$$

$V(\boldsymbol{r})$ 为晶体中的附加势场，m^* 为电子有效质量。

因为求解出的氢原子基态电子的电离能为

$$E_H=\frac{m_0 e^4}{8\varepsilon_0^2 h^2}=13.6\,\mathrm{eV} \tag{1-29}$$

所以用 m 代替自由电子质量 m_0，用 $\dfrac{e^2}{\varepsilon}$ 代替 e^2，则可得杂质从基态到导带的电离能：

$$E_i=\frac{m^* e^4}{8h^2\varepsilon^2\varepsilon_0^2 n^2} \xrightarrow{\text{基态 }n=1} \frac{m^*}{m_0}\frac{13.6}{\varepsilon^2}(\mathrm{eV}) \tag{1-30}$$

一般情况 $E_i<0.01\mathrm{eV}$。（如 P、As、Sb 在 Ge、Si 中的电离能）

所以施主能级在导带底下一个离化能位置，而受主能级则在价带顶上一个离化能处（E_i）。

由于杂质在高介电常数的晶体中，其类氢杂质束缚能减弱，绕杂质中心运动的电子轨道变得很大。其等效玻尔半径为

$$a=\frac{\hbar^2\varepsilon}{e^2 m^*}=\frac{\varepsilon}{m^*/m_0}a_0 \tag{1-31}$$

（a_0 为氢原子第一玻尔轨道半径，$a_0=\dfrac{h^2\varepsilon_0}{\pi e^2 m_0}=0.053\mathrm{nm}$）

当杂质浓度增大时，杂质能级上电子波函数开始重叠，这种波函数之间的相互作用会使一个能级的势能发生轻微改变，在重叠范围内能态形成能带。这个杂质能带在导带底（或价带顶）附近，如果杂质浓度足够大，则杂质能带会变宽，与本征能带衔接，使能带向带隙延伸，出现带尾态。

当然，也有一些杂质与类氢原子模型不同，它们能贡献一个以上的载流子（电子或空穴），形成多重施主或受主的深能级。

比如：Ⅵ 族的 Se 和 Te 在 Ge 中能产生两重施主能级。

Ⅱ 族杂质一般可以产生两重受主能级。

Ⅰ 族杂质原则上可以产生三重受主能级（Cu、Ag、Au 在 Ge 中可产生三重受主能级；Cu 在 Si 中也可产生三重受主能级）。

当然，有些杂质形成深能级的原因还不完全清楚。

1.8　带尾态

由前面可知，当杂质浓度增大到一定程度后，会形成杂质能带，这个杂质能带会对本征能带产生干扰，形成带尾态，使带隙变小。由于导带和价带的带边是上下起伏的，而杂质的分布也是随机的，因此，杂质能带也随着带边的起伏而上下起伏，杂质能带的带尾分

布也会进入能隙之中,这主要是由于杂质电子和本征能带中电子相互作用的结果。

另外,由于杂质原子与晶体原子的大小不同,杂质的引入会使晶体局部发生形变 ── 畸变,产生畸变势。这种形变可能是压缩性的,也可能是扩张性的(即压应力与张应力的产生)。

若杂质原子半径大于本体原子半径,则产生压应力,晶体能隙可能变大;若杂质原子半径小于本体原子半径,则产生张应力,晶体能隙可能变小。同样,空位缺陷及位错缺陷也产生应力,导致能隙变小。

1.9　激子

激子一词最早是由弗伦克尔(Frenkel)在理论上提出来的。

价带中被激发出的电子和价带中的空穴由于库伦相互作用而相互联系在一起的,形成一种中性的非传导电的束缚态的电子激发态,这种束缚态的电子空穴激发态称为激子。

$$\text{激子可分为两种类型}\begin{cases}\text{Frenkel 激子(又称紧束缚机子)}\\\text{Wannier} - \text{Mott 激子(又称}\begin{cases}\text{自由激子}\\\text{弱束缚激子}\end{cases}\text{)}\end{cases}$$

1.9.1　Frenkel 激子

激子是固体内的元激发,其电子 ─ 空穴之间距离和晶格常数相近,激子局域于一个原子或分子,激子的能量通过共振传递给相邻的原子或分子,由此引起激子的移动,即激子的运动过程是十分困难的,因为该运动过程是作为一个单元整体地从一个原胞位置运动到另一个原胞位置。这种激子又按"紧束缚电子近似"模型处理。如:晶子晶体中的激子多数属于紧束缚电子。

这种激子库伦作用较强,电子、空穴束缚在体元胞范围内。这种激子主要存在于绝缘体中。

1.9.2　Wannier-Mott 激子

Wannier-Mott 激子可用"近自由电子近似"模型来描述,该激子电子 ─ 空穴之间的相互作用很弱,电子 ─ 空穴之间的距离远大于晶格常数,波函数扩展到许多原胞内,这种激子在弱周期势场中可近乎自由地运动,在离子晶体和共价晶体中广泛地观察到这种激子。大多数半导体材料中,特别是介电常数大的半导体内都是这种激子。电子所"感受"到的是平均晶格势与空穴的库伦静电势。该激子主要存在半导体中。

1.9.3　自由激子

由于电子 ─ 空穴之间的库伦相互作用,电子能绕着空穴运动,好像一个类氢原子。

这一体系的离化能：$E_x = \dfrac{-m_r^* q^4}{2h^2 \varepsilon^2} \cdot \dfrac{1}{n^2}$ （1-32）

其中 $n \geqslant 1$ 的整数，表示不同的激发态，m_r^* 为折合质量。

$\dfrac{1}{m_r^*} = \dfrac{1}{m_e^*} + \dfrac{1}{m_h^*}$ m_e^*、m_h^* 为电子、空穴的有效质量。

在一个杂质原子里，核的有效质量是很大的，激子的折合质量小于电子的有效质量，主要是因为 m_e^*、m_h^* 为同一数量级；其束缚能也低于施主或受主的束缚能，因此，激子的能级是在导带底以下的小范围内。

激子可以在晶体中漫游，因为激子的这种游动性，所以激子不具有空间分布的局域态。由于电子和空穴具有相同的动量 k 时，它们运动的速度一般是不相同的：

$$v_e = \dfrac{1}{\hbar} \cdot \dfrac{\mathrm{d}E_C}{\mathrm{d}k}, v_h = \dfrac{1}{\hbar} \cdot \dfrac{\mathrm{d}E_v}{\mathrm{d}k}$$

但是若电子与空穴形成的激子在晶体中一起运动，就必须有一致的迁移速度：

有 $\dfrac{\mathrm{d}E_c}{\mathrm{d}k}_{\text{电子}} = \dfrac{\mathrm{d}E_v}{\mathrm{d}k}_{\text{空穴}}$ 即：限定了找到激子的能量空间范围。

因为空穴的有效质量是远小于电子的有效质量（$m_h^* \ll m_e^*$），所以利用类氢模型时，要考虑重心的位置，用 **K** 表示重心的动量矢量

故激子的动能可写为：$E = \dfrac{\hbar^2 k^2}{2(m_e^* + m_h^*)}$，动能增大，意味着激子的能级稍拓宽成能带。

若电子和空穴浓度高，则电子 — 电子和空穴 — 空穴之间的库伦排斥作用增强，就削弱了电子 — 空穴相互吸引作用，出现库仑作用的屏蔽，电子与空穴相互吸引作用范围减小。当掺杂浓度很高时，能带边产生起伏，会形成内电场，它对电子和空穴施加相反的作用力，当该作用力大于电子 — 空穴对之间的库伦作用时，激子就会解体，故观察不到激子。

当自由载流子浓度大于 2×10^{16} cm^{-3} 时，激子效应不存在，所以重掺杂半导体以及金属不存在激子效应。

当由于畸变势的存在造成局部场时，它对电子和空穴的作用力方向相同，这些力使激子向低能方向漂移，稳定而不破裂。如果激子解体，它产生自由的电子和空穴。

1.9.4　束缚激子

当晶体中有杂质或晶格缺陷形成的带电中心时，由于带电中心的库伦作用，可将激子俘获在带电中心的周围，形成束缚激子。决定激子能否束缚在杂质或缺陷中心的基本判据是：能量判据 — 即能量最低原理。

若激子束缚于杂质中心附近时，系统总能量下降，则从能量观点看，系统较稳定，激子保持在杂质中心附近是有利的；若激子束缚在杂质中心附近时，系统总能量上升，则激

子就不会束缚在杂质、缺陷中心附近,而是选择自由状态。

能形成束缚激子局域中心的类型有:

3 电离施主(D^+, x),② 中性施主(D^0, x)

③ 电离受主(A^-, x),④ 中性受主(A^0, x)

⑤ 等电子陷阱

束缚电子的束缚能作如下讨论:

(1) 电离施主束缚的情形

当 $\dfrac{m_e^*}{m_h^*} \ll 1$ 时,束缚激子与激子化的离子(氢离子 H_2^+)类似,受电离施主束缚的激子,其激子束缚能 $E_\oplus$ 为:

$$E_\oplus = (2.6/13.6) \quad \Delta E_D = 0.2 \quad \Delta E_D (\text{eV}) \tag{1-33}$$

(H_2^+ 离子的离解能为 2.6 eV,13.6 eV 为氢原子的电离能,ΔE_D 为施主电子的束缚能)

当 $\dfrac{m_e^*}{m_h^*} \gg 1$ 时,有效质量小的空穴,其轨道半径大;而电子质量大,轨道半径小。所以由电离施主与电子系统组成了电中性状态,得不到束缚态,成为自由激子。

(2) 对于电离受主,只要将上述讨论中的电子和空穴互换即可。

(3) 被中性施主舒服的情形

当 $\dfrac{m_e^*}{m_h^*} \ll 1$ 时,束缚态与氢原子 H_2 类似,电子轨道半径大因而可用氢原子的离解能 4.5eV,得到中性施主束缚的激子的束缚能 $E_{\oplus-}$ 为:

$$E_{\oplus-} = (4.5/13.6)\Delta E_D \approx 0.33\Delta E_D \tag{1-34}$$

当 $\dfrac{m_e^*}{m_h^*} \gg 1$ 时,空穴描绘的轨道半径大,只感应出两个电子中的一个电子的电荷,激子受中性施主束缚时的束缚能 $E_{\oplus-}$ 为:

$$E_{\oplus-} = E_1 + E_2 - E_{ex}, \begin{cases} E_1 — 首移走一个空穴所需要的能量 \\ E_2 — 接着移走一个电子所需要的能量 \\ E_{ex} — 为该电子与空穴变成自由激子状态的能量 \end{cases}$$

由于空穴描述的轨道半径大,只感应出一个电子的库伦场,拿走该空穴的能量 E_1 等于自由激子的束缚能 E_{ex}。

移走空穴后又移走一个电子的能量 E_2 等于氢的负离子 H^- 的电子离解能 0.75eV,所以 $E_{\oplus-} = (0.75/13.6) \Delta E_D \approx 0.055\Delta E_D$;

见表 1-1 给出了各类束缚激子的束缚能。

表 1-1　束缚激子的束缚能

局域中心	束缚激子束缚能	
	有效质量	
	$m_e^*/m_h^* \ll 1$	$m_e^* \gg 1$
电离施主 $E_\oplus$	$0.2\Delta E_D$	不受束缚
电离受主 $E_\ominus$	不受束缚	$0.2\Delta E_D$
中性施主 $E_{\oplus-}$	$0.33\Delta E_D$	$0.055\Delta E_D$
中性受主 $E_{\ominus-}$	$0.055\Delta E_A$	$0.33\Delta E_A$

由此可见,一个自由空穴能与一个中性施主组合成一个带正电荷激子化的离子,束缚在中性施主上的电子仍围绕该施主在一个大的轨道上运动,空穴也随之在感应出的偶极子静电场中运动,这一复合体也叫束缚激子。

同理,一个电子与一个中性受主结合也形成一个带负电荷激子化的离子复合体。另外,两个电子和两个空穴可以组合成激子的复合体。

1.9.5　等电子陷阱

所谓等电子陷阱是指当半导体中同一族的原子作为杂质而取代晶体的基质原子时,它们价电子数相等,故取代后没有增加附加的电子和空穴,但由于电负性和原子半径大小等方面的不同,它们在晶体中也可束缚电子或空穴,成为带电中心,称等电子陷阱。等电子陷阱可先通过近程势能束缚第一个粒子,再通过库伦势束缚第二个粒子,形成束缚激子。

1.9.6　双激子和三体

我们引入激子的概念时通常用氢离子的模型来解释,大家知道两个自旋方向相同的氢原子可以构成一个氢分子。同样可以理解:两个正电子可以形成正电分子束缚态。所以,两个激子也可以束缚在一起形成一种准粒子,这就是所谓的双激子或者激子化分子。

理论上发现,在任何电子－空穴有效质量比和任何维度下都能形成束缚态。双激子束缚态的能量单位可用激发态的里德堡能量表示。对于体材料样品来说在 $E_{biex}^b/R_y^* \approx 0.3$ 时,$\sigma = m_e/m_h \Rightarrow 0$,这与氢分子的数值保持一致,此后该值单调递减,直到 $\sigma = 1$ 时双激子束缚能与里德堡能量比到达 0.027 或者 0.12。该值与相对于 $\sigma \Rightarrow 0$ 和 $\sigma \Rightarrow \infty$ 时保持一致,由于电子和空穴之间交换形成的四粒子问题是对称的。它们之间的色散关系表达式简单如下:

$$E_{biex}(k) = 2(E_g - E_{ex}^b) - E_{biex}^b + \frac{\hbar^2 k^2}{4M_{ex}}$$

在此假定双激子的有效质量是激子质量的两倍。

许多激子的复杂情况在此也得到了解释,双激子现象确实已经在多种直接带隙和间接带隙半导体体材料的实验中观测到。

同时双激子也在量子阱、量子线和量子点中形成束缚态,这与实验的结果相一致。随着材料结构维度的降低,激子束缚能增强,那么也显示出双激子的束缚能量也越来越随着结构限制的增加而增加。通过计算可以得出,在量子阱中的双激子的束缚能应该是与阱宽无关的独立激子能量的 22% 左右。尽管有针对于这个理论模型的怀疑,但人们发现它与实验结果有很好的一致性。

此外,理论上预测和实验上已证明,至少对某些量子结构,三激子系统所形成的束缚态对低于自由激子束缚能的发光有所贡献。三激子是带电的激子或者双激子,或者说是一种带电的准粒子,包含两个电子和一个空穴或者两个空穴和一个电子。正如他们所观测到的量子阱结构中被修饰的 n 型或 p 型掺杂,局域化效应可能起到了一定的作用。

1.9.7 束缚激子复合物

与自由载流子可以被束缚至缺陷类似,人们发现激子也可以被束缚到缺陷上。

我们首先讨论一些浅杂质。自由激子的束缚能相对于中性受主(A^0)的束缚能是最高的,对于中性施主(D^0)来说稍低一些,对于离子化施主(D^+)更低一些。一个离子化的受主通常不与激子结合,因为中性受体和自由电子从能量上来说是更有利的,因为空穴质量的减少通常比电子和空穴的质量减少多得多。激子与中性施主(或受主)的束缚能通常要比电子(或空穴)与中性施主(或受主)的束缚能小得多,二者之间的能量比值主要决定于材料的参数并大约在 0.1。这种现象被称为 Heynes 规则。

激子相对于复合物的束缚能主要决定于复合物的化学性质(被称为化学位移或中心细胞修正)以及环境的影响,这会导致在高分辨率光谱下谱线的分立。此外,束缚态复合物因为它们之间的相互作用可能包含多种多样的激发态,其包含两个电子(或两个空穴),或者一个空穴(或一个电子)的情况。这些束缚在浅中心上的激子的波函数,可以通过用自由激子波函数的超位置来近似的描述,他们与自由载流子有相似之处。如由等电子陷阱形成的深中心。

施主与受主对被认为是多中心的束缚态激子,从另一方面看,在特定的条件下,可束缚多个激子。这种多激子复合物的形成在间接半导体中特别容易形成,因为它具有高得多能谷导带的简并性和四倍简并 Γ_8^+ 价带。

最后应该指出的是,这种复合激子复合物也存在于量子阱中。在这种情况下,束缚激子的能量还取决于杂质相对于势垒的空间位置。如果杂质不位于势阱的中心但是更接近其中一个阻挡势垒层,则束缚能通常会降低,因为波函数被推离杂质。这种现象导致吸收和发射谱线的额外不均匀的展宽,然后通常与因无序引起的带尾态或自由激子线合并。

1.9.8   极化声子、极化子和等离子激元

声子是晶体晶格振动的准粒子,是一种集体运动的元激发,也是晶格振动能量的量子化。极化声子则是一个复合体,它来自于电磁波与具有相同频率共振的谐振子之间的极化相互作用。它既可以是激子与光子之间的相互作用,也可以是光子与光学声子之间的相互作用,还可以是光子与等离子元之间的相互作用。极化声子是指长光学纵波引起离子晶体中正负离子的相对位移,离子的相对位移产生出宏观极化电场,称长光学纵波声子为极化声子。等离子激元是自由载流子的集体振荡,其能量是量子化的,它是集体激发的准粒子。极化子指电子同晶格的相互作用,它包括一个自由电子(或空穴)和与之相联系的声子,所以,极化声子与极化子是不同的。

1.10   半导体合金中的能态

1.10.1   半导体合金能隙与组份的关系

当两种或两种以上半导体形成合金时,希望这种合金的能隙值在两种纯净的半导体能隙值之间,而且随组分不同而改变。而对于多元半导体合金,能隙值与其组份似乎呈线性变化关系,通过调制各元素组分的比例,可调制器件各组成层的光学常数和禁带宽度,而又保持晶格常数彼此接近,对于构建有效异质结是非常重要的。如 $Mg_x Zn_{1-x} O$ 是与 ZnO 构建有效异质结的理想三元体系。Mg^{2+}(0.57Å) 半径与 Zn^{2+}(0.60Å) 半径相近,Mg 离子替代晶格中的 Zn 离子后不会引起晶格常数明显变化。$Mg_x Zn_{1-x} O$ 薄膜既可以作 $ZnO/Mg_x Zn_{1-x} O$ 量子阱和超晶格器件的势垒层,也可以直接作为紫外发光材料。见图 1-13 所示,给出了 $Mg_x Zn_{1-x} O$ 薄膜中 Mg 含量与禁带宽度的对应关系.

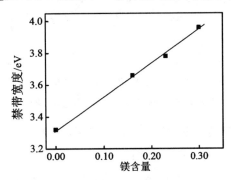

图 1-13 $Mg_x Zn_{1-x} O$ 薄膜中 Mg 含量与禁带宽度的对应关系

采用射频磁控溅射的方法制备出不同 Mg 含量($x = 0$, 0.16, 0.23, 0.30)的 $Mg_x Zn_{1-x} O$ 薄膜。X 射线衍射(XRD)结果表明,$Mg_x Zn_{1-x} O$ 薄膜为单相六角纤锌矿结构,没有形成任何显著的 MgO 分离相,$Mg_x Zn_{1-x} O$ 薄膜的择优取向平行于与衬底垂直的

c 轴;c 轴晶格常数随着 Mg 含量的增加逐渐减小。透射谱测试显示所有的薄膜在可见光波段具有极高的透过率,在紫外波段具有陡峭的吸收边,吸收边随 Mg 含量的增加向短波长方向移动。由 $Mg_xZn_{1-x}O$ 薄膜透射谱的吸收边计算出薄膜的禁带宽度,如图 1-13 可以看出,随着 $Mg_xZn_{1-x}O$ 薄膜中的 Mg 含量由 $x=0$ 增加到 $x=0.30$,薄膜的禁带宽度由 3.32eV 线性增到 3.96eV。由此可见,通过调节 $Mg_xZn_{1-x}O$ 薄膜中的 Mg 含量,可以人为设定并获得所需的禁带宽度,实施能带工程。

1.10.2　吸收系数和光学带隙

由透射谱经计算得到 MgZnO 薄膜的吸收系数 α,如图 1-14 所示,给出了石英衬底上不同 Mg 含量 MgZnO 薄膜的吸收系数。由于 $x=0.56$ 样品的吸收系数较大,所以单独列出。如图 1-15 所示给出 MgZnO 薄膜的 $(\alpha h\nu)^2$ 与 $h\nu$ 的关系,延长其线性部分与 x 轴相交可确定 MgZnO $(0 \leqslant x \leqslant 0.56)$ 薄膜的光学带隙宽度。图 1-16 给出 MgZnO 薄膜的带隙宽度对 Mg 含量的依赖关系。可以看出,在保持薄膜六角结构范围内 $(0 \leqslant x \leqslant 0.38)$,MgZnO 薄膜的基本带隙宽度随着 Mg 含量的增加由 3.22eV$(x=0)$ 几乎线性地增加到 4.1eV$(x=0.38)$,其线性拟合公式为 $E_g=3.217+2.297x(0 \leqslant x \leqslant 0.38)$。当 Mg 含量为 0.56 时薄膜变为立方结构,禁带宽度增加到 5.85eV。

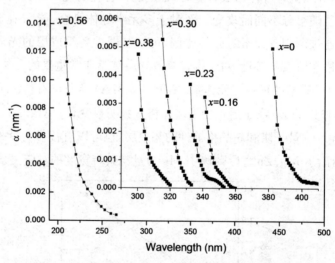

图 1-14　石英衬底上不同 Mg 含量 MgZnO 薄膜的吸收系数

为了统一六角－立方两相中禁带宽度 E_g 与镁含量的函数关系,我们采用最小二乘法对数据进行多项式拟合,得到拟合公式:

$$E_g=83.63 \times x^4-59.79 \times x^3+13.19 \times x^2+1.37 \times x+3.22$$

如图 1-17 所示,给出了拟合曲线,在所得数据中,拟合效果是很好的。

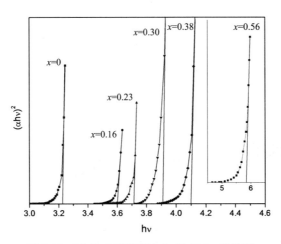

图 1-15 MgZnO 薄膜的 $(\alpha h\upsilon)^2$ 与 $h\upsilon$ 的关系

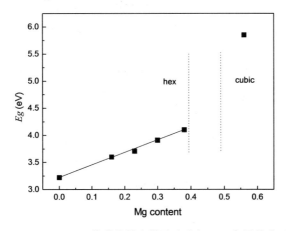

图 1-16 MgZnO 薄膜的基本带隙宽度与 Mg 含量的关系

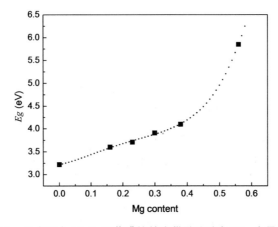

图 1-17 公式拟合 MgZnO 薄膜的基本带隙宽度与 Mg 含量的关系

在 Ⅲ－Ⅴ 族和 Ⅱ－Ⅵ 族半导体化合物中,三元、四元合金已经广泛的组份范围被合成应用,但是它们的光学特性显示出了能隙随组分变化的高度非线性关系。

第 2 章

半导体的光吸收

半导体材料对光辐射有强烈地吸收,其吸收系数 α 具有 $10^5\,\mathrm{cm}^{-1}$ 的量级。光吸收可分为本征吸收和非本征吸收,半导体材料吸收光辐射导致电子从低能级跃迁到较高的能级。由于在半导体晶体中有很多能级,因此可以形成连续的吸收带。本章主要讨论本征吸收和非本征吸收(包括激子吸收、自由载流子吸收、杂质吸收、晶格振动吸收等)等。通过研究半导体中光的传递和吸收,可以获得半导体能带结构、束缚激子和自由载流子行为和杂质能态等基本物理性质、参数的信息。研究半导体能带结构及其他有关性质的最基本最普遍的方法是吸收光谱和反射光谱法。

了解半导体材料能带结构的最基本、最简单的方法就是用光测量它的光吸收谱。根据吸收谱来分析在光子的激发下,半导体中的电子如何由低能态跃迁到高能态,研究分析存在的各种可能的跃迁,可得到关于半导体能带分布的信息。半导体的一些宏观性质通常可用折射率、消光系数和吸收系数等参数来表征,这些半导体光学参数之间的关系,可由经典的电磁理论来导出(即由麦克斯韦方程导出)

2.1　本征吸收

2.1.1　本征吸收物理图象

对理想的半导体,在 0K 时其价带完全被电子占满,导带是空的,由于带隙 E_g 的存在,价带内的电子不可能在 0K 时被激发到导带上。当有足够能量的光子被电子吸收激发时,电子才可能越过禁带到跃迁到导带,而在价带中留下一个空穴,形成电子 — 空穴对。如图 2-1 所示。

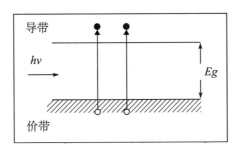

图 2-1　能带电子－空穴对示意图

2.1.2　本征吸收定义

本征吸收是指半导体价带中的电子吸收光子的能量后直接从价带激发跃入导带,在价带中留下空穴,产生等量的电子与空穴,这种吸收过程就叫本征吸收。

半导体对光的吸收主要是本征吸收,对于硅材料,本征吸收的吸收系数比非本征吸收的吸收系数要大几十倍到几万倍,吸收效率很高。

2.1.3　本征吸收的特点及影响因素

2.1.3.1　本征吸收特点

由于本征吸收是电子从价带到导带的直接跃迁吸收,动量保持守恒,不需要声子协助,故其特点是:电子空穴成对产生;产生附加的光电导;有明显的长波吸收限,其吸收谱为波长短于吸收限的连续谱;吸收系数快速上升。这也相当于原子中的电子从能量低的能级跃迁到能量高的能级(人们可以根据这种吸收确定半导体的能隙)。当然,原子吸收光子引起的跃迁和晶体吸收光子引起的跃迁得到的吸收谱是不同的:原子中出现的吸收谱是吸收线,而晶体中由于原子间的耦合,能级分裂成能带,故吸收谱为吸收带。

2.1.3.2　影响本征吸收的因素

如果用给定频率的光子($h\nu$),来激发半导体材料而被吸收,其吸收系数$\alpha(h\nu)$与下列几项因素有关:

(1)电子从初始态到终态的跃迁几率 P_{if};

(2)电子初始态的密度 n_i;

(3)可利用的终态的密度 n_f。

考虑到所有可能的状态,则吸收系数形式如式(2-1):

$$\alpha(h\nu) = A \sum P_{if} n_i n_f \tag{2-1}$$

2.1.4　直接跃迁吸收

2.1.4.1　直接跃迁本征吸收限

直接跃迁吸收是没有声子参与的跃迁吸收过程,跃迁吸收前后的动量保持守恒。入射光子的能量($h\nu$)至少要等于材料的禁带宽度E_g。即当$h\nu \geqslant h\nu_0 = E_g$时，才能引起本征吸收。若激发光的频率低于$\nu_0$，则不可能发生本征吸收，则$\nu_0$（或者$\lambda_0$）称为本征吸收限。

$$\lambda_0 = \frac{h}{E_g} = \frac{1.24}{E_g}\mu m \cdot eV \tag{2-2}$$

h：普朗克常数；c：光速，ν_0：材料的频率阈值；λ_0：材料的波长阈值。

如图 2-2 给出了硅、砷化镓、铝镓砷三种半导体材料对光通过时的吸收示意图。

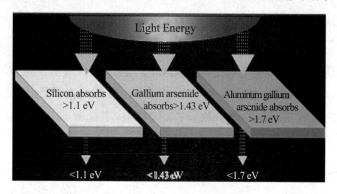

图 2-2　三种半导体材料对光通过时的吸收示意图

当入射光的频率大于频率阈值ν_0时，价带电子吸收后就产生直接跃迁，无声子参与，是一级过程，吸收效率很高，α可达$10^4 \sim 10^6 /cm$；当入射光的频率阈值低于ν_0时，不可能发生本征吸收，需要有声子参与才行，这是二级过程，吸收系数迅速下降，它的吸收效率要低于α，一般为$1 \sim 10^3 /cm$。

如典型半导体：

GaAs：$E_g = 1.43eV$，$\lambda_0 = 0.867\mu m$，$\nu_0 = 3.46 \times 10^{14} Hz$

Si：$E_g = 1.12eV$，$\lambda_0 = 1.10\mu m$，　$\nu_0 = 2.73 \times 10^{14} Hz$

表 2-1 给出了几种半导体材料在室温下的带隙和波长参数；如图 2-3 给出不同材料的带隙与波长的对应关系。从图可以看出，可见光范围内的带隙对应 CdSe、GaP、CdS、SiC 等材料。

表 2-1　几种重要半导体材料的波长阈值

材料	温度/K	E_g/eV	$\lambda/\mu m$	材料	温度/K	E_g/eV	$\lambda/\mu m$
Si	290	1.09	1.1	GaP	300	2.24	0.55
Ge	300	0.81	1.5	GaAs	300	1.35	0.92
Se	300	1.8	0.69	InSb	300	0.18	6.9
PbS	295	0.43	2.9				

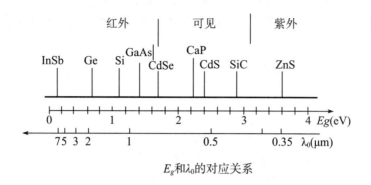

图 2-3　能带与波长的对应关系

2.1.5　间接跃迁吸收

间接跃迁吸收是指有声子参与的跃迁吸收,跃迁前后动量波矢不同,需要有声子参与才能使波矢守恒。不少半导体材料的导带和价带其极值点所对应的波矢并不相同,如常见的 Ge、Si 等半导体材料,其价带顶位于 K 空间的原点,而导带底则不再在空间的原点,此类半导体称为间接带隙半导体。在间接带隙半导体中,本征吸收除了垂直跃迁外,还有非垂直跃迁过程,在非垂直跃迁过程中,需要有电子、光子和声子三者同时参与。非垂直跃迁的电子不仅吸收光子,同时还需要与晶格交换一定能量,即释放或者吸收一个声子,该过程电子的波矢发生改变。由于这种间接跃迁吸收过程中,既存在电子与电磁波的相互作用,又存在电子与晶格的相互作用,是一个二级过程,因此发生的几率远小于电子与电磁波相互作用的直接跃迁,所以间接跃迁过程的光吸收系数远小于直接跃迁过程的光吸收系数,一般相差 $2 \sim 3$ 个数量级。

除此之外,接近半导体本征能隙的能带中还存在电子跃迁,此跃迁是从价带深处到高能级的导带中,很显然这些跃迁区的能带结构一般在 $\hbar\omega \geqslant E_g$,属于光谱的紫外区。

2.2　非本征吸收

在本章中所谈到的非本征吸收,主要包括激子吸收、自由载流子吸收、杂质吸收和晶格振动吸收等几类。

2.2.1　激子吸收

价带中的电子吸收小于禁带宽度的光子能量也能离开价带,但因其能量不够大还不能跃迁到导带成为自由电子。这时,激发出价带的电子与留在价带中的空穴因库仑作用而相互联系在一起,形成一种中性的、非传导电的束缚态,载流子所处于的这种束缚状态称为激子。它导致半导体或绝缘体禁带中导带底附近出现与之对应的束缚能级。激子产生的光吸收称为激子吸收。这种激子吸收的光谱多密集于本征吸收波长阈值的红外一侧。在直接带隙半导体中,激子吸收峰在吸收边上为窄峰,而对于间接带隙材料则在吸收边上有一个台阶。

由于激子束缚能较小,因此激子的吸收峰常出现导带底附近的带隙中,若带隙为 E_g,束缚能为 E_b,则有 $E_b = R^* / n^2$。

根据能量守恒,有: $h\nu = E_g - E_b$。 (2-3)

激子在运动过程中可以通过两种途径消失:

一种是通过热激发或其他能量的激发使激子分离成为自由电子和空穴;另一种是激子中的电子和空穴通过复合,使激子消灭而同时放出能量(发射光子或同时发射光子和声子)。

在半导体吸收光谱中,本征的带间吸收过程是指半导体吸收一个光子后,在导带和价带同时产生一对自由的电子和空穴。但实际上除了在吸收带边以上产生连续谱吸收区以外,还可以观测到存在着分立的吸收谱线,这些谱线是由激子吸收引起的,其能谱结构与氢原子的吸收谱线非常类似。激子谱线的产生是由于当固体吸收光子时,电子虽已从价带激发到导带,但仍因库仑作用而和价带中留下的空穴联系在一起,形成了激子态,自由激子作为一个整体可以在半导体中运动。这种因静电库仑作用而束缚在一起的电子空穴对是一种电中性的、非导电性的电子激发态。

激子效应对半导体发光二极管、固态激光器、光生物反应和光化学等十分重要的影响,因此激子是固体物理、半导体物理研究的重要课题。

2.2.2 自由载流子吸收

当入射光子能量 $h\nu < E_g$ 时,不能引起带隙间的跃迁,但可以引起同一带内的载流子吸收跃迁。导带内的电子或价带内的空穴也能吸收光子能量,使它在本能带内运动加速由低能级迁移到高能级,这种吸收称为自由载流子吸收,表现为红外吸收。与本征吸收不同,自由载流子吸收中,电子从低能态到高能态的跃迁是在同一能带内发生的,如图2-4所示。

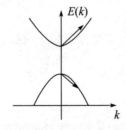

图 2-4 能带内电子光吸收跃迁

自由载流子吸收是一种重要的吸收,也是一种最普通的带内电子跃迁光吸收过程。它对应于同一能量内载流子从低能态跃迁到高能态的过程。自由载流子是指可以在一个能带内自由运动的载流子,并且它可与周围发生相互作用。自由载流子吸收跃迁显然是一种间接跃迁,必须满足两个条件:一是能量守恒,二是动量守恒。因此自由载流子吸收必须有其他准粒子参与(准粒子可以是声子,也可以是电离杂质),才能实现动量守恒,如 Si 自由载流子吸收曲线如图 2-5 所示。

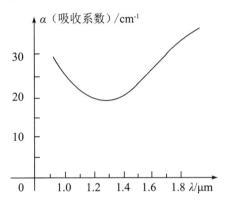

图 2-5   硅自由载流子的吸收曲线

由此可见:自由载流子吸收光谱的特点在于曲线没有明显的结构特征,是一个单调的谱线,吸收系数和波长之间的关系表示为:$\alpha(\lambda) \propto \lambda^p$,即吸收系数按照 λ^p 增长。指数因子 p 取决于散射机构,即决定于间接跃迁过程中起主要作用的准粒子类型,p 可在 $1.5 \sim 3.5$ 之间取不同的值,且 $\lambda = c/\nu$ 是光子波长,若入射光的偏振方向为 x 轴,则入射光波的电场为:$E = E_x e^{i\omega t}$,在此电场的作用下,晶体中自由载流子的运动理论可以用如下公式描述:

$$m \frac{\mathrm{d}^2 x}{\mathrm{d}t^2} + m\beta \frac{\mathrm{d}x}{\mathrm{d}t} + m\omega_0^2 x = qE_x^* \, \mathrm{e}^{i\omega x} , \ x = x_0 \mathrm{e}^{i\omega t} \qquad (2\text{-}4)$$

m 为电荷的质量,公式中的第二项和第三项分别为阻尼力项和恢复力项,β、ω_0 为材料本身决定的参量;也可用量子力学的方法,当然,这两种方法除了简并能带外,二者的结果是一致的。求解上述方程,可得出载流子也以圆频率振动,其振幅 x_0 为复数,一方面载流子的运动与入射光电场有相位差;另一方面由于 β 的存在,入射光也会在体内因吸收过程发生损耗。

在半导体材料中,其折射率为复数:$\bar{n} = n + ik$,其复介电常数为:$\varepsilon = \bar{n}^2 = (n + ik)^2$

自由载流子在吸收过程中,半导体存在三种散射模式:

一是晶格碰撞产生的声学声子散射,有吸收系数 $\alpha_f \propto \lambda^{1.5}$。

二是光学声子散射,有 $\alpha_f \propto \lambda^{2.5}$。

三是离化杂质散射,有 $\alpha_f \propto \lambda^3$ 或 $\lambda^{3.5}$。

在自由载流子吸收过程中以上这三种散射模式都可能发生,$\alpha_f \propto \lambda^3$ 或 $\lambda^{3.5}$ 是三种散射的权重之和。即:

$$\alpha_f = A\lambda^{1.5} + B\lambda^{2.5} + C\lambda^{3.5} \qquad (2\text{-}5)$$

其中 A B C 均为常数,其中占主导散射模式根据杂质浓度而定。自由载流子吸收系数 α_f 的经典表达式:

$$\alpha_f = \frac{Nq^2\lambda^2}{m^*\gamma\pi^2 nc^3\tau} \tag{2-6}$$

N 是载流子浓度,n 是折射系数,τ 是弛豫时间。对于离化杂质散射,与杂质性质有关:不同杂质,吸收系数不同,已有实验证实,给定波长:$\alpha_f(\mathrm{As}) > \alpha_f(\mathrm{P})\alpha_f(\mathrm{Sb})$,另外,弛豫时间 τ 与散射体浓度有关。吸收系数 α_f 与材料有关,不同材料的吸收系数 α_f 不同,可以通过有关手册查到需要材料的吸收系数 α_f。

2.2.3 杂质吸收

束缚在杂质能级上的电子或空穴也可以引起光的吸收。电子可以吸收光子跃迁到导带能级如图 2-6 所示;空穴也同样可以吸收光子而跃迁到价带(或者说电子离开价带填补了束缚在杂质能级上的空穴)。这种光吸收称为杂质吸收,如图 2-7 所示。杂质吸收也引起连续的吸收光谱,引起杂质吸收的最低光子能量显然等于杂质上电子或空穴的电离能,因此,杂质吸收光谱也具有长波吸收限。杂质吸收的波长阈值多在红外区或远红外区。

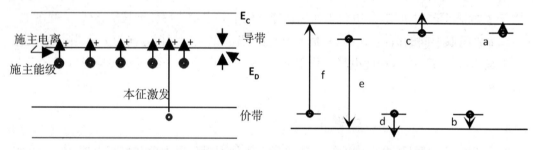

图 2-6 N型半导体的能带图   图 2-7 杂质吸收中的电子跃迁

除此之外,还存在杂质振动吸收,有些杂质被束缚得很紧,不能用一般光离化的方法探测(主要是因为该种类型的杂质需要的离化能很大,所需要的光子能量大于能隙能量),由于它的存在可表现为在输运过程的非正常散射(一般是低迁移率或者导热性能较差)。比如硅晶体中存在氧,该氧原子可以与硅结合形成一氧化硅,硅氧键的特征峰在约 0.14eV 处,这个特征峰的吸收强度依赖于硅在氧气中暴露的情况,热退火可以导致氧组态的重新排列,可形成二氧化硅相,它的吸收与一氧化硅的不同,可通过瑞利散射来探测。

2.2.4 晶格振动吸收

半导体的原子能吸收能量较低的光子,并将其能量直接变为晶格的振动能,从而在远红外区形成一个连续的吸收带,这种吸收称为晶格振动吸收。晶格振动吸收主要涉及声子,即声学声子和光学声子。

在离子化合物半导体晶体中,由于不同种类原子间的键合能形成一组电偶极子,这些电偶极子在外场的作用下电偶极矩会发生变化,导致电偶极子在电磁场中能吸收能量;当辐射频率等于一个偶极子的振动模式频率时,偶极子与辐射的场耦合达到极大值。这种振动吸收在远红外范围,主要是光学振动。这种振动模式是复杂的[半导体有两个横向光学模型(TO),两个横向声学模型(TA),一个纵向声学(LA)和一个纵向光学(LO)模型]。因为:由于波矢守恒选择定则,声子波矢有 $\dfrac{2\pi}{a}$ 的量级,远大于光学波矢,所以只有布里渊区原点附近的声子态具有近乎为零的波矢,即和红外波矢相近的波矢。另外,再考虑能量关系,布里渊区中心声学声子能量太小,只有布里渊区原点附近的光学声子(光学支晶格振动)才有可能和入射光电磁波发生耦合,即红外光子只能激发布里渊区原点附近的光学声子。

当然,由于电磁波和横光学声子有很强烈的耦合,与纵向光学声子不耦合,致使这频段内电磁波不能在经过晶体中传播,这一纵向光学声子频段是晶格无波区域。

晶格振动光学吸收反映在吸收谱上,出现一个以光学模晶格振动特征频率为中心的吸收带,这一吸收带与剩余射线反射带相对应吸收系数大,以致半导体在这一频段不透明。如 Ge、Si 等金刚石结构半导体,其晶格振动不伴随电偶极矩的产生,所以它们晶格振动的基本模式为红外非活性的,故不存在吸收带或反射带。它们是适用于红外、远红外透射的材料

2.2.5 等电子陷阱所产生的吸收

2.2.5.1 等电子陷阱定义

当半导体中的一个原子被同一族中的另一个原子替代式地置换,由于它们的价电子数相等,所以取代后在半导体中不增加附加的电子或空穴。它们形成电中性的中心,称等电子陷阱(或等电子杂质)。等电子杂质的掺入提高了间接带隙的发光效率。

2.2.5.2 等电子陷阱形成条件

等电子杂质可以形成束缚态的条件一般写为:

$$\frac{J}{E} \geqslant 1 \qquad (2-7)$$

J 代表势能,杂质势阱的对角矩阵元

E 为能带 $E(k)$ 的平均值,代表能量的动量部分。

$$\vec{E}^{-1} = \Omega(2\pi)^{-3}\int E^{-1}(u)\,\mathrm{d}^{3k} \qquad (2-8)$$

Ω 为单位晶格的体积。

式(2-7)的定义为:只有高势能超过动能时,电子和空穴才能被束缚。[等电子杂质势阱和晶格形变的关系很大,只有掺入的杂质原子比基体原子大很多(GaP 掺入 Bi)或者小很多(GaP 掺入 N)时,才产生束缚态,因为只有原子差别大时才能造成晶格有很大的

形变,从而产生束缚很强的等电子陷阱〕

1965 年,托马斯等人最早在 GaP:N 中发现了等电子陷阱存在,他们提出:在 GaP 中,孤立的氮能产生等电子陷阱,同时处于不同距离的 N−N 对上存在激子。它们的吸收和发光解释了 GaP:N 的吸收光谱和荧光光谱。(等电子杂质俘获了某一载流子后就成为带电子中心,根据哭了左右它又去俘获另一种符号相反的载流子,形成束缚态,该激子复合时就会发出相应波长的光,如 GaP:N 发绿光。GaP:N 其中 N 置换 P 形成电子陷阱,它先俘获电子,再俘获空穴形成束缚激子)

1968 年,摩根(Morgan) 和亨利(Henry) 等人在研究 GaP:Zn、O 或者 GaP:Cd、O 的红色发光中,又发展了等电子陷阱的概念。他们发现:GaP:Zn、O 或者 GaP:Cd、O 的红色发光的发射光谱和激光光谱,与 D−A 对模型矛盾,因此他们提出:最近邻的 O 和 Zn(或者 O、Cd) 不是分别以施主或者受主的形式出现,而是作为一个整体成为一个等电子联合中心出现。经过发光则有束缚在这一个联合中心的激子复合而产生。因为在 GaP 中,Zn 代替 Ga 位,O 代替 P 位,当氧原子和锌原子十分接近时,可视为等价原子,也能形成等电子陷阱。氧的电子亲和力强,与锌原子的最近邻位置也能俘获电子,形成 Zn−O 复合体带负电。再根据库仑作用去俘获空穴形成束缚激子。

图 2-8 给出了 Zn−O 复合体组成等电子陷阱俘获电子的能量约为 0.3eV,俘获空穴的能量约为 0.04eV。形成的激子复合产生发光波长在红色范围。

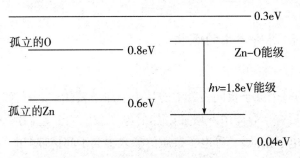

图 2-8　杂质陷阱能级

2.2.5.3　等电子陷阱俘获激子的机理

等电子陷阱还能束缚住一个激子。由于替代原子在负中性和原子大小方向的差异,可产生一个局域上的势阱。能俘获一个电子。由于该电子的库仑作用,又可以吸引一个空穴,形成了电子和空穴的束缚态 —— 激子。当这些杂质的中心靠近时(浓度增大),它们彼此之间成对的发生作用,并产生出相应于这些束缚激子的一组新的能级。束缚激子的束缚能依赖于一对杂质中心原子间距离,距离越近,则束缚能越强。在某一方向上形成的激子对越多,吸收峰就越强。

如,氮(N) 取代 GaP 中的磷(P),束缚电子

铋(Bi) 取代 GaP 中的磷(P),束缚空穴

由此可见:若等电子杂质的电负性大于被替代晶格原子的电负性,则产生束缚电子

的束缚态,称为等电子的电子陷阱,这种杂质称为等电子受主。

若等电子杂质的电负性小于被替代晶格原子的电负性,则产生束缚空穴的束缚态,称为等电子的空穴陷阱,这种杂质称为等电子施主。

2.2.5.4 等电子陷阱吸收峰的特点

决定于成对原子间距,最近一对相应于束缚最强的激子,吸收峰强度依赖于给定方向上形成对的多少。

2.2.5.5 等电子陷阱的实际意义

对于间接能级结构,当无等电子杂质时,由导带向价带的电子跃迁为保持动量守恒,必须有声子参与,这是个二级跃迁过程,跃迁的几率比较低,由此材料制成的发光器件效率低;而引入杂质后,可使电子由导带向价带的跃迁成为一级过程,使发光效率增加,实现间接带隙半导体材料的高效率发光。

这是因为:等电子杂质对电子的吸引力是短程力,基于电子轨道数的差数,这种力所涉及的范围极短。电子与杂质原子相距很近,电子的波函数局限在等电子杂质附近。(施主与受主束缚态是基于原子核间的库仑作用,其作用距离长,是长程力)

如在 GaP 的能带中,导带存在着比动量空间中心位置更低的能量极点 x_c,氮等电子陷阱处于 x_c 点以下部分的能量状态,由于等电子陷阱俘获的电子波函数在动量空间的扩展,故使得电子在 Γ 点也是有一定的存在几率,如图 2-9 所示。

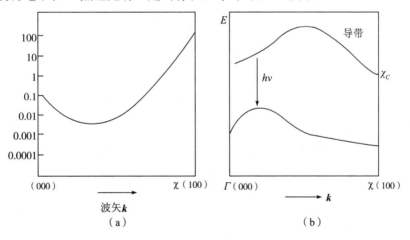

图 2-9 电子能量与动量之间的关系

电子从这里向价带 Γ_v 点跃迁时,不需要第三者参加就能保持动量守恒,是直接跃迁。所以它比需要第三者参加的由导带 x_c 点向价带 Γ_v 点的跃迁几率大得多。

图 2-9(a)是 GaP:N 对 N 等电子陷阱束缚的电子的几率密度 ψ^2 在 α 空间的分布,图 2-9(b)是 GaP:N 的能带图。

当然,等电子陷阱上的束缚激子也可能因为热离化而其他非辐射复合中心而不发光,使发光几率降低。或者是束缚激子在复合时,将放出的能量转移给另一个载流子,产生"俄歇过程",降低发光几率。因此,可通过热处理或者补偿的办法减少俄歇过程。

2.3　光吸收中的跃迁

一般认为：本征半导体在 0K 时，低能态都是填满的，高能态都是空的。下面分析几种光吸收过程中的电子跃迁：

2.3.1　直接跃迁

直接跃迁是一种没有声子参与的跃迁过程，一般发生在两个直接能谷之间的跃迁，电子吸收光子的跃迁过程必须满足电子在跃迁过程中波矢保持不变（在波矢 $\boldsymbol{k}$ 空间必须位于同一垂线上）。即：$\hbar k_c = \hbar k_v$。对于 $\boldsymbol{k}_{c,\min} = \boldsymbol{k}_{v,\max}$ 的半导体材料，本征光跃迁主要是直接跃迁。这种材料也称直接带隙材料。常见半导体 GaAs 就属于此类：直接带隙半导体。简单能带结构如图 2-10 所示。

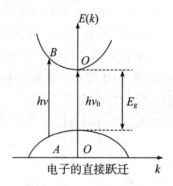

图 2-10　直接带隙半导体能带结构示意图

这种材料的能带结构，其导带最低能带状态和价带最高能带状态都在 K 空间原点（$\boldsymbol{k}_{c,\min} = \boldsymbol{k}_{v,\max} = 0$），并且都是非简并的。而处于价带状态 A 的电子只能跃迁到导带中的状态 B，这种跃迁使得 AB 两个状态的 K 值相同，称为竖直跃迁或者直接跃迁。

在此种能带中：$E_f - E_i = h\nu$，E_f 为终态能量，E_i 为初态能量。

若取价带顶为能量零点，则

$$E_f = E_g + \frac{\hbar^2 k^2}{2 m_e^*},\ E_i = -\frac{\hbar^2 k^2}{2 m_h^*}$$

所以 $E_f + |E_i| = h\nu \Rightarrow h\nu - E_g = \frac{\hbar^2 k^2}{2}\left(\frac{1}{m_e^*} + \frac{1}{m_h^*}\right)$ 　　　　　(2-9)

$$E_c + |E_v| = h\nu \Rightarrow h\nu = \frac{\hbar^2 k^2}{2}\left(\frac{1}{m_e^*} + \frac{1}{m_h^*}\right) + E_g$$

与上述直接相关联的能态密度为：

$$N(h\nu) * \mathrm{d}(h\nu) = \frac{8\pi k^2}{(2\pi)^3}\mathrm{d}k = \frac{(2m_r)^{3/2}}{2\pi^2 \hbar^3} * (h\nu - E_g)^{1/2} * \mathrm{d}(h\nu) \quad (2\text{-}10)$$

其中 m_r 为折合质量。$\dfrac{1}{m_r} = \dfrac{1}{m_e^*} + \dfrac{1}{m_h^*}$

直接跃迁中吸收系数 α 和光子能量的关系为：

$$\alpha(hv) = A^* \times (hv - E_g)^{1/2} \tag{2-11}$$

$$A^* = \frac{q \cdot (2 \dfrac{m_e^* m_h^*}{m_e^* + m_h^*})^{3/2}}{nch^2 m_e^*} \qquad a(hv) = \begin{cases} A(hv - E_g)^{\frac{1}{2}} & hv \geqslant E_g \\ 0 & hv < E_g \end{cases}$$

由上述图可知,对应不同的 K 值,垂直跃迁距离各不相同,也就是说:对任一 K 值的不同能量的光子都可以被吸收,而吸收的光子最小能量应等于禁带宽度 E_g。

可见:本征吸收形成了一个连续吸收的带,

并有一长波吸收限:$\lambda_0 = \dfrac{1.24}{E_g}$

(如,ZnO,$E_g = 3.37\text{eV}$,则 $\lambda_0 \approx 1.24/3.37 \approx 368\text{nm}$)

从光吸收的测量谱中,可以求出禁带宽度 E_g。

在常用的半导体中,如 GaAs,ZnO,InSb,InP,CdS,CdTe,GaN 等,都属于直接带隙半导体。

利用量子力学的微扰理论可处理电子的带间光跃迁。当然有些材料,根据量子定律定则,不允许在 $k = 0$ 处的直接跃迁。但允许在 $k \neq 0$ 处的直接跃迁。跃迁概率随 k^2 而增加。对于禁止跃迁,当然只是跃迁几率很小而不计,并非跃迁为零。

2.3.2 非直接跃迁

非直接跃迁过程不仅需要动量改变,而且也需要能量改变,电子不仅吸收光子,同时还与晶格交换一定的振动能量,通过放出或吸收一个声子从而达到动量守恒。声子是晶格振动能量的量子,晶格振动能量范围很宽,因此声子谱也很宽,但是只有那些能够满足电子动量改变的声子才有用,一般是纵向的或横向的声学声子,其特征能量 E_q 满足电子从初态 E_i 到末态 E_f 的跃迁。

2.3.2.1 间接能谷之间的非直接跃迁

如图 2-11 给出了间接能谷之间的非直接跃迁示意图。

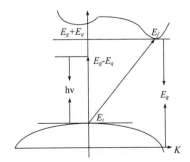

图 2-11 间接能谷之间的非直接跃迁示意图

这种跃迁发生时,能量和动量都发生了变化,电子不仅吸收光子,同时还和晶格交换一定的振动能量,即放出或吸收一个声子从而达到动量守恒,需要声子的参与来平衡,这需要有两步过程,伴随声子的吸收或发射。

动量守恒:$K_f - K_i \pm q = 0$(q — 晶格振动量子,声子波矢)

能量守恒:$E_f - E_i - \hbar\omega \pm \hbar\omega_q = 0$($\hbar\omega_q$ — 声子的量) (2-12)

令 $E_g = \hbar\omega_q = h\nu_q$,$\Rightarrow E_g = h\nu \pm E_q$(— 代表吸收声子,+ 发射声子)

$E_f = E_i + h\nu \pm E_q$(E_i 初态能量,E_f 末态能量)

即:$h\nu = E_f - E_i - (\pm E_q)$ (2-13)

若是吸收声子过程则为"+"号:$E_g = h\nu + E_q$

若是发射声子过程则为"—"号:$E_g = h\nu - E_q$

出现上述情况的原因主要是价带顶和导带底在 K 空间的位置不同造成的(即二者有不同的 K 值)。如 Ge,Si 等半导体。价带顶在 K 空间原点,而导带底则不在此原点。因此,这种非直接跃迁其电子、光子、声子三者都参与。一方面电子与电磁波(光子)互相作用。另一方面电子还与晶格发生相互作用(声子),这是一个二级过程。当然,发生这样的过程,其几率要比直接跃迁的几率小得多。因此其光吸收系数比直接跃迁的光吸收系数小的很多。直接跃迁的光吸收系数 α($10^4 \sim 10^6$ cm^{-1})比非直接跃迁的光吸收系数 α($1 \sim 10^3$ cm^{-1})大几个数量级。对于本征吸收,存在以下特点:电子与空穴成对产生,要产光附加的光电导;有明显的吸收长波限,吸收短于长波限的连续光谱;本征吸收满足选择定则。

当然,尽管晶格振动存在较宽的声子谱,但是只有那些动量变化满足跃迁要求的声子才可利用。这些声子通常是第一布区边界附近纵的或横的声学声子或光学声子,所以间接跃迁是一种电子与光子及声子同时相互作用的两步过程。

下面我们讨论一下间接跃迁的吸收系数:

在非直接跃迁中,价带中所有占据的能态都可能与导带中空着的能态发生作用,存在跃迁。

根据能态密度分布可知:在能量为 E_i 初态时的态密度:

$$N(E_i) = \frac{1}{2\pi^2\hbar^3}(2m_h^*)^{3/2} \times |E_i|^{1/2}$$ (2-14)

在能量为 E_f 末态时的态密度:

$$N(E_f) = \frac{1}{2\pi^2\hbar^3}(2m_e^*)^{3/2} \times (E_f - E_g)^{1/2}$$ (2-15)

将(3—6)代入(3—8)式得:

$$N(E_f) = \frac{1}{2\pi^2\hbar^3}(2m_e^*)^{3/2} \times (h\nu - E_g \pm E_q + E_i)^{1/2}$$ (2-16)

前面已经知道:吸收系数正比于初始态密度和终态态密度的乘积的累加。

即:$\alpha(h\nu) = A \sum P_{if} n_i n_f \cdots\cdots$

α 也正比于声子互相作用的概率。

声子数目可由 Bose－Einstein 统计给出：

$$N_q = \frac{1}{e^{\frac{E_q}{k_B T}} - 1} \tag{2-17}$$

所以 $\alpha(h\nu) = A * f(N_q) * \int_0^{-(h\nu - E_g \pm E_q)} |E_i|^{1/2} * (h\nu - E_g \pm E_q + E_i) . dE_i$

$$\tag{2-18}$$

式中，积分上限为光子频率 ν 可以产生间接跃迁的最低初态能量。

将(3—10)代入(3—11)积分，可得出有声子参与的光跃迁吸收系数：

$$\alpha(h\nu) = \frac{A(h\nu - E_g + E_q)^2}{e^{\frac{E_q}{k_B T}} - 1} \tag{2-19}$$

对于发射声子情况：$\alpha_e = \begin{cases} \dfrac{A(h\nu - E_g - E_q)^2}{1 - e^{\frac{E_q}{k_B T}}}, & h\nu > E_g + E_q \\[2mm] 0 \end{cases}$ $\tag{2-20}$

对于吸收声子的跃迁：$\alpha_a = \begin{cases} \dfrac{A(h\nu - E_g + E_q)^2}{e^{\frac{E_q}{k_B T}} - 1}, & h\nu > E_g - E_q \\[2mm] 0, & h\nu \leqslant E_g - E_q \end{cases}$ $\tag{2-21}$

非直接跃迁的总的吸收系数是发射声子和吸收声子两种过程的吸收系数之和：

$$\alpha(h\nu) = \alpha_a + \alpha_e \tag{2-22}$$

当 $h\nu > E_g + E_q$ 时，声子发射和声子吸收两种情况都是可能发生的，所以

$$\alpha(h\nu) = \begin{cases} A\left[\dfrac{(h\nu - E_g - E_q)^2}{1 - e^{\frac{E_q}{k_B T}}} + \dfrac{(h\nu - E_g + E_q)^2}{e^{\frac{E_q}{k_B T}} - 1}\right], & h\nu > E_g + E_q \text{ 发射声子} \\[3mm] \dfrac{A(h\nu - E_g + E_q)^2}{e^{\frac{E_q}{k_B T}} - 1}, & E_g - E_q \leqslant h\nu \leqslant E_g + E_q \\[3mm] 0, & h\nu \leqslant E_g - E_q \end{cases}$$

$$\tag{2-23}$$

由上式可知：

非直接跃迁系数与入射光子能量有二次关系，当半导体温度很低时，声子密度很小，$e^{\frac{E_q}{k_B T}} - 1$ 很大，故吸收系数 α 很小，声子发射过程起主导作用。

根据发射声子和吸收声子两种情况的吸收系数 α_e、α_a 的公式表达式，可以做出式(2-21)和(2-22)的 $\alpha_a^{1/2}$ 和 $\alpha_e^{1/2}$ 与 $h\nu$ 的关系曲线，如图 2-12 所示。

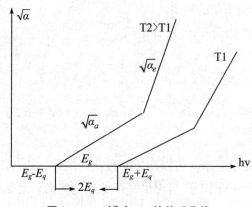

图 2-12 $\alpha_e^{1/2}$ 与 $h\nu$ 的关系曲线

图 2-12 中下部斜率较高的直线部分及其延长虚线为吸收声子的吸收系数,如式 (2-22)。它与 $h\nu$ 轴的交点为 (E_g-E_q),其斜率为:$[Ae^{\frac{E_q}{k_BT}}-1]^{1/2}$,随着温度 T 的下降,$e^{\frac{E_q}{k_BT}}$ 增大,晶体中激发的声子数减少,而与吸收声子的跃迁过程对应的吸收系数减少。图中反映出的代表这一过程的吸收系数与 $h\nu$ 的关系曲线的斜率也减少。当温度 $T\to 0$ 时,来自吸收声子过程的贡献趋近于零,这一段曲线的斜率也趋近于零。

对于图中斜率较大的那部分直线,给出对应 $h\nu > E_g+E_q$ 的间接跃迁的吸收系数 α,如式(2-22)给出的第一式,它的延长线和 $h\nu$ 轴相交于 E_g+E_q。这两段斜率不同的直线与 $h\nu$ 轴的交点相距 $2E_q$,两个交点的中点则是禁带宽度 E_g,由此可以求出 E_g 和 E_q。

由图可见:当温度 T 下降时,这些较陡直线的斜率减小,这是由于吸收系数中的发射声子部分的贡献不断下降的缘故。

在极限情况下,即当温度 T 趋近于零时,$A^{1/2}[1-e^{\frac{E_q}{k_BT}}]\to B^{1/2}$。(直线的斜率仅决定于发射声子过程,其值为 $B^{1/2}$。)

由图还可看出:不同温度下,吸收曲线与 $h\nu$ 轴有不同的交点,这表明:禁带宽度 E_g 随温度 T 而变化。Varshni 公式:$E_g(T)=E_g(0)-\dfrac{\alpha T^2}{T+\beta}$,$\alpha$,$\beta$ 是常数,不同材料有不同的 α,β。

以上仅考虑一种振动模式的声子参与间接跃迁过程的情况。但实际上多类型的声子,比如:一个纵的和两个横的声学模声子,甚至光学模声子都对间接跃迁光吸收过程有贡献,只是参与的几率不同。可将间接跃迁吸收系数表示为:

$\alpha_i(\hbar\omega)=\alpha_{et}+\alpha_{el}+\alpha_{at}+\alpha_{al}+\alpha_{eo}+\alpha_{ao}$,$\alpha_{et}$、$\alpha_{at}$ 发射或吸收横声学声子对间接吸收系数的贡献,α_{eo}、α_{ao} 发射或吸收光学声子($T0$ 或 $L0$)对间接跃迁光吸收系数的贡献,α_{el}、α_{al} 发射或吸收纵声学声子对间接吸收系数的贡献。

如果半导体为重掺杂,其费米能级进入能带内部,(n 型材料在导带内)距带边为 ξ_n,如图 2-13。

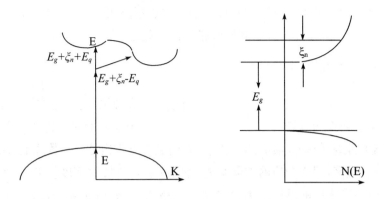

图 2-13　重掺杂半导体的费米能级进入能带内部

在 ξ_n 以下的能态都已被电子填满，故低于 $E_g + \xi_n$ 能态的基本光跃迁是禁止的，所以吸收边向高能量方向漂移大约 ξ_n。这种由于能带填充而引起的吸收边漂移称为 Burstein—Moss 移动。有效质量越小的半导体，这种现象越显著。

在重掺杂的非直接带隙半导体中，由于散射作用可能使动量保持守恒，比如：电子—电子散射，杂质散射等。散射的概率正比于散射中心的数目 N，且不需要声子辅助，故：

$$\alpha(h\nu) = A \times N \times (h\nu - E_g - \xi_n)^2 \tag{2-24}$$

重掺杂能使其能隙有效地收缩，这对直接能谷和间接能谷都有影响。

2.3.2.2　直接能谷之间的非直接跃迁

在直接能带情况下，也可能发生间接跃迁，这一过程与前面讲到的间接能谷之间的非直接跃迁类似，也是一个二级过程带到能量守恒。通过声子的发射和吸收，或有杂质或载流子引起的散射等来完成动量守恒，参与带间跃迁的声子为 $\boldsymbol{K} = 0$ 附近的声学声子或光学声子，如图 2-14 所示。

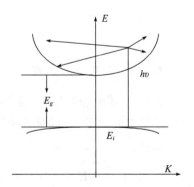

图 2-14　直接能谷之间的间接跃迁

如果有声子参与，则吸收系数由式（2-21）～（2-23）给出。如果没有声子参与使动量守恒，则吸收系数由式（2-24）给出，当然这种两步过程其概率要比同时发生于直接跃迁的概率要低些。对于发射声子过程，吸收发生在直接跃迁边的短波侧，因而被更强的直接跃迁过程所掩盖。对于吸收声子过程，带间间接跃迁吸收可以发生在直接跃迁吸收边的长波侧,从而使实验上观察到的直接跃迁吸收边不能在 $h\nu = E_g$ 处陡峭地下降到零,这也许是某些情况下若干半导体材料吸收带尾的起因之一。

2.3.3　带尾态之间的吸收跃迁

实验证明,即使是在低温下,许多半导体仍存在吸收带尾,这可能是能带带尾之间的跃迁,而不是声子协助的跃迁。对于直接跃迁,低于带隙能量的光不会产生光吸收,故其吸收边是陡然上升的;但是在实际的实验中,人们发现吸收边是呈指数式上升的

当掺杂浓度很高,因为杂质的波函数重叠使得杂质能带的宽度扩展,从而连着导带底或价带顶,形成态密度的尾巴。为使带尾的能级为空态,就必须进行杂质补偿。若不进行补偿,只掺杂浓度很高的一种杂质,使之形成简并态,则费米能级进入导带(n 型)或价带(p 型),这要看材料而定。电子发生光跃迁时,对于 n 型半导体,电子从价带跃迁到费米能级以上;对于 p 型半导体材料,电子从费米能级下方跃迁到导带。

因而光吸收限大于能隙,吸收限向短波方向移动。此即 Burstein－Moss 效应。以简并的 p 型材料为例:费米能级在价带内部,所以价带中受影响的部分在费米能级之上。E_v 是初态相对于价带顶的能量,初始能态密度 $N_i \propto |E_v|^{1/2}$。终态在导带中形成了一个指数式带尾,其在能量 E 处的能态密度:$N_f = N_0 \times e^{E/E_0}$,如图 2-15 所示。

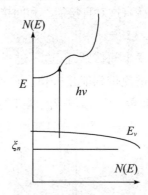

图 2-15　能态分布示意图

E_0 是一个经验参数,有能量量纲,描述能态的分布。假定:光跃迁过程中不考虑动量守恒,且跃迁矩阵元是个常数,对于给定的光子 $h\nu$ 的吸收系数正比于所有可能的跃迁所涉及的始态和终态态密度乘积的积分。

$$\alpha(h\nu) = A \times \int_{\xi_p}^{h\nu - \xi_p} |E_v|^{1/2} \times e^{E/E_0} \, dE \tag{2-25}$$

作一个替代变换,用 $E - h\nu$ 代替 E_v,令 $x = \dfrac{h\nu - E}{E_0}$

则上式可改写为:$\alpha(h\nu) = -A e^{\frac{h\nu}{E_0}} \times (E_0)^{3/2} \int_{\frac{h\nu - \xi_p}{E_0}}^{\frac{\xi_p}{E_0}} x^{\frac{1}{2}} e^{-x} \, dx \tag{2-26}$

因为 $h\nu \gg E_0$,积分下限定为 ∞

所以
$$\alpha(h\nu) = A\left(\frac{E}{0}\right)3/2 \times e^{\frac{h\nu}{E_0}} \times \left[\frac{1}{2}(\pi)^{1/2} - \int_0^{\frac{\xi_p}{E_0}} x^{\frac{1}{2}} e^{-x} dx\right] \qquad (2\text{-}27)$$

在半对数坐标中,吸收边的斜率为:

$$E_0 = \left[\frac{d(ln\alpha)}{d(h\nu)}\right]^{-1} \qquad (3\text{-}28)$$

所以由实验测的吸收边值,与 $h\nu$ 的指数关系,可求出 E_0;并可求出它与杂质浓度的联系。

当然掺杂对导带和价带都有影响,光跃迁就把抛物线形的能带与其相对应能带的带尾联系起来。如 N 型材料测量到的是价带带尾,P 型材料测量得到的是导带带尾。这是因为 N 型或 P 型掺杂的材料,费米能级(E_f)进入了能带,N 型: E_f 进入了导带,P 型: E_f 进入价带,故存在带尾态的是它们相对应的能带(价带或导带)。

2.3.4 存在强电场时的本征吸收跃迁

在第二章我们知道,Franz-Keldysh 效应能有效地拓宽能态。当存在外电场时,能带边发生倾斜,本征吸收限向长波方向移动。对于光子能量小于带隙 E_g 的光仍能引起吸收,称为 Franz-Keldysh 效应。这种效应从物理方面可理解为光子协助隧穿过程,当存在外电场时,电子隧穿几率增加了。电子的隧穿过程有两种情况:

一是,电子能量没有变化,外加电场使能隙发生倾斜,价带中的电子要穿过一个三角形势垒才能出现在导带中,此势垒高度为 E_g,厚度为 d,电场强度为 E,有: $qEd = E_g$,对于给定材料 E_g 一定。当电场 E 加强时,隧穿距离 d 变小,如图 2-16 所示。

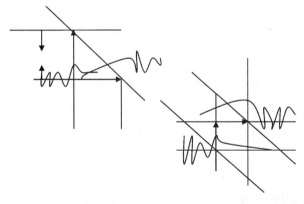

图 2-16 Franz-Keldysh 效应在外电场中的能带倾斜示意图

二是,隧穿电子能量有变化,伴随光子吸收,电子吸收一个光子能量后隧穿,等级的势垒厚度降低到 d': $qEd' = E_g - h\nu$ \qquad (2-28)

由于 d' 变小,使隧穿更有可能。

这一现象 Keldysh 第一次在 CdS 中观察到,表现为吸收边均匀地向较低能量方向漂移,在 Si、Ge、GaAs 中也观察到了类似的现象,低能量边拓宽,其结果表现为吸收边向更低的能量的方向漂移。

以上讨论的都是光子能量 $h\nu < E_g$ 的区域；对于光子能量 $h\nu > E_g$ 的情况，就难以用光子协助隧穿来解释了，必须对受电场扰动的光跃迁作量子力学处理，可用有效质量方程的方法。

下面讨论一下由于杂质或缺陷存在导致局部内电场对吸收边影响。杂质和缺陷在晶体内分布是不均匀的，为方便处理，我们假定它们分布是均匀的，浓度为：N/cm^3，则每个杂质的体积为：$1/N$。若杂质之间的平均距离为 r_0，有：$\frac{4}{3}\pi r_0^3 = \frac{1}{N} \Rightarrow r_0 = (\frac{3}{4\pi N})^{1/3}$。

若杂质是单电子电荷，则其场强：$E_0 = \frac{1}{4\pi\varepsilon} \cdot \frac{q}{r_0^2} = 2 \times 6 \times \frac{q}{4\pi\varepsilon} \times N^{2/3}$。不同场强上的概率分布由下式描述：

$$W(E) \cdot dE = 3/2E \cdot (E_0/E)^{3/2} \cdot e^{-(\frac{E_0}{E})^{\frac{3}{2}}}]dE \tag{2-29}$$

为求得给定光子能量为 $h\nu$ 的吸收系数，需将局部的吸收系数 $A(h\nu,E)$ 在遍及所有的 E 值范围进行积分：$\alpha(h\nu) = \int_0^\infty A(h\nu,E) \times W(E)dE \tag{2-30}$

该式只适用于电场是由于表面电势而引发的情况，自表面处向里电场是递减的。这种由于表面势而造成的内电场是非常有意思的事情，可以通过多种方法进行实验。当然样品的厚度可以影响表面内电场和体内电场的区别。

大家知道，带电杂质之间由于库仑作用，在带尾之间发生有声子辅助的隧穿过程，由此产生了指数式的吸收边，由于温度 T 的升高，杂质受主离化增多，受主电荷随温度的变化，对带边的扰动增大。

2.3.5　直接与间接带隙的激子吸收

在直接带隙半导体的光吸收中，激子吸收峰一般出现在吸收边上，其表现为窄的吸收峰；而在间接带隙半导体的光吸收中，激子吸收峰则在吸收边上会出现一个台阶；由于激子束缚能较低，非常容易被热能激发而解体，因此激子的吸收现象一般在低温下、高纯度的半导体中才能观察到，如果半导体材料纯度不高，杂质缺陷较多，也很难形成激子。

在直接带隙半导体中，若激子束缚能用 E_x 表示，当光子能量 $h\nu = E_g - E_x$ 时，价带中的电子跃迁形成自由激子。在 $k=0$ 处，跃迁明显，自由激子吸收峰随温度升高而变宽，且吸收峰能量位置随着温度的升高而降低，这是因为低温下材料的带隙大于高温下材料的带隙。

在间接带隙半导体中，若电子跃迁保持动量守恒，则需有声子参与才能实现。
需要吸收声子和发射声子才能实现的跃迁分别满足一下关系：
所以 $h\nu = E_g - E_x - E_p$ 吸收声子跃迁
$h\nu = E_g - E_x + E_p$ 发射声子跃迁

当然在电子跃迁的过程中,参与的声子种类可能很多,所以在吸收谱中可出现多个台阶,激子吸收峰在光谱图上表现为本征吸收边附近的吸收峰尖或分立谱线。激子效应对半导体发光二极管,固态激发器,光导纤维以及各种光化学,光生物反应行为都有决定性的影响。激子是固体物理,半导体物理研究的一个重要的课题,它也是半导体低维结构中的一个重要物理问题。

2.3.6 存在电场时的激子吸收跃迁

在低温下的半导体中,少数杂质几乎呈中性的,若加一个小电场即可把它们离化,离化的杂质能产生两种效应:

一是离化的杂质可以对能带产生扰动,这是由于离化杂质的库仑作用,所引发的局域电场和带尾态,从而改变了吸收边的斜率。

二是离化的载流子又屏蔽了电子和空穴之间的库仑作用,从而降低了激子产生的概率,消除了激子峰。

加电场和加热的方法都可以使施主杂质离化,二者对吸收边斜率的作用是一样的,另外,杂质离化可以通过电流(电压)特性来判定。

2.3.7 俄歇过程

"俄歇过程"是电子和空穴复合时,把多余能量转移给第三个载流子,使它在导带或价带内部激发。第三个载流子在连续态中做多声子发射跃迁,来耗散它获得的多余能量,再回到初始状态,这种复合为俄歇复合过程。在此过程中由于得到能量的第三个载流子是在能带的连续态中做多声子发射跃迁,所以俄歇复合是一种非辐射的复合。

下面是俄歇复合过程的 9 种形式,如图 2-17 所示:

最简单的过程是带内复合形式,对应图(a)(d)。它们的发生几率与 n^2p 和 p^2n 成正比。图中(b)(c)(e)(f)对应于多子在禁带中的一个陷阱能级上的少子复合。图中(g)过程与束缚激子的复合相似,但这里多余的能量是转给一个自由载流子,而不是产生一个光子。图(h)(i)中的三个载流子全部在禁带的能态中,以电子－空穴对束缚激子的形式存在,同时一个电子在杂质带中。

如果 GaP 中掺入高浓度的硫(S)形成一个施主带,其中电子是非局域的,故容易形成束缚激子,使得俄歇复合成为可能,即激子电子(图 i)或杂质带的电子(图 h)进入导带。

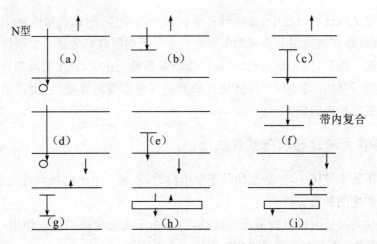

图 2-17　俄歇复合过程形式的示意图

2.3.8　能带与杂质能级之间的吸收跃迁

　　杂质对半导体材料的物理性质影响十分重大,这也是半导体材料获得广泛应用的决定性因素之一,束缚在杂质能级上的电子或空穴可引起光吸收。电子吸收光子跃迁到导带,空穴吸收光子跃迁到价带(或者说电子离开价带填充了束缚在杂质能级上的空穴)。这种光吸收跃迁过程称为杂质吸收。主要有两类与杂质能态上的电子有关的光吸收跃迁过程,如图 2-18 所示。

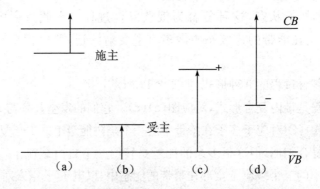

图 2-18　杂质能态的电子光吸收跃迁示意图

　　第一类是中性杂质吸收[见图 2-18(a)(b)]
　　即中性施主到它的激发态和导带之间的跃迁;或者中性受主到它的激发态及价带之间的跃迁,它们对应光子能量在远红外波段。这类吸收跃迁不必遵守动量守恒定则,因为束缚态并没有一定的准动量,这样的跃迁过程中,电子(空穴)跃迁后的波矢并不受到限制。电子可以跃迁到任意的导带能级。
　　第二类是电离杂质吸收[见图 2-18(c)(d)]
　　即电离施主与价带之间以及电离受主与导带之间的跃迁。这类跃迁吸收与带间跃迁类似,必须满足动量守恒定则,即在间接跃迁情况下,必须有声子参与或者其它散射过程协助才能完成跃迁。上图中(a)(b)属于第一类跃迁,光子的能量必须至少等于杂质的离化能 E_i,这个能量相对应于光谱的远红外区。$E_i = \dfrac{m^*}{m\varepsilon^2 n^2} \times 1.36\mathrm{eV}$,其中 m 是真空中电子的质量,n 是量子数,能量越高的量子态离化所需的能量增值是减小的,因此,从 $n=1$ 即可得到由基态到导带的离化能量。当施主上的电子进入导带,即施主能级(基态)比导带低一个离化能。

另外,杂质中心上的电子或空穴由基态到激发态的跃迁也可以引起光吸收。所吸收的光子能量等于相应的激发态能量与基态能量之差。所形成的尖峰:是受主(或施主)基态的载流子到激发态的跃迁引起的。几个吸收峰出现的较宽吸收带说明杂质已经完全电离。随光子能量的增大,吸收系数反而下降,这是由于在远离导带底的地方,跃迁几率迅速下降。上图(c)(d)是属于第二类跃迁,满足:$h\nu > E_g - E_i$,它是在吸收边以下附近的吸收,因此这种吸收经常被自由载流子吸收所掩盖。

(1) 杂质吸收涉及整个能带中的能级,而激子吸收是发生在一个分立能级与有明确限定的能带边之间,即杂质与能带之间的吸收特征是在吸收边处的一个肩部,此肩部处的阀值能量 E_g 比能隙低一个 E_i 值。

(2) 导带与价带之间的跃迁吸收系数所覆盖的范围要远大于到杂质能级跃迁的吸收吸收范围,这是因为能带中的能态密度远大于杂质能态的态密度。

2.3.9 受主与施主之间的跃迁

如果半导体晶体中同时存在施主和受主,则半导体晶体材料自身就会出现补偿作用:

(1) 若施主与受主的比例 <1,则材料会出现部分补偿。

(2) 若施主与受主的比例 $=1$,则材料会出现全部补偿。

(3) 若施主与受主的比例 >1,则材料会出现过分补偿。

如 ZnO 在未掺杂的情况,由于缺陷氧空位的存在,使 ZnO 只能呈现出 n 型,被认为是单极半导体材料,这就是由于氧空位缺陷对此的补偿所引起的。在一般情况下,受主态至少是部分地被占据,施主态至少是部分的空着,它可能会吸收一个光子,使电子从一个受主态到达施主态。考虑到空间受到的库仑势作用,这一系列跃迁有如下关系:

$$h\nu = E_g - E_A - E_D + \frac{q^2}{\varepsilon r} \tag{2-31}$$

在本章第三节中我们已知:最近邻的等电子杂质具有最高的束缚能。所以在施主与受主之间的跃迁所产生的吸收谱中对应于最低能量的峰,从受主到施主的跃迁中,最低能量跃迁应该发生在那些相距较远的"对"。

另外,表面态对于半导体性能的影响,主要表现为起复合中心作用,表面态是电子的一种束缚状态,能降低少数载流子寿命。在半导体表面能态中,也有施主与受主,它们之间的能量间隔要比能隙低一些,这个能量间隔可以通过从受主激发一个电子到施主的方法来测量。但是对于表面态来说,它处于一个无限薄的薄层中,很难精确测量它的吸收率。(注意:受主到施主的跃迁与等电子陷阱的不同)表面态可能产生高浓度的深的或浅的能级,它们可充当复合中心。假如表面态分布是均匀的,则表面态分布为 $N_s(E) = 4 \times 10^{14} \, cm^{-2} \cdot eV^{-1}$ 与实验估计基本一致,表面能态分布的连续分布模型如图 2-19 所示。

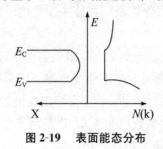

图 2-19　表面能态分布

2.3.10　能带内部跃迁 —— 带内亚结构间的光跃迁

2.3.10.1　P 型半导体

P 型半导体是杂质半导体,是在纯净的四价元素半导体中(如硅 Si 等)掺入少量的三价元素的原子(如硼 B,镓 Ga),三价原子替代四价原子的位置,尚缺少一个电子,这相当于一个空穴。相对应于这个空穴的杂质能级也处于禁带中,且接近价带顶(形成受主能级)。价带中的电子很容易激发到受主杂质能级上,而留下空穴。这种掺杂可使得价带中的空穴浓度比纯净半导体的浓度增大好几倍,这种半导体的导电性大大增加。这种掺杂的半导体为 P 型半导体,其费米能级 E_f 位于禁带中靠近价带顶的地方。由于电子自旋轨道相互作用,故 P 型半导体中的价带因自旋 — 轨道相互作用分裂产生三个子能带 V_1、V_2、V_3(亚结构),如图 2-20 所示。

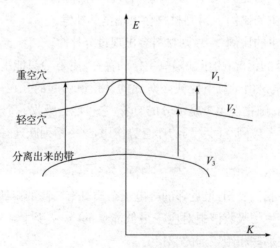

图 2-20　P — Ge 价带子能带结构及能带的内部跃迁

V_1、V_2 在布里渊区原点仍有简并。V_3 则因自旋 — 轨道相互作用而分裂开。当 p 型

半导体价带顶部为空穴所占据时,存有三种方式来吸收光子实现跃迁:

a 带:从轻空穴带 $V_2 \rightarrow$ 重空穴带 V_1 的跃迁

b 带:从分裂出去的带 $V_3 \rightarrow$ 重空穴带 V_1 的跃迁

c 带:从分裂出去的带 $V_3 \rightarrow$ 轻空穴带 V_2 的跃迁

这类跃迁现象已经在很多半导体中观察到,并通过掺杂的方法,改变费米能级位置,可使上述某一种或两种跃迁过程更清楚地显示出来便于判定,来证实解释。以上几种跃迁对应的吸收正比于空穴的密度,即:空穴越多,吸收越强。若材料变成 N 型的,则这种吸收消失。

有人用不同类型的实验所得的数据(用回旋共振法测量有效质量)来对 Ge 材料中的价带结构作了详细计算,所得结果与价带内部吸收的理论符合的很好。主要是轻空穴到重空穴跃迁($V_2 \rightarrow V_1$)吸收、因自旋－轨道相互作用而分裂出来的能带到轻空穴的跃迁($V_3 \rightarrow V_2$)吸收、因自旋－轨道相互作用而分裂出来的能带到重空穴的跃迁($V_3 \rightarrow V_1$)吸收,对于上述情况,当掺杂浓度或温度变化时,上述各个跃迁吸收峰的位置和强度都有所变化。当费米能级向价带深处移动时,$V_3 \rightarrow V_1$ 峰向高能量方向移动;$V_3 \rightarrow V_2$ 峰向低能量方向移动;$V_2 \rightarrow V_1$ 峰的低能边向较高能量移动。

2.3.10.2　N 型半导体

在纯净的四价元素半导体中掺入少量的五价元素,五价原子替代四价原子的位置,构成与四价原子相同的电子结构,多出来的一个价电子在杂质离子的电场范围内运动,其能级在禁带中位于导带底附近,该价电子很容易被激发到导带形成自由电子;掺杂半导体常温下导带中自由电子的浓度要比同温下纯净半导体的大好几倍,提高了半导体的导电性,又称 N 型掺杂或 N 型半导体。

在 N 型半导体中,导带存在一系列子能带,子能带之间能产生能带内部跃迁,这在 N 型 GaP 中已经观察到。掺杂施主会与导带分支在极值点 $<100>$(x_1 或 x_3)处发生跃迁,从 $x_1 \rightarrow x_3$ 之间的 $<100>$ 极小值间直接跃迁。(注意:一是临界点附近不同导带之间的直接跃迁,二是同一导带的不同能谷间的间接跃迁)

在 N 型 AlSb 中也观察到了 0.29eV 的峰,也被解释成导带中 $<100>$ 能谷区的能带内部跃迁。

上述谈到的是相同 K 值的直接跃迁吸收。当然也存在子能带中不同 K 值极小值之间的间接跃迁吸收。GaAs 在 0.3eV 低能值处有一峰,认为可能是 $<000>$ 能谷到 $<100>$ 能谷的跃迁,峰值的强度随电子浓度的增加而增强。

关于类似的解释都有报道,都没有固定的统一的说法,这要根据实验结果进行分析,比如 GaSb 中观察到 0.25eV 处跃迁等等,并推测可能是由 $<000>$ 能谷到 $<100>$ 能谷的跃迁。在 n 型 InP 中,也有此种吸收峰,有 $<000>$ 到 $<100>$ 能谷的跃迁。以上这几种跃迁吸收基本上都遵从 $\alpha \simeq (h\nu - E_0)^{1/2}$,$E_0 = \Delta E + E_P - \xi_n$。

ΔE—— 导带中的两个能谷间的能量间隙

E_P——非直接跃迁声子能量

ξ_n——禁带能级处在最低能谷底部之上的位置

2.3.11 热电子协助吸收跃迁

在前面间接跃迁的情况中,我们已知:非直接跃迁也可能通过吸收低于带隙能量的光子来实现,那么就需要一个额外的能量和动量来补充,这种能量可来自于自由载流子,动量则来自于声子。首先先看一下直接能谷间的热电子协助吸收。当光子能量 $h\nu = E_g - \Delta E < E_g$ 时,光子不可能被吸收,因为能量还差 ΔE,如图 2-21 所示。

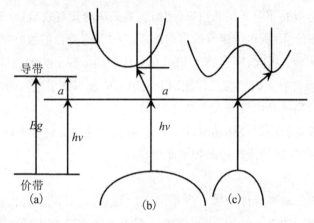

图 2-21　热电子协助吸收示意图

如果所差的能量 ΔE 不太大,则在光子的作用下可使电子从价带跃迁到一个实际的态 a,在此接受了一份额外的能量 $\Delta E'$ 和动量 $\Delta k'$,从而完成了从价带到导带的跃迁。这份额外的能量和动量就是来自于导带中"热电子"发射的声子。"热"电子发射声子,存在着一个三体互相作用:二个电子和一个声子。"热电子"可以通过升温系统或者加电场来获得,获得能量的热电子通过碰撞来交换声子,协助电子完成跃迁。

其次,在间接能谷下,"热电子"的协助跃迁吸收不能实现。在非直接能谷情况下,非直接跃迁的动量改变值较大,声子难以完成此项任务。因为热电子能够贡献出的平均动量比非直接跃迁所需要的动量小得多,所以"热电子"不能协助完成间接能谷下的跃迁。

例如,在直接能隙半导体 GaAs 中,$kT_e = 0.01\text{eV}$,$n = -10^{16}\text{cm}^{-3}$,$\Delta E = 0.01\text{eV}$,吸收系数 $\alpha \approx 6\text{cm}^{-1}$,故热电子跃迁不可忽略。当然,这种协助跃迁与其他的弱过程是难以区分的,例如它与到达杂质的跃迁,能带内部的跃迁等。但是这一过程唯一具有的是:它与电子温度有依赖关系,电子温度(与晶格温度不同)是随电场而变化的。[俘获截面 $S \propto e^{-\frac{\Delta E}{k_B T_e}}$]

2.3.12 "雪崩吸收"

大家知道"雪崩击穿"——半导体在电场作用下,载流子从电场获得足够的能量,通过碰撞使得价带电子激发到导带,从而产生电子－空穴对,如此产生的电子－空穴对又可从电场中获得能量,连续碰撞产生新的电子－空穴对,按照此方式可使载流子大量的增加,导致电流急剧增加,使"器件击穿"称为雪崩击穿

对于雪崩吸收,有类似于雪崩击穿,当外加电场较小时,半导体材料中吸收到光子的电子被电场加热,被加热的电子碰撞产生声子,可协助低于带隙能量的光子产生光吸收,电子获得光吸收跃迁。(即在低于带隙能量的情况下,产生光跃迁)这种光吸收的概率随着电子数目增加而很快上升,吸收率也很快上升。若用 τ ——电子寿命, I ——光强, S ——吸收截面。当 $\tau SI \geqslant 1$ 时,(τ 和 I 足够大)载流子浓度的增量为 Δn : $\Delta n = n_0 [e^{\tau SI} - 1]$, n_0 为平衡载流子浓度。

当然这一载流子浓度的增加量,会由于某种机制的出现而停止。即某种机制使 τ 下降, I 减小, $\tau SI < 1$ 时,载流子浓度的增加量即可停止。由上可知,只有在相对较纯的直接带隙半导体中才能观察到热电子协助吸收。

2.3.13 大于带隙能量的跃迁

从能带图上可以看出,从导带底的极小值处算起,离价带顶越远则对应能量越高,这些跃迁具有的能量皆大于带隙能量。同时由于导带和价带中都存在一些子能带,因此就存在一些大于带隙能量的高能量跃迁。对于 Ⅲ － Ⅴ 族半导体,由于自旋－轨道相互作用,其价带出现分裂,会分裂出现重空穴带和轻空穴带,自旋－轨道相互作用导致分裂出的子能带有一个能量降低。因此在一个从价带顶出发的直接跃迁的吸收谱中,会出现一个能量稍高一点的小峰或者小台阶,它相应于从较低的子能带开始发生的直接跃迁。根据不同的实验方法测量到的样品的高能量跃迁略有不同。用透射谱法测量研究较高能量的跃迁,对样品要求需要非常薄,因为吸收系数很高。但是薄样品的制备又很困难,容易变形,使用不多。

第 3 章

半导体的光学常数

本章介绍半导体光学常数之间的关系。首先简要介绍麦克斯韦方程组的基本形式和意义。之后将利用麦克斯韦方程组，分析光和半导体之间的相互作用，并研究光学常数之间的关系。

3.1 麦克斯韦方程组与波动方程

3.1.1 麦克斯韦方程组

麦克斯韦方程组是现代电磁学的重要基石。它让我们能够更加深入的了解电场与磁场以及它们相互作用关系。 麦克斯韦方程组是由英国物理学 James Clerk Maxwell(1831 − 1879) 在他 24 岁到 34 岁的十年内，经过不断修改完善最终提出来的。微分形式的麦克斯韦方程组可以如下描述：

$$\nabla \cdot E = \frac{\rho}{\varepsilon_0} \tag{3-1}$$

$$\nabla \times E = -\frac{\partial B}{\partial t} \tag{3-2}$$

$$\nabla \cdot B = 0 \tag{3-3}$$

$$\nabla \times B = \mu_0 j + \mu_0 \varepsilon_0 \frac{\partial E}{\partial t} \tag{3-4}$$

式中 E —— 电场强度(矢量)，单位 V/m

B —— 磁通量密度(矢量)，单位 Wb/m²

j —— 电流密度(矢量)，单位 A/m²

ρ —— 电荷密度(标量)，单位 C/m³

ε_0 —— 真空介电常数(标量)， $\approx 8.854 \times 10^{-12}$ F/m

μ_0 —— 真空磁导率(标量)，$= 4\pi \times 10^{-7}$ H/m

这四个方程描述了电场与磁场的基本性质和它们相互作用。利用它们，我们可以定量的描述包括电荷守恒定律在内的几乎所有电磁现象与规律。

由式(3-2)，我们可以知道，时变的磁场会产生电场；再由式(3-4)可得时变的磁场又能产生电场。也就是说，能量是可以在电场与磁场之间交替传递的，这种传递不需要任何介质或条件，即使在真空中也可以进行。当电场与磁场场强的变化率不是常数，而是交变时，那么能量在电场与磁场之间的传递在时间维度上一直进行下去，在空间维度上就会像在水池中投入石子激起的一圈圈波浪一样不断扩散传播，这便是电磁波。

3.1.2 波动方程

波动方程可以描述自然界中的各种波动现象，它的最简单形式为

$$\frac{\partial^2 y}{\partial t^2} - v^2 \nabla^2 y = 0 \tag{3-5}$$

y 为标量函数，∇^2 为拉普拉斯算符，v 为波速。电磁波也是一种波，通过对麦克斯韦方程组的变换，可以得到真空中电场和磁场的波动方程

$$\frac{\partial^2 E}{\partial t^2} - \frac{1}{\mu_0 \varepsilon_0} \nabla^2 E = 0 \tag{3-6}$$

$$\frac{\partial^2 H}{\partial t^2} - \frac{1}{\mu_0 \varepsilon_0} \nabla^2 H = 0 \tag{3-7}$$

H 为磁场强度。利用式(3-5)(3-6)和(3-7)，可以得到电磁波在真空中的传播速度为：

$$v = \frac{1}{\sqrt{\varepsilon_0 \mu_0}} = 2.997\ 92 \times 10^8\ \text{m/s} \tag{3-8}$$

这一速度和真空中的光速相同。由此，麦克斯韦推断，光的本质就是一种电磁波。

通过上述方程，麦克斯韦预言了电磁波的存在，指出它具有传输不依赖介质和在真空中以光速传播的性质，并提出了光也是一种电磁波的推断。其后，在1888年，德国物理学家赫兹(Heinrich Rudolf Hertz)通过实验证明了电磁波的存在和其不需要介质、以光速传播的特性。电磁波这一伟大的发现开启了无线通信的新时代。它推动信息技术、通讯技术、天文和宇航技术在之后一百多年内取得惊人的爆炸式发展，并最终帮助人类科技和文明达到今天的发达程度。因此，有人将麦克斯韦称为19世纪最伟大的物理学家之一。

麦克斯韦方程组的意义远不只帮助人们发现电磁波，它在近代电磁学、光学和物理学理论发展中都发挥着至关重要的作用。爱因斯坦就是利用麦克斯韦方程组发现了光速不变原理，并由此提出了相对论。当代对量子学和量子通信的研究也同样离不开麦克斯韦方程组。

3.2 反射系数、透射系数与折射系数

从本节开始，我们将从宏观的角度研究光和半导体的相互作用。

光在真空中的速度 c 与在介质中的速度 v_r 之比称为介质的折射率,记为 n。由式(3-8),我们可以得出

$$n = \frac{c}{v_r} = \frac{\sqrt{\varepsilon_r \varepsilon_0 \mu_r \mu_0}}{\sqrt{\varepsilon_0 \mu_0}} = \sqrt{\varepsilon_r \mu_r} \tag{3-9}$$

ε_r 为介质介电常数,μ_r 为介质磁导率。对于一般非铁磁性物质,$\mu_r \approx 1$,所以

$$n \approx \sqrt{\varepsilon_r} \tag{3-10}$$

上述公式说明介质的折射率随其介电常数的增大而增大。介电常数与介质极化有关,当材料离子半径增大时,其介电常数也增大,因而 n 也随之增大。因此,可以用大半径离子得到高折射率的材料。如硫化铅的 $n = 3.912$,用小半径离子得到低折射率的材料,如四氯化硅的 $n = 1.412$。

光由一个介电常数为 ε_1 的均匀介质,进入另一个介电常数为 ε_2 的均匀介质时,一部分光在界面上被反射回来,另一部分光则透射过去,但传播方向可能发生改变,这便是反射和折射现象。光在界面处发生反射和折射时,其频率并不发生改变,这一点可以从光量子的角度理解,即不论反射还是折射都是能量为 $\hbar\omega$ 的光子的行为。如图 3-1 是偏振光在两个介质界面附近的波矢和场振幅示意图。如图 3-1 中的左图(a)为正交偏振,右图(b)为平行偏振。

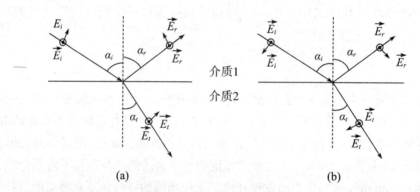

图 3-1　偏振光在两个介质界面附近的波矢和场振幅示意图

我们已经知道,入射角 α_i、反射角 α_r 和折射角 α_t 有以下关系:

$$\frac{\sin\alpha_i}{\sin\alpha_r} = \frac{n_1}{n_1} = 1 \tag{3-11}$$

$$\frac{\sin\alpha_i}{\sin\alpha_t} = \frac{n_2}{n_1} = \sqrt{\frac{\varepsilon_2}{\varepsilon_1}} \tag{3-12}$$

式(3-11)和式(3-12)分别为反射定律和折射定律。

有一种特殊情况为全反射,当 $n_2 < n_1$,入射角 α_i 大于全反射角 α_i^c 时反射光和入射光能量相同会发生全反射。全反射角 α_i^c 与两种介质相对折射率有关。

$$\alpha_i^c = \arcsin\frac{n_2}{n_1} = \arcsin\sqrt{\frac{\varepsilon_2}{\varepsilon_1}} \tag{3-13}$$

发生全反射时,介质 2 中只在界面附近有在强度指数衰减的倏逝波,有效进入深度大约是一个波长。

但如果介质 2 薄至一个波长以内倏逝波在其中不能完全衰减消失,则会有部分能量透过。也就是说,即使全反射,仍然有可能存在透射光,这便是光学隧穿效应。

如图 3-1-1 所示,反射光与透射光的振幅同入射光振幅之比,分别称之为反射系数 r 与透射系数 t;能量之比分别称为反射率 R 和透射率 T。

$$r = \frac{E_r}{E_i} \tag{3-14}$$

$$R = |\, r\, |^2 \tag{3-15}$$

$$t = \frac{E_t}{E_i} \tag{3-16}$$

$$T = |\, t\, |^2 \tag{3-17}$$

图中两种偏振态对应不同的反射率和透射率,我们分别将其表示为平行分量 $R_{\parallel}$,$T_{\parallel}$ 和垂直分量 $R_{\perp}$,$T_{\perp}$。

在不考虑介质吸收的情况下,反射系数和折射系数可以用菲涅耳公式描述:

$$r_{\perp} = \frac{n_1\cos\alpha_i - n_2\cos\alpha_{tr}}{n_1\cos\alpha_i + n_2\cos\alpha_{tr}} = \frac{\sin(\alpha_i - \alpha_t)}{\sin(\alpha_i + \alpha_t)} \tag{3-18}$$

$$r_{\parallel} = \frac{n_1\cos\alpha_{tr} - n_2\cos\alpha_i}{n_1\cos\alpha_{tr} + n_2\cos\alpha_i} = \frac{\tan(\alpha_i - \alpha_t)}{\cos(\alpha_i + \alpha_t)} \tag{3-19}$$

$$t_{\perp} = \frac{2n_1\cos\alpha_i}{n_1\cos\alpha_i + n_2\cos\alpha_{tr}} = \frac{2\sin\alpha_t\cos\alpha_i}{\sin(\alpha_i + \alpha_t)} \tag{3-20}$$

$$t_{\parallel} = \frac{2n_1\cos\alpha_i}{n_1\cos\alpha_{tr} + n_2\cos\alpha_i} = \frac{2\sin\alpha_t\cos\alpha_i}{\sin(\alpha_i + \alpha_t)\cos(\alpha_i - \alpha_t)} \tag{3-21}$$

当 $\alpha_i + \alpha_t = \pi/2$ 时,$\tan(\alpha_i + \alpha_t) = \infty$,$r_{\parallel} = 0$。即入射光与透射光垂直时,反射光中平行偏振部分强度降为 0,反射光为线偏振,偏振方向与平面垂直。此时的入射角叫做起偏角或布儒斯特角。

对于半导体材料,对反射系数、反射率、透射系数和透射率的表征通常是在垂直入射的情况,此时

$$r_{\perp} = r_{\parallel} = \frac{n_2 - n_1}{n_1 + n_2} \tag{3-22}$$

$$R_{\perp} = R_{\parallel} = \left(\frac{n_2 - n_1}{n_1 + n_2}\right)^2 \tag{3-23}$$

$$r_{\perp} = r_{\parallel} = \frac{2n_1}{n_1 + n_2} \tag{3-24}$$

$$T_{\perp} = T_{\parallel} = \left(\frac{2n_1}{n_1 + n_2}\right)^2 \tag{3-25}$$

但是要注意的是,上述公式仅在垂直入射且介质弱吸收的情况下适用。

3.3   吸收系数与折射率、消光系数

对于有较强光吸收能力的介质,光在其中传播会因为介质的吸收而强度逐渐减弱,用公式描述为

$$I(x) = I_0 e^{-ax} \tag{3-26}$$

I_0 为起始光强,$I(x)$ 为光在介质中传播距离为 x 后的强度,α 为光吸收系数。

对于存在较强光吸收的介质,它的相对介电常数要用复介电常数来描述,

$$\varepsilon_r(\omega) = \varepsilon_1(\omega) + i\varepsilon_2(\omega) \tag{3-27}$$

其中 $\varepsilon_1(\omega)$ 为相对介电常数实部,$\varepsilon_2(\omega)$ 为相对介电常数虚部;

介质的折射率也要用复折射率来描述,

$$\tilde{n}(\omega) = n(\omega) + i\kappa(\omega) \tag{3-28}$$

其中的实部 $n(\omega)$ 就是通常测定的折射率,虚部 $\kappa(\omega)$ 与介质的光吸收能力有关,称为消光系数。$|\kappa| \ll |n|$ 为弱吸收介质,$|\kappa| \gg |n|$ 为强吸收介质。

介质的复折射 $\tilde{n}(\omega)$ 与复相对介电函数 $\varepsilon(\omega)$ 同样存在以下关系

$$\tilde{n}(\omega) = \sqrt{\varepsilon(\omega)} \tag{3-29}$$

将式(3-27)和式(3-28)代入可得

$$n(\omega)^2 - \kappa(\omega)^2 = \varepsilon_1(\omega) \tag{3-30}$$

$$2n(\omega)\kappa(\omega) = \varepsilon_2(\omega) \tag{3-31}$$

利用复折射率公式推导可得[4]

$$\alpha(\omega) = \frac{2\omega n(\omega)\kappa(\omega)}{c} = \frac{4\pi(\omega)}{\lambda} \tag{3-32}$$

λ 为介质中的波长。通过上述公式可以看出,吸收系数 α 与消光系数 κ 成正比,$\kappa = 0$ 时,介质不吸收光。

由式(3-31)可知,当相对折射率 $n(\omega)$ 和相对介电函数虚部 $\varepsilon_2(\omega)$ 不为零时,

$$\kappa(\omega) = \frac{\varepsilon_2(\omega)}{2n(\omega)} \tag{3-33}$$

代入式(3-32),可得

$$\alpha(\omega) = \frac{\omega\varepsilon_2(\omega)}{cn(\omega)} \tag{3-34}$$

即 $n(\omega) \neq 0$ 时,吸收系数 α 与相对介电函数虚部 ε_2 成正比。

强吸收的介质,其与空气界面的反射系数、反射率也和弱吸收的不同,其表达式分别为:

$$r = \frac{n - 1 + i\kappa}{n + 1 + i\kappa} \tag{3-35}$$

$$R = \frac{(n-1)^2 + \kappa^2}{(n+1)^2 + \kappa^2} \tag{3-36}$$

通过上述公式可以发现,当光从空气进入介质时,介质的消光系数越大,吸收能力越强,它对入射光的吸收越少。这是因为强吸收介质的界面反射率会增大,入射光大部分能量都被反射了,所以吸收很少。一个典型的情况就是金属,在大多数情况下金属的消光系数很大,因此金属的反射率很高,但对入射光的吸收却几乎可以忽略。

半导体材料和金属的不同之处是半导体有带隙。半导体的吸收系数与消光系数等均与光的角频率 ω 或者说光子能量有直接相关。对于绝大多数半导体而言,当光子能量小于其禁带宽度时,其吸收系数几乎为 0,表现为弱吸收;当光子能量大于禁带宽度时,其吸收系数远大于折射率实部,表现为强吸收。此时,吸收系数 α 与光子能量 $h\upsilon$、半导体带隙 E_g 有以下关系:

直接带隙半导体:

$$(\alpha h\upsilon)^2 = A(h\upsilon - E_g) \tag{3-37}$$

间接带隙半导体:

$$(\alpha h\upsilon)^{1/2} = A'(h\upsilon - E_g) \tag{3-38}$$

A、A' 为常数。上述公式经常用来测量半导体的光学带隙。只需要画出 $(\alpha h\upsilon)^2$ 或 $(\alpha h\upsilon)^{1/2}$ 与光子能量 $h\upsilon$ 的关系曲线,在吸收边处做线性拟合,其延长线与横轴的交点对应的光子能量即等于带隙。

这一方法的关键是测量不同波长的光对应的吸收系数 α。吸收系数通常使用分光光度计来测量。波长为 λ 的单色光在经过厚度为 d 的样品前后界面反射和吸收后,透过率为:

$$T = \frac{(1-R)^2 \mathrm{e}^{-ad}}{1 - R^2 \mathrm{e}^{-2ad}} \tag{3-39}$$

这样,利用测得的透过率、反射率和厚度即可计算出吸收系数 α。须注意的是此时半导体表现为强吸收,式(3-23)中反射率计算方法已经不适用,而必须如式(3-38)中描述的考虑消光系数的影响。

3.4 Kramers-Krönig relations 简介

前面我们提到,当介质的光吸收不能忽略时,介电常数和折射率必须用复数形式表示。对于复介电常数 $\varepsilon(\omega) = \varepsilon_1(\omega) + i\varepsilon_2(\omega)$,它的实部和虚部满足以下关系:

$$\varepsilon_1(\omega) - 1 = \frac{1}{\pi} P \int_{-\infty}^{+\infty} \frac{\varepsilon_2(\omega')}{\omega' - \omega} \mathrm{d}\omega' \tag{3-40}$$

$$\varepsilon_2(\omega) = -\frac{1}{\pi} P \int_{-\infty}^{+\infty} \frac{\varepsilon_1(\omega') - 1}{\omega' - \omega} \mathrm{d}\omega' \tag{3-41}$$

$$P \int_{-\infty}^{\infty} f(x) \mathrm{d}x = 2\pi i \sum_{\mathrm{Im}z > 0} \mathrm{res} f(z) + \pi i \sum_{\mathrm{Im}z = 0} \mathrm{res} f(z) \tag{3-42}$$

式(3-40)和式(3-41)便是克拉莫斯－克朗宁关系(Kramers-Krönig relations)。式(3-42)为留数定理。

由于$\varepsilon(\omega)=\varepsilon^*(-\omega)$,克拉莫斯－克朗宁关系还可以写成以下形式:

$$\varepsilon_1(\omega)-1=\frac{2}{\pi}P\int_0^{+\infty}\frac{\omega'\varepsilon_2(\omega)}{\omega'^2-\omega^2}\mathrm{d}\omega' \tag{3-43}$$

$$\varepsilon_2(\omega)=-\frac{2\omega}{\pi}P\int_0^{+\infty}\frac{\omega_1(\omega')-1}{\omega'^2-\omega^2}\mathrm{d}\omega' \tag{3-44}$$

对于复介电常数接近1的材料,通过克拉莫斯－克朗宁关系可以推出折射率和消光系数的关系:

$$n(\omega)-1=\frac{2}{\pi}P\int_0^{+\infty}\frac{\omega'\kappa(\omega)}{\omega'^2-\omega^2}\mathrm{d}\omega' \tag{3-45}$$

$$\kappa(\omega)=-\frac{2\omega}{\pi}P\int_0^{+\infty}\frac{n_r(\omega')}{\omega'^2-\omega^2}\mathrm{d}\omega' \tag{3-46}$$

克拉莫斯－克朗宁关系具有非常强的普适性。通过克拉莫斯－克朗宁关系可以得到以下重要的推论:

(1)如果在某个频率下$\varepsilon_1(\omega)$或者$n(\omega)$不等于1,那$\varepsilon_2(\omega)$或者$k(\omega)$一定不为0。反之亦然。

(2)在整个频率范围内$(0\sim\infty)$,已知复介电常数或者复折射率的实部或虚部中任意一个,即可得出另一个。

对于实际应用中,我们不可能知道整个频率范围内的介电常数或者折射率。所以只要在一个不是很小的频率范围内,克拉莫斯－克朗宁关系同样适用。

3.5　干涉效应

干涉(Interference)指满足一定条件的两列相干波相遇叠加,在叠加区域某些点的强度始终加强,某些点的强度始终减弱的现象。光的干涉是光的波动特性的典型表现。简单地说,当两束相干光相位差为半波长偶数倍时即增强,为半波长奇数倍时即减弱。对于两束强度分别为I_1、I_2的线偏振相干光,其叠加后强度I为

$$I=I_1+I_2+2\sqrt{I_1+I_2}\cos\delta \tag{3-47}$$

δ为相位差。在$I_1=I_2$的情况下,叠加强度极大$I_{极大}=4I_1$;叠加强度极小$I_{极小}=0$。

干涉现象与相位差、光的波长直接相关,用于测量光程差时具有很高的分辨率。因此在半导体实验中常常利用干涉现象来测量透明薄膜的厚度。

干涉法测薄膜厚度主要有三种方式:光谱法、等倾干涉法和迈克尔逊干涉法。

光谱法是利用分光光度计,通过测量反射率或折射率随测量波长的规律性改变,推算出薄膜的厚度。图3-2是典型的薄膜透过率测试曲线。图中曲线周期性的波动是入射光在薄膜前后界面反射后发生干涉造成的。

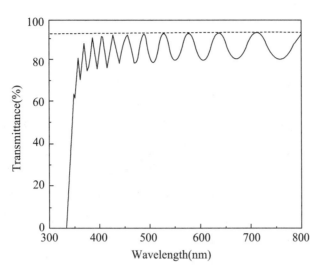

图 3-2　薄膜透过率测量曲线

曲线相邻两个波峰或波谷之间,光程差相差波长的整数倍。由此,可推出膜厚 d 与波长 λ,薄膜折射率 n 之间的关系为:

$$d = \frac{\lambda_1 \lambda_2}{2n(\lambda_2 - \lambda_1)} \tag{3-48}$$

由上述公式可以看出,相邻波峰间距越小,薄膜厚度越大。

等倾干涉法是利用准单色点光源产生的光在薄膜的上下两个界面来回反射并干涉的现象。典型的等倾干涉是牛顿环。若薄膜厚度均一,两个界面平行,则干涉条纹是若干条平行线,每两条相邻的干涉条纹意味着光程差变化了一个波长;若薄膜厚度发生改变,如在薄膜边缘,上下界面不再平行,干涉条纹也会随之出现弯曲,弯曲程度与界面不平行程度有关。如图 3-3 所示,利用干涉显微镜观察薄膜的边缘时,干涉条纹在薄膜边缘处会发生弯曲。

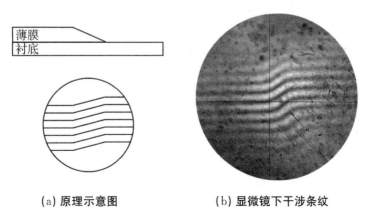

(a) 原理示意图　　　　　(b) 显微镜下干涉条纹

图 3-3　等倾干涉法测量薄膜厚度

薄膜厚度变化越大,条纹弯折越厉害。膜厚 d 与波长 λ,薄膜折射率 n,条纹弯曲数

N 的关系为

$$d = \frac{N\lambda}{2(n-1)} \tag{3-49}$$

通过测量条纹弯曲数 N，将波长 λ 和折射率 n 带入上述公式，即可得出薄膜的厚度。

等倾干涉法对设备要求简单，但要求薄膜有缓变台阶，同时测量精度相对较低。

迈克尔逊干涉法是利用迈克尔逊干涉仪测量匀质透明材料的厚度。迈克耳逊干涉仪如图 3-4 所示，一束入射光经过分光镜分为两束后各自被对应的平面镜反射回来，因为这两束光频率相同、振动方向相同且相位差恒定，所以能够发生干涉。干涉中两束光的不同光程可以通过调节干涉臂长度来实现，从而能够形成不同的干涉图样。利用迈克尔逊干涉法测量膜厚时，先通过调整光程差，观察到清晰的干涉条纹。然后将透明介质沿垂直方向插入光路中，此时会发现干涉条纹消失。继续调整光程差至清晰的干涉条纹再次出现，通过测量第二次调整光程差的距离 l，就可以计算出薄膜厚度

$$d = \frac{l}{n-1} \tag{3-50}$$

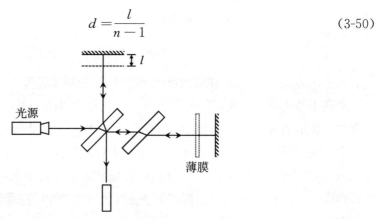

图 3-4　迈克尔逊干涉法测量薄膜厚度示意图

利用干涉原理测膜厚方法简便，对仪器设备要求低，但因为受到光波长和显微镜目测等因素的限制，精度并不高。目前常用的椭偏仪、台阶仪或原子力显微镜可以实现更高精度的膜厚测量。

第 4 章

半导体的外场效应

半导体在外部因素的影响下,一些特性会产生非常丰富有趣的变化,这些变化便是半导体的外场效应。了解半导体的外场效应,不但有利于加深我们对半导体的认识,建立正确的半导体物理理论;还可以通过对其的利用,实现各种的应用。

4.1 压力效应

当半导体受到压力作用时,其载流子迁移率会发生变化,随之造成电阻率的改变,这便是压阻效应。压阻效应最早是 C. S 史密斯在 1954 年对硅和锗进行电阻率与应力变化特性测试时发现的。

压阻效应的强弱可以用压阻系数 π 来表征。压阻系数 π 被定义为单位应力作用下电阻率的相对变化。压阻效应根据测量方法不同,通常可以分成两类:① 流体静压强效应;② 切应力效应(单轴向压力效应)。流体静压强效应的特点是只有法向应力,不改变晶体对称性。此时压阻效应只与材料本身有关,如锗、硅的电阻率都随流体净压强增大而变大。切应力效应(单轴向压力效应)是对材料在某一轴向上拉伸或压缩,这时会改变晶体对称性,此时压阻系数与材料、外力方向、电流方向及晶体结构都有关。譬如在室温下 n 型硅沿(100)方向加应力,沿(100)方向通电流的压阻系数 $\pi_{11} = 1.0 \times 10^{-9} \, \mathrm{m^2/N}$,而沿(010)方向通电流的压阻系数 $\pi_{12} = 5.3 \times 10^{-10} \, \mathrm{m^2/N}$。二者相差近一倍。

压阻效应的成因与半导体能带结构有关。对于较简单的流体静压强效应,当半导体材料受压时,其晶格间距减小,引起能带的相对移动,即禁带宽度发生改变。对于本征半导体,禁带宽度的改变会造成载流子浓度的变化,而且产生电阻率的变化。

禁带宽度随压强的变化率可以用 $\mathrm{d}E_g/\mathrm{d}P$ 表示。Ge 的 $\mathrm{d}E_g/\mathrm{d}P$ 为 $5 \times 10^{-11} \, \mathrm{eV/Pa}$,GaAs 为 $9 \times 10^{-11} \, \mathrm{eV/Pa}$。Ge 和 GaAs 在受压时,禁带宽度都会增大。而 Si 的 $\mathrm{d}E_g/\mathrm{d}P$ 为 $-2.4 \times 10^{-11} \, \mathrm{eV/Pa}$。在受压时,硅的禁带宽度反而会降低。

除了会造成禁带宽度改变,半导体受压发生形变还可能造成多个能带谷之间能量差的变化。载流子谷间跃迁的几率增大一方面会造成有效质量增大,另一方面谷间散射会增强。这些都会造成载流子的迁移率降低,从而电阻率增大。能带谷之间能量差变化造成载流子迁移率降低也是单轴向压力效应的主要原因。不同晶向上能谷的差异及压力下行为的不同,造成了晶体不同晶向表现出不同的压阻效应。

利用半导体的压阻效应,可以制成压力、应力、应变、速度和加速度等物理量的传感器。压阻效应传感器具有灵敏度与精度高、易于小型化和集成化、结构简单、工作可靠、耐疲劳、动态特性好、响应频率高的优势,已经广泛地应用于航空、航天、航海、化工和医疗等领域。如图4-1所展示的是一种基于硅材料的微机电系统(MEMS)压阻效应传感器结构示意图。

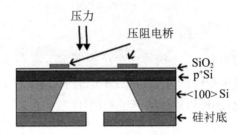

图 4-1 　基于 MEMS 结构的压阻效应传感器示意图

因为压力可以改变半导体的禁带宽度,所以对于 PN 结,它的伏安特性也会随着压力而改变。PN 结的电流与少数载流子浓度有关,而少数载流子浓度又直接受禁带宽度的影响,所以尽管 PN 结是用掺杂半导体制成的,它对压力仍然表现出很高的灵敏度。利用这一特性可以制成压敏二极管。

4.2　温度效应

1821 年,德国物理学家塞贝克发现,在两种不同的金属 a 和 b 所组成的闭合回路中,如果两个接触点的温度不同,回路中会产生电流,称为温差电流,产生电流的电动势称为温差电动势,这就是"塞贝克效应"。单位温差产生的电动势称为塞贝克系数 α_{ab}。1834 年,法国实验科学家珀尔帖发现了它的反效应:两种不同的金属 a 和 b 构成闭合回路,当回路中存在直流电流时,两个接头之间将产生温差,电流的方向决定接头吸热还是放热,这就是"珀尔帖效应"。单位电流单位时间内在接头处吸收或放出的热量称为珀尔帖系数 π_{ab}。1856 年,英国物理学家汤姆逊利用他所创立的热力学原理,又从理论上预言了一种新的温差电效应,即当电流在温度不均匀的导体中流过时,导体除产生不可逆的焦耳热之外,还要吸收或放出一定的热量(称为汤姆孙热)。或者反过来,当一根金属棒的两端温度不同时,金属棒两端会形成电势差。这一现象后叫汤姆孙效应。单位电流经过单位温度差的导体 a 所吸收或放出的热量称为汤姆孙系数 σ_a^T。

利用热力学定理可以发现塞贝克系数 α_{ab}、珀尔帖系数 π_{ab} 和汤姆孙系数 σ_{ab} 之间存在以下关系:

$$\pi_{ab} = \alpha_{ab} T \tag{4-1}$$

$$\sigma_b^T = \sigma_a^T = \frac{d\alpha_{ab}}{dT} T \tag{4-2}$$

式(4-1)和式(4-2)称为开耳芬关系。通过它,只要知道三个系数中的任何一个,便可以求出另外两个。

相比于金属等导体,半导体对温度表现得更加敏感,三种效应系数也要大的多。下面分别介绍半导体中的三种效应。

4.2.1 半导体塞贝克效应

对于本征半导体,我们知道本征载流子浓度

$$n_i = \sqrt{N_C N_V} \, e^{\frac{-E_g}{2k_B T}} \tag{4-3}$$

其中,N_C 为导带中的有效态密度,N_V 为价带中的有效态密度。由公式可以看出本征载流子浓度随着温度的上升单调增加。而对于掺杂半导体,情况稍微复杂一些。如图4-2 所给出了载流子浓度随温度的变化关系曲线,当温度低于杂质激活能时,半导体载流子浓度仍以本征为主,浓度随温度的上升而增加;当温度开始超过杂质激活能时,半导体以载流子以杂质电离为主,载流子浓度等于掺杂浓度,且在一定的温度范围内保持稳定;当温度继续上升,本征载流子浓度与掺杂浓度相当,甚至超过时,载流子浓度再次随温度的上升而迅速增加。

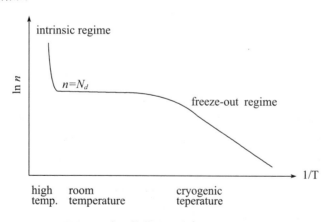

图 4-2 半导体载流子浓度与温度关系曲线

当半导体的局部发生温度升高时,那里的载流子浓度和热运动速度都增加,他们就会向冷端扩散,从而在温度不同的两个区域之间形成一定的温差电动势,这便是半导体塞贝克效应。例如在 P 型半导体中,其高温端空穴的浓度较高,空穴会从高温端向低温端扩散。高温端失去空穴,电势低;低温端积累空穴,电势高。在半导体内部出现定向电场。当扩散作用与电场的漂移作用相互抵消时,即达到稳定状态。温差电动势的方向是低温端指向高温端。相反,在 N 型半导体中,高温端失去电子,电势高;低温端积累电子,电势低。温差电动势的方向是从高温端指向低温端。如图 4-3 所示是利用半导体塞贝克效应产生的温差电动势的方向判断半导体的导电类型示意图。

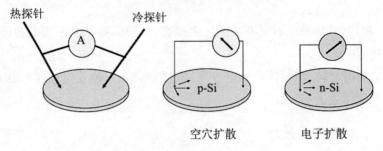

图 4-3　利用塞贝克效应判断半导体 pn 型

p 型和 n 型半导体的塞贝克系数分别为：

$$\alpha_p = \frac{k_0}{q}\left(\frac{3}{2} + \frac{E_F - E_V}{k_0 T}\right) \tag{4-4}$$

$$\alpha_n = -\frac{k_0}{q}\left(\frac{3}{2} + \frac{E_C - E_F}{k_0 T}\right) \tag{4-5}$$

一般情况下，半导体的温差电动势可达几百 μV/K，是金属的上百倍。

上述公式能很好地描述常温下半导体塞贝克系数。但是在极低温时，还必须考虑声子的影响。因为热端的声子数多于冷端，声子也会从高温端向低温端扩散。在声子扩散过程中，它会与载流子碰撞，拖动载流子跟随其运动，从而产生声子牵引。声子牵引会增强载流子的定向运动和在冷端的积累，造成塞贝克系数的升高。

4.2.2　半导体珀尔帖效应

珀尔帖效应是塞贝克效应的逆过程，利用半导体较高的珀尔帖系数，可以实现半导体制冷。在实际应用中，半导体制冷以金属和半导体接触为主。金属中的空穴进入 P 型半导体必须吸收能量以越过金属费米能级与半导体价带之间的能级差 $E_F - E_C$ 并达到和半导体内空穴相同的平均动能。空穴吸收的能量来自于晶格的热振动，这便是半导体中珀尔帖效应的产生机理，如图 4-4 是半导体中珀尔帖效应原理示意图。

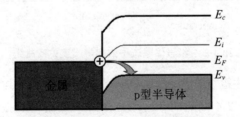

图 4-4　半导体中珀尔帖效应原理示意图

如果是本征半导体和金属相接触，则

$$\pi_{ab} = -\frac{k_0 T}{q}\frac{\mu_n - \mu_p}{\mu_n + \mu_p}\left(2 + \frac{E_g}{2k_0 T}\right) \tag{4-6}$$

利用珀尔帖效应制成的半导体制冷器具有尺寸小、重量轻、无机械传动部分、无噪音、无污染、制冷参数不受空间方向以及重力影响、能承受高过载、制冷速率可方便调节、制冷制热端可切换、作用速度快、使用寿命长、易于控制等特点。因此,利用赛贝克效应和帕尔贴效应就可分别实现半导体发电与制冷和制热,如图 4-5 是利用塞贝克效应和珀尔帖效应实现半导体发电和制冷原理示意图。

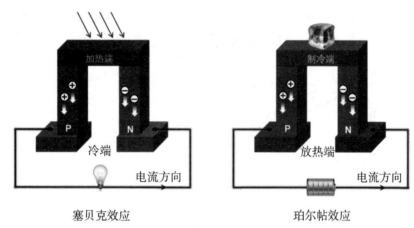

图 4-5　塞贝克效应和珀尔帖效应实现半导体发电和制冷原理示意图

4.2.3　半导体汤姆孙效应

当电流流过有温度梯度的半导体时,半导体中除产生焦耳热以外,还会吸收或放出热量。汤姆孙效应的原理比较简单,载流子在电场作用下从冷端运动到热端,它的温度(热动能)低于热端其它载流子,它就会从晶格中吸热。反之从热端运动到冷端,载流子就会放热。

对于 p 型半导体,汤姆孙系数为:

$$\sigma_p^T = \frac{1}{q}\frac{dE_F}{dT} - \frac{E_F - E_V}{qT} \qquad (4\text{-}2\text{-}6)$$

对于 n 型半导体,汤姆孙系数为:

$$\sigma_n^T = \frac{1}{q}\frac{dE_F}{dT} + \frac{E_C - E_F}{qT} \qquad (4\text{-}2\text{-}6)$$

半导体的热电效应具有非常高的利用价值,不但可以制成半导体温度传感器、制冷器,还可以用于温差发电。充分利用目前工业生产和日常生活中的废热发电能够提升能源利用效率,降低能源消耗,改善环境问题。

4.3　电场效应

在 3.5 节中,我们介绍了半导体的光吸收与能带宽度的关系,即光子能量大于能带宽度的可以被吸收,反之则不吸收。这是由于光子吸收主要是价带电子从获得光子能量后被受激跃迁到导带。但当半导体受到电场的影响时,半导体的光吸收特性可能会发生变化。

Franz 和 Keldysh 较早的研究了电场对半导体材料的光吸收的影响。他们发现在强电场的作用下,半导体可以吸收光子能量小于禁带宽度的入射光。这是由于外电场会使半导体能带发生倾斜,当外电场很强时,价带电子会通过隧穿跃迁到导带,如图 4-6 中所示。此时半导体有效能隙减小,吸收边发生红移。这种效应便 Franz-Keldysh 效应。

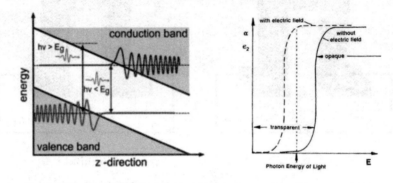

图 4-6　Franz-Keldysh 效应

利用 Franz-Keldysh 效应可以制成半导体光调制器,通过外加电压调节特定波长光的吸收率。利用体材料制成的半导体光调制器在大功率调制应用时表现出一定的优势。但由于调制深度与电场强度相关,随着外加电场的增大,半导体材料中的激子很快被离子化,使得材料光吸收谱中与之相对应的吸收峰消失,表现出吸收率随调制电压变化缓慢、调制电压高、调制深度小等缺点,这些限制了 Franz-Keldysh 效应的应用。

和体材料相类似,具有量子阱结构的半导体在电场的作用下也会表现出吸收峰红移的现象。在电场的作用下,电子和空穴的波函数的空间分布和交叠状况发生改变,使能带发生倾斜,导带底与价带顶直接的能量差减小,从而可以观察到激子吸收边的红移,而且这一现象在室温下也能观察到。这种效应被称为量子限制斯塔克效应(Quantum — confined Stark effect),如图 4-7 所示。

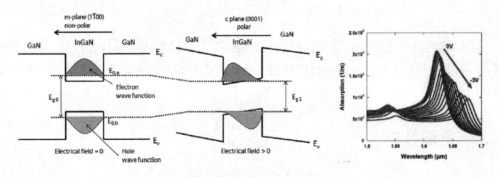

图 4-7　量子限制斯塔克效应示意图

相比于体材料，由于势垒的限制作用，量子阱中的二维激子即使在较高的电场作用下仍不发生分离，因此量子阱材料的吸收谱边缘比较尖锐，在强外电场作用下吸收峰的光子能量可以有更加明显红移。利用量子限制斯塔克效应可以制成电吸收型光调制器。这种电吸收型光调制器由于具有调制速率高、驱动电压低、体积小、结构与工艺便于与半导体激光器集成等一系列优点，成为广泛应用的外调制器。

Franz-Keldysh 效应和量子限制斯塔克效应都是在电场较强的情况下表现的比较明显。当电场强度超过一个阈值，半导体中载流子在其平均自由时间内可以从电场中获得足够多的能量，它可以通过碰撞而将电子从价带激发到导带，从而产生电子－空穴对。新产生的电子和空穴又从电场中获得能量，碰撞产生更多的电子－空穴对，并如此持续下去产生越来越多的电子－空穴对。这种半导体在强电场下，载流子浓度突然急剧增加的现象称为雪崩过程，也叫冲击离子化，如图 4-8 所示。半导体中一旦发生雪崩过程，载流子浓度剧增，电导率骤降，此时如果不采取限流措施，将造成半导体因电流过大发热而烧毁，因此通常需要避免雪崩过程的发生。但也可以利用这种效应制成雪崩光电二极管，实现对单个光子的探测。

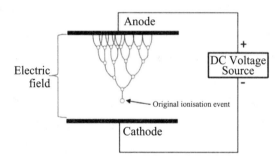

图 4-8 冲击离子化效应示意图

4.4 磁场效应

材料的磁导率为 μ，对于大多数物质 $\mu \approx 1$。μ 和 1 相差较大的叫做磁性物质。其中 $\mu < 1$ 的称为抗磁性物质，$\mu > 1$ 的称为顺磁性物质，而 $\mu \gg 1$ 的称为铁磁性物质。

4.4.1 朗道效应

载流子在强磁场中运动时，受洛伦兹力的影响，将绕磁场做回旋的螺旋运动，回旋频率为

$$\omega_c = \frac{qB}{m^*} \tag{4-9}$$

哈顿量为

$$\hat{H} = \frac{1}{2m^*}[(p_x + qBy)^2 + p_y^2 + p_z^2] \tag{4-10}$$

量子化的电子的能量为(忽略了自旋项)

$$E_n = (n + \frac{1}{2})\hbar\omega_c + \frac{h^2 k_z^2}{2m^*} \quad (n = 0, 1, 2\cdots) \tag{4-11}$$

当磁场很强且温度很低时,载流子的运动将出现量子化效应,在垂直于磁场方向的平面内的运动是量子化的,与磁场垂直的方向运动则还是连续的。因此能带中的电子状态重新分布形成若干个子带,这些子带称为朗道能级。

能级的间距为 $h\omega_c$,只有当 $h\omega_c > k_0 T$ 时量子化效应才明显,即当 B 满足下式时,量子化效应才明显。

$$B > (\frac{m^*}{m_0})\frac{m_0 k_0 T}{qh} = 0.75 T(\frac{m^*}{m_0}) \tag{4-12}$$

设 $m^*/m_0 = 1, T = 4.2K$,则 $B > 3.5T$。所以即使在 $T = 4.2K$ 时也需要 $3.5T$ 以上的强磁场才能观察到朗道能级分裂。

4.4.2 塞曼效应(Zeeman effect)

1896 年荷兰物理学家 P. Zeeman(1865 ~ 1943)发现磁场能使光谱线分裂成几条波长相差很小的偏振化分谱线,且谱线间的裂距正比于磁场强度,这一现象被称为塞曼效应。塞曼效应是研究原子结构的重要方法之一。1902 年,塞曼和他的老师洛伦兹因这一发现共同获得了诺贝尔物理学奖。

谱线的分裂来自能级差的变化,因原子具有磁矩,当它处于磁场 B 中时,受到磁场的作用而引起的附加能量可表示为 $\Delta E = Mg\mu_B B$,磁量子数 M 有 $2j + 1$ 个取值。因此无磁场时原子的一个能级在磁场的作用下分裂成 $2j + 1$ 个支能级,两相邻支能级的间距为 $\Delta E = Mg\mu_B B$。从同一能级分裂出来的诸能级的间距是相等的,而从不同能级分裂出来的能级间距则不一定相等。

若有一条光谱线是由能级 E_1 和 $E_2(E_2 > E_1)$ 之间跃迁产生的,无磁场时,这条谱线的频率为 $\omega = (E_2 - E_1)/h$;在外磁场为 B 时,因能级分裂而观察到的新光谱线与原光谱的频率差为:

$$\Delta\omega = (M_2 g_2 - M_1 g_1)L \tag{4-13}$$

其中 $L = \frac{Be}{4\pi m}$ 称为洛仑兹单位。

实验发现塞曼支能级之间的跃迁服从下列选择定则:

$\Delta M = M_2 - M_1 = 0$ 时,产生 π 线($\Delta J = 0$ 且 $M_1 = M_2 = 0$ 除外)。

$\Delta M = M_2 - M_1 = \pm 1$ 时,产生 σ 线。

从垂直于磁场 B 方向观察,如果原来谱线分裂为三条,且相邻两条谱线之间的间隔相等,均为一个洛仑兹单位,这样的现象称为正常塞曼效应。如果谱线中分裂条数超过三条,或者有的谱线即使只分裂成三条,但相邻两谱线之间的间隔不等于一个洛仑兹单位,称为反常塞曼效应。

实验表明,在强磁场情况下一般都会出现正常塞曼效应。在磁场不很强的情况下则出现反常塞曼效应。所谓磁场的强弱是相对的,当外磁场引起的反常塞曼分裂不超过无外磁场时由电子自旋和轨道相互作用引起的能级分裂(精细结构分裂)时,则 L 与 S 的耦合不能忽略,这时的磁场为弱磁场。若塞曼裂距远大于精细结构裂距。则 L 与 S 的耦合就可以被忽略。这时的磁场为强磁场、不同原子内部的内磁场大小不同。所以作用在原子上的外磁场的强弱对不同原子是不同的。

4.5 霍尔效应

4.5.1 霍尔效应与反常霍尔效应

1879 年,霍尔(E. H. Hall) 在研究通有电流的导体在磁场中受力的情况时,发现在垂直于磁场和电流的方向上产生了电动势,这个电磁效应称为"霍尔效应"。

霍尔效应的本质的是运动的电荷在磁场中受到洛伦兹力的影响,运动方向发生偏转而聚集到一边。半导体中的霍尔效应要强于导体,因此对于霍尔效应的研究和应用主要都集中在半导体材料中。

图 4-9 分别表示的是 N 型和 P 型半导体中,霍尔效应产生的过程。在 N 型半导体中,多数载流子是电子,其运动方向与电流方向相反,受到向下的洛伦兹力,因此聚集在下方,并产生方向向下的内建电场 E_H,直到洛伦兹力与电场力平衡,达到稳定。此时半导体上下两端有稳定的霍尔电压。而在 P 型半导体中则恰恰相反,空穴受到向上的洛伦兹力并聚集在上方,产生方向向上的内建电场。因此,通过测量霍尔电场的方向就可以判断半导体的 NP 型。

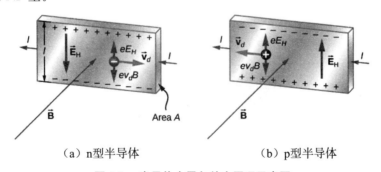

（a）n 型半导体　　　　　　（b）p 型半导体

图 4-9　半导体中霍尔效应原理示意图

磁场中的半导体中达到稳定时,载流子受到的洛伦兹力与霍尔电场力大小相等,即:

$$qE_H - qvB = 0 \tag{4-14}$$

$$E_H = vB = \frac{J_x}{nq}B = \mu_H E_x B = R_H J_x B \tag{4-15}$$

$$R_H = \frac{V_H}{I_x} = \frac{R_H B}{d} \tag{4-16}$$

其中 R_H 即为霍尔系数,是材料的固有特性。根据已知的半导体厚度 d、磁场强度 B、电流密度 J_x 和测得的霍尔电场强度 E_H 就可以得到半导体中载流子浓度 n、霍尔迁移率 μ_H 和霍尔电阻 R_H。

对于简单能带结构的半导体,霍尔迁移率 μ_H 与迁移率 μ 没什么区别,对于高度简并的半导体,$\mu_H = \mu$。

霍尔效应除了可以用于测定半导体的 NP 型、载流子浓度和迁移率等信息,还广泛用于测量磁场的强度。由于在相同横向电场的情况下,半导体的迁移率越高,霍尔电压越大,所以通常选用高迁移率的 InSb、InAs 等材料制作霍尔传感器。

霍尔不但发现了霍尔效应,还发现了反常霍尔效应。说它反常是因为即使不加磁场也可以观测到霍尔效应。反常霍尔效应仅在铁磁性材料中存在,本文不加赘述。

4.5.2 量子霍尔效应

在公式 4-17 中,霍尔电阻与磁场强度成正比,随磁场的增大会线性增大,这是三维材料中的普遍规律。是当电子被束缚在二维空间中(如二维电子气),同时处在低温(1.5K)和强磁场(18T)条件下时,霍尔电阻不再随磁场的增大而线性增大,而是如图 4-10 所示会出现平台。1980 年,德国物理学家冯·克利青(Klaus von Klitzing)发现这种平台的高度是量子化的,而且是精确固定的,即霍尔电阻

$$R_H = \frac{h}{ne^2} \tag{4-17}$$

其中 n 是填充因子,而且是一个正整数,这便是量子霍尔效应,或者更准确地说是整数量子霍尔效应(Integer Quantum Hall Effect)。他因为这一发现在 1985 年被授予诺贝尔物理学奖。而 $n=1$ 时的霍尔电阻 $R_k = 25812.807\ \Omega$,也被称为冯·克利青常数。

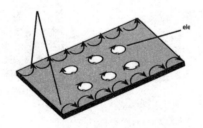

图 4-10　量子霍尔效应原理示意图

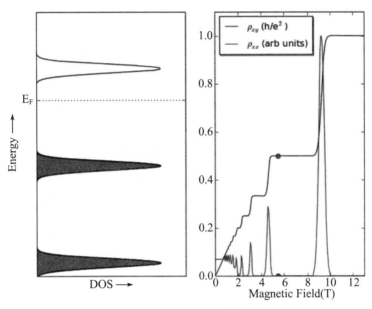

图 4-11 量子霍尔效应

量子霍尔效应的产生与电子的运动有关。如图 4-11 所示,在强磁场下,电子会受洛伦兹力作用不断转圈,而且由于杂质等缺陷产生的势场束缚,电子只能原地转圈而无法前进,这就是局域态。所以导体内部的电子并不参与导电。而边缘的电子因为转圈转到一半时会被边界反弹,然后继续做半圆运动,不断前进,这就是扩展态。与通常在导体内部通过不断碰撞,类似扩散的方式前进的电子不同,在极低温下,扩展态的电子,几乎不发生碰撞,而是像在确定的轨道中行进的子弹一样高速的直达目的地。这种现象就是弹道输运(Ballistic Transport)。这时电子运动表现出来的电阻不再与材料的性质(如载流子浓度和迁移率) 有关,而如式(4-17)所示,只与电子本身的性质有关。公式中的 n 则与如图 4-11 所示的被电子填满的朗道能级的数量有关,图中的峰即为扩展态,谷为局域态。这种分裂的朗道能级是低温、强磁场和缺陷的共同作用下形成的,且磁场越强,朗道能级分裂越厉害,扩展态之间间隙越大。只有位于费米能级以下的朗道能级能被电子填充并参与导电,所以磁场越强,电子能够填充的朗道能级越少,n 越小,霍尔电阻越大。而费米能级位于局域态时,即使其位置有相对移动,也只是改变局域态中电子的数量,并不会对霍尔电阻产生影响,因此霍尔电阻表现出平台的特点。

量子霍尔效应最早是在硅基 MOSFET 器件中发现的,利用的是栅极电压在沟道中产生的二维反型层。尽管缺陷是量子霍尔效应产生的基本条件,但因为 MOSFET 的沟道和栅介质中的杂质和界面缺陷的强烈影响导致当时人们只能观测到整数量子霍尔效应。

1982 年,华人物理学家崔琦,德国物理学家 Stormer 等人在 Bell 实验室用 AlGaAs/GaAs 异质结代替硅基 MOSFET 器件,这种通过分子束外延(MBE) 技术生长出超纯的异质结,不但可以大幅度减少材料中和界面处的杂质和缺陷,还可以实现电子与杂质的空间分离,从而大大减弱电离杂质对二维电子气的库伦散射。然后再使用更低温度和更强的磁场,发现霍尔电阻的平台没有整数填充因子,还出现了分数,这就是分数量子霍尔效应(Fractional Quantum Hall Effect)。如图4-12所示给出了霍尔电阻随磁场的变化图,展示了分数量子霍尔效应。

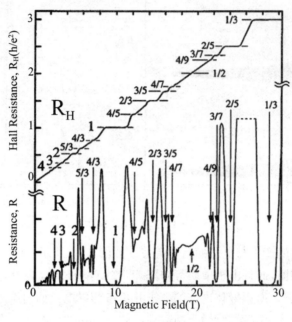

图 4-12   分数量子霍尔效应

分数量子霍尔效应的物理机理更加复杂,因为它涉及了电子与电子间的库仑相互作用。分数化是强关联系统一个典型特征,而强关联系统是当今凝聚态物理学重要的一个分支。高温超导等许多重要的现象都被认为与此相关。在这个领域还有大量问题等待人类去回答和探索。

量子霍尔效应的发现不但促进了人们对半导体中电子和能带的认识,还提供了一个新的物理标准。量子霍尔电阻只与普朗克常数和电子电荷量有关,而且可以精确测量,所以从1990年开始,它已经成为电阻的标准,精度可达10^{-8}。也正是基于量子霍尔电阻的高精度,国际计量大会已决定修订国际单位制(SI),使用普朗克常数、单位电荷量等重新定义千克、安培等基本单位,而不再使用国际千克原器等作为校对标准。

4.5.3　量子反常霍尔效应

和反常霍尔效应类似,在某些材料中,即使没有外界磁场仍然能观测到量子霍尔效应,这就是量子反常霍尔效应(Quantum anomalous Hall effect)。

量子反常霍尔效应和拓扑绝缘体的发现有关。量子霍尔效应中的局域态和扩展态正是由强磁场下朗道能级的非平凡拓扑性质的表现。它的特点是电子向前和向后运动的通道分别位于宏观样品的两边边缘态内,电子在其中的运动是无耗散的。拓扑绝缘体天热具备非平凡拓扑性质,因此它可以在不需要外磁场的情况下表现出量子反常霍尔效应。

二维拓扑绝缘体在其边缘具有自选方向和电子运行方向都想法的一对螺旋性(helical)边缘态。拓扑绝缘体绝大多数独特的性质来自于这种边缘态。如果在拓扑绝缘体中引入铁磁性破坏其时间反演对称性,则有可能破坏其边缘态中的一支,使螺旋性的边缘态变为手性(chiral)的边缘态,从而导致量子反常霍尔效应。对于一个三维拓扑绝缘体薄膜(侧表面对电导的贡献可以忽略),在其中引入垂直于薄膜表面的磁有序会在上下两个表面态的狄拉克点处各打开一个能隙。当费米能级同时处于两个能隙中,此薄膜即为一量子霍尔系统,在其边缘可以测得量子化的电导。因此无论是三维拓扑绝缘体还是二维拓扑绝缘体薄膜,在其中引入铁磁序都有可能实现量子反常霍尔效应。

尽管量子反常霍尔效应的理论提出的较早,但在实验中实现则困难重重。清华大学薛其坤团队利用 MBE 在钛酸锶衬底上外延生长高质量$(Bi,Sb)_2Te_3$拓扑绝缘体薄膜,并用 Cr 实现铁磁序掺杂。通过精细的调控薄膜成分比例、掺杂浓度、薄膜厚度和上下界面,最终在 2013 年首先观察到了量子反常霍尔效应。薄膜的霍尔电阻在温度降至 1.5K 时开始呈现量子态,外磁场为 0 时霍尔电阻达到 $17k\Omega$;300mK 时达到 $20k\Omega$;90mK 时,达到 $23.5k\Omega$;30mK 时达到冯·克利青常数 $25.8k\Omega$。如图 4-13 所示是清华大学薛其坤团队 2013 年在 Science 上发表的量子反常霍尔效应文章附图。

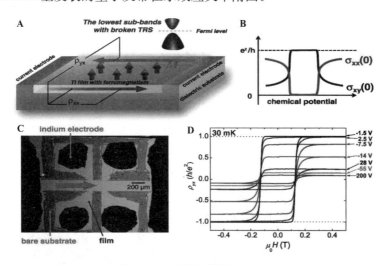

图 4-13 量子反常霍尔效应

A,B 图分别是量子反常霍尔效应的机理和化学势示意图。C 为 $Cr_{0.15}(Bi_{0.1}Sb_{0.9})_{1.85}Te_3$ 霍尔器件显微照片。D 为 30mK 下观测到的量子霍尔电阻。

量子霍尔效应和量子反常霍尔效应都需要极低温的条件。而 2004 年,英国曼彻斯特大学物理学家安德烈·海姆和康斯坦丁·诺沃肖洛夫,成功地在实验中从石墨中分离出石墨烯(Graphene)并观测到其中的量子霍尔效应。2007 年,又实现了常温下石墨烯中的量子霍尔效应。石墨烯中的这种量子霍尔效应与普通的量子霍尔效应不同,其阶梯序列与标准的阶梯序列差 1/2，没有零级平台，还添增了由双重峡谷和双重自旋简并产生的乘法因子 4。在磁场中石墨烯的能谱在狄拉克点有朗道能级，且是半填满的，导致霍尔电导上的 ＋1/2 偏移。在石墨烯中两维六角布里渊区的六个角附近的低能色散关系是线性的，导致电子和空穴的零有效质量，其性质类似于由狄拉克方程描述的自旋 1/2 相对论粒子。所以，在石墨烯内部的零质量狄拉克费米子具有很高的回旋能隙导致量子霍尔效应与普通的量子霍尔效应不同。

量子霍尔效应中量子反常霍尔和都存在无耗散边缘态，电子在其中传输和超导一样不消耗能量，但目前这两者的实现或者需要极低温、或者需要强磁场的严苛条件，阻碍了其应用。石墨烯室温量子霍尔效应的发现让人们看到了新的希望，如果进一步实现石墨烯室温量子反常霍尔，就可以真正在不需要极端环境的情况下实现电子超导，其应用价值不可限量。

4.5.4 自旋霍尔效应与量子自旋霍尔效应

自旋霍尔效应是电场作用下产生垂直电场方向自旋流的效应，这个时候可以不伴随电荷霍尔效应的产生，实现无耗散过程，样品不发热。霍尔效应或者反常霍尔效应都需要外界磁场或者自身的铁磁性产生磁场，而自旋霍尔效应则不需要磁场。同时也不产生霍尔电压，因为它是电子自旋态的行为，而非电子本身。量子自旋霍尔效应则是在特定的量子阱中，在无外磁场的条件下（即保持时间反演对称性的条件下），拓扑绝缘体的表面会产生特殊的边缘态，使得该绝缘体的边缘可以导电，并且这种边缘态电流的方向与电子的自旋方向完全相关。量子自旋霍尔效应被认为可以应用于量子计算中。

如图 4-14 描述了各种霍尔效应的基本形式。

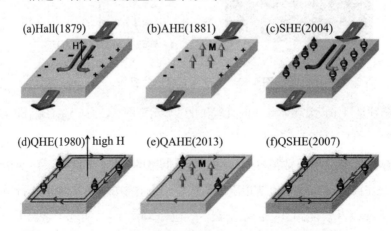

图 4-14 各种霍尔效应示意图

a 霍尔效应;b 反常霍尔效应;c 自旋霍尔效应;d 量子霍尔效应;e 量子反常霍尔效应;f 量子自旋霍尔效应。

4.6　磁阻效应

磁阻效应(Magnetoresistance,MR)是指金属或半导体的电阻值随外加与电流垂直的磁场的变化而变化的现象。磁阻效应主要分为:常磁阻,巨磁阻,超巨磁阻,异向磁阻,穿隧磁阻效应等

4.6.1　常磁阻(Ordinary Magnetoresistance,OMR)

对所有非磁性导体或半导体,由于在磁场中受到洛伦兹力的影响,载流子在行进中会偏折,使得路径变成沿曲线前进,如此将使载流子行进路径长度增加,碰撞机率增大,进而增加材料的电阻,这样的效应被称为"常磁阻"。在半导体中,由于存在较强的霍尔效应,霍尔电场会抵消载流子受到的洛伦兹力。此时如果将半导体两侧短路,消除霍尔电压,就可以观察到明显的磁阻现象。常磁阻效应最初于 1856 年由威廉·汤姆森,即后来的开尔文爵士发现。通常以电阻率的相对改变量 MR 来表示磁阻,即

$$MR = \frac{\Delta}{\rho} = \frac{\rho_B - \rho_0}{\rho_0} \tag{4-18}$$

其中 ρ_B 和 ρ_0 分别为有磁场和无磁场时的电阻率。一般材料的常磁阻效应比较弱,变化通常小于 5%。

对于半导体,磁场较弱时,

$$MR = \xi \mu_H^2 B_z^2 \tag{4-19}$$

ξ 为半导体磁阻系数。可以看出此时磁阻与 B^2 成正比。当磁场增强时,MR 约与 B 成正比。如果磁场再增强,磁阻增大速率将越来越慢并最终达到饱和,之后便不再随磁场增大而增大。

尽管材料本身常磁阻效应较弱,但通过优化几何形状(如科比偌圆盘)或器件结构(如栅格结构),可以实现 MR 达到 20 的磁敏电阻器件。和霍尔器件相比,磁敏电阻优势是结构更简单。

4.6.2　巨磁阻(Giant Magnetoresistance,GMR)

所谓巨磁阻效应,是指磁性材料的电阻率在有外磁场作用时较之无外磁场作用时存在巨大变化的现象。巨磁阻是一种量子力学效应,它产生于层状的磁性薄膜结构。如图 4-15 给出了巨磁阻效应原理图结构示意图,它是由铁磁材料和非铁磁材料薄层交替叠合而成。当铁磁层的磁矩相互平行时,载流子与自旋有关的散射最小,材料有最小的电阻。当铁磁层的磁矩为反平行时,与自旋有关的散射最强,材料的电阻最大。巨磁阻效

应是 1988 年由法国科学家阿尔贝·费尔（Albert Fert）和德国科学家彼得·格林贝格尔（Peter Grünberg）分别独立发现的。它的发现与应用使得计算机硬盘存储密度提升百倍。这两位科学家因此而共同获得 2007 年诺贝尔物理学奖。

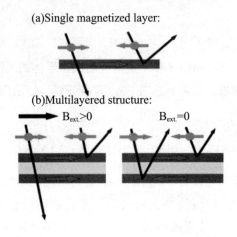

图 4-15　巨磁阻效应原理图

4.6.3　超巨磁阻(Colossal Magnetoresistance，CMR)

超巨磁阻效应（也称庞磁阻效应）存在于具有钙钛矿的陶瓷氧化物中。与金属和半导体不同，它的电阻在磁场下不是变大，而是急剧降低，磁阻随着外加磁场可以产生有数个数量级的变化。由于其产生的机制与巨磁阻效应不同，而且大很多，所以被称为“超巨磁阻”。如图 4-16 所示是超巨磁阻效应原理示意图。如同巨磁阻效应，超巨磁阻材料亦被认为可应用于高容量磁性储存装置的读写头。不过，由于其相变温度较低，不像巨磁阻材料可在室温下展现其特性，因此离实际应用尚需一些努力。

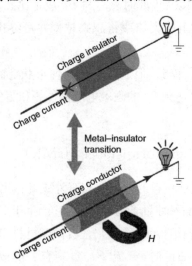

图 4-16　超巨磁阻效应示意图

4.6.4　异向磁阻（Anisotropic magnetoresistance，AMR）

有些材料中磁阻的变化，与磁场和电流间夹角有关，称为异向性磁阻效应。此原因是与材料中 s 轨域电子与 d 轨域电子散射的各向异性有关。当电流方向与磁化方向平行时，传感器最敏感，在电流方向和磁化方向成 45 度角度时，一般磁阻工作于图中线性区附近，这样可以实现输出的线性特性。由于异向磁阻的特性，可用来精确测量弱磁场（如地磁场）。

4.6.5　隧穿磁阻（Tunnel Magnetoresistance，TMR）

隧穿磁阻效应是指在铁磁－绝缘体薄膜（约 1nm）－铁磁材料中，其穿隧电阻大小随两边铁磁材料相对磁化方向变化的效应。如图 4-17 所示，给出了隧穿磁阻示意图，如果磁化方向平行，那么电子隧穿过绝缘层的可能性会更大，其宏观表现为电阻小；如果磁化方向反平行，那么电子隧穿过绝缘层的可能性较小，其宏观表现是电阻极大。TMR 与 GMR 最明显的区别是中间层是绝缘体而非导体，其次 TMR 电流方向与界面垂直，而 GMR 与界面平行。室温隧穿磁阻效应于 1995 年，由 T. Miyazaki 与 J. S. Moodera 分别发现。TMR 的发现和应用使得磁盘存储密度得以在 GMR 的基础上再一次大幅度提升，同时由此为基础发展出了新型的磁性随机存取内存（Magnetic Random Access Memory，MRAM）。

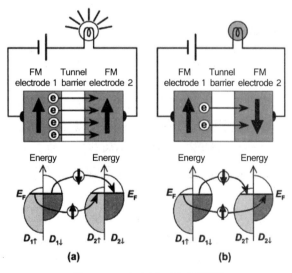

图 4-17　TMR 原理示意图[14]

4.7　热磁效应

磁热效应是指在磁场存在时，材料温度或电场发生的特殊的变化。

对于铁磁性物质,磁热效应是指磁化和退磁时的放热或者吸热现象。而在半导体中,磁热效应是指磁场引起材料中出现温差或者电动势的现象。主要有爱廷豪森效应、能斯脱效应和里纪－勒杜克效应。

4.7.1 爱廷豪森效应

如图 4-18 所示给出了爱廷豪森效应原理示意图,当 x 方向通电流时,如果 z 方向有磁场,则在样品 y 方向就会有温度差。温度差与磁感应强度和电流密度成正比,这便是爱廷豪森效应(Etinghausen effect)。

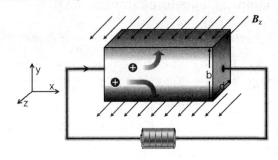

图 4-18　爱廷豪森效应及原理示意图

爱廷豪森效应用公式可以描述为:

$$\Delta T = P J_x B_z b = P \frac{I B_z}{d} \tag{4-20}$$

其中 P 为爱廷豪森系数,单位为 $m^3 \cdot K/J$。

产生爱廷森效应的原因可以认为是由于载流子运动速度不同引起的。半导体内载流子的运动速度不尽相同,其具有的动能也不同,对应的温度也不同。在磁场的作用下,如图 4-18 所示,速度大的载流子受到的洛伦兹力也大,能够克服霍尔电场,向一个方向发生轨道偏转。而速度小的载流子受到的洛伦兹力小,所以无法抵消霍尔电场的作用而向另一个方向偏转。由此,速度大的载流子和速度小的载流子便会分别聚集在半导体的两侧,造成温度差。所以爱廷森效应是半导体载流子速度分布和霍尔效应共同作用的结果。

在 4.2 节中,我们介绍了当半导体中存在温度差是,因为塞贝克效应会产生温差电动势。因此,在绝热条件下,爱廷森效应不能忽略,这时测得的霍尔电压包含了温差电动势,叫绝热霍尔电压。而在等温条件下,不需要考虑爱廷森效应,这时测得的霍尔电压叫等温霍尔电压。

4.7.2 能斯托效应

如图 4-19 所示给出了能斯托效应示意图,当 x 方向有热流通过样品时(即有温度差),如果在 z 方向加上磁场,则在 y 方向上会产生电动势;如果改变磁场或者热流方向,电动势的方向也会随之发生变化。这便是能斯托效应(Nernst effect)。

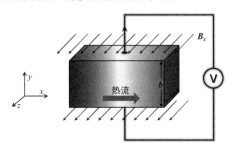

图 4-19 能斯托效应示意图

能斯托效应与霍尔效应类似,只是霍尔效应中的电流换成了热流。能斯托效应电动势 E_y 与温度梯度 $\partial T/\partial x$ 及磁场强度 B_z 成正比,即

$$E_y = -\frac{\partial T}{\partial x} B_z \tag{4-21}$$

其中η为能斯脱系数,单位为 $m^2/K \cdot s$。

利用热力学第一定律可以证明,爱廷森系数和能斯脱系数满足:

$$P = T \tag{4-22}$$

这又被称为布里奇曼关系。

4.7.3 里纪－勒杜克效应

如图 4-20 所示,为里纪－勒杜克效应示意图,当 x 方向通有热流时,如果 z 方向有磁场,则在样品 y 方向就会有温度差。如果改变磁场方向,则温度梯度方向也会改变,这就是里纪－勒杜克效应。里纪－勒杜克效应和爱廷森效应相似,他们都会在 y 方向上形成温度差,只是前者由热流引起,后者由电流引起。

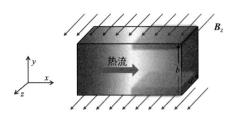

图 4-20 能斯托效应示意图

y 方向温度梯度 $\partial t/\partial y$ 与 x 方向温度梯度 $\partial T/\partial x$ 及磁场 B_z 成正比,即

$$\frac{\partial T}{\partial y} = S \frac{\partial T}{\partial x} B_z \tag{4-23}$$

S 称为里纪－勒杜克系数,单位为 $m^2/V \cdot s$。

第 5 章

半导体中的光发射

5.1　光发射的速率

当光与物质相互作用时,既可能引起受激吸收,也可能引起受激辐射。在光的作用下,如果物质中的高能态电子跃迁到低能态时,就会将多余的能量以发光或发热的形式释放出来;如果是物质在外来光的作用下,处于低能态的电子吸收光子就跃迁到高能态。在第二章中我们讨论了光吸收情况下的跃迁,在本章中我们主要讨论光吸收的逆过程——光发射。

在凝聚态物质的各种形态下,物质原子的电子分处于各种不同的能级,而我们最关心的是处于原子最外层的电子。在平衡状态下占据高能态的载流子会跃迁到一个较低的空能态上,该载流子将其多余的能量(这两个能态间的能量差)会以电磁波的方式辐射出来。如果是以发射可见光子的形式释放能量,就称为辐射复合;如果不是发射可见光子,而是产生声子则称为非辐射复合(后面讨论)。这种能产生辐射复合的跃迁形式,其电磁波辐射(光发射)的速率由以下三项的乘积来决定:

$$R = n_i \times n_f \times P_{if} \tag{5-1}$$

$$R = n_i \times n_f \times P_{if} \begin{cases} n_i \ \text{较高能态的载流子浓度} \\ n_f \ \text{较低能态的载流子浓度} \\ P_{if} \ \text{高能态中单位体积内一个载流子辐射迁移到} \\ \text{低能态中的一个空穴的概率} \end{cases}$$

这与我们在第二章中讨论的光吸收公式:$\alpha(h\nu) = A \sum P_{if} \cdot n_i \cdot n_f$ 类似。但是光吸收是光与物质发生相互作用时,电磁波能量被部分地转化为其他能量形式的物理过程。光吸收过程是用光子衰减的平均自由路程来描述的,吸收越快,表明光子的平均自由程越短。

而光发射则是用每单位体积产生光子的速率来描述,产生光子的速率越大,则光发射的强度越大,光发射的速率就越大。在大多数的载流子跃迁过程中,光吸收过程都能产生其相反的光发射过程,并且能产生特征的发射。但是在光吸收与光发射的光谱信息中,二者又有差别:光吸收过程涉及半导体中所有的能态,即费米能级两边的能态,它产生一个宽的吸收谱。

对于光发射跃迁,通常情况下跃迁初态的导带电子态只有一部分被占据,跃迁末态的电子态也只有一部分是空着的,发射过程中初态电子已经热弛豫了,处于电子的窄能带,跃迁末态的空穴也已经热弛豫了,处于空穴的窄能带,因此处于初态和末态的电子空穴跃迁它产生的发光谱是一个窄谱。

5.2 Van Roosbroeck-Shockley 关系

Van Roosbroeck-Shockley(范罗斯布洛克—肖克利)关系可简单定义为:在平衡条件下,光激发半导体(该光激发是指由于黑体辐射产生的,不是外界的激发)产生电子—空穴对的速率,等于电子—空穴辐射复合的速率。

关于黑体:如果一个物质在任何温度下,对任何波长的入射和辐射能的吸收比都等于 1,即:$\alpha(\lambda, T) = 1$,$\alpha(\lambda, T)$ 表示在温度为 T 时,吸收和反射波长在 λ 和 $\lambda + d\lambda$ 范围内的电磁波能量与相应波长的入射波能量的比—吸收比。换句话说,黑体(black body),可以认为是一个理想化了的物体,它能够吸收外来的全部电磁辐射,并且不会有任何的反射与透射。即黑体对于任何波长的电磁波的吸收系数为 1,透射系数为 0。物理学家把它作为热辐射研究的标准物体。但黑体不一定就是黑色的,它所辐射出电磁波的波长和能量则全取决于黑体的温度,不因其他因素而改变。黑体在 700K 以下时之所以看起来是黑色的,是因为黑体所放出来的辐射能量很小且辐射波长不在可见光范围之内。若黑体的温度升高,它会开始变成红色,并且随着温度的升高,而分别有橙红、橘色、黄色、白色等颜色渐变出现。若某个光源所发射光的颜色,与黑体在某一个温度下所发射光的颜色相同时,黑体的这个温度称为该光源的色温。黑体的热辐射在光谱中,因高温引起的辐射能量高、波长短,靠近光谱的蓝色区域;而低温度的黑体辐射能量相对低、波长长,靠近光谱的红色区域。在室温下,黑体辐射的能量集中在长波红外波段;当黑体温度升高后,黑体开始辐射可见光。以炼钢为例,随着温度的升高,钢材分别变为红色,橙色,黄色;当温度超过 1350 摄氏度时钢材开始发白色光和蓝色光。

黑体这一概念是由基尔霍夫在 1862 年所命名的,黑体所辐射出来的光线则称作黑体辐射。黑体对入射的电磁波全部被吸收,既没有反射,也没有透射。在热力学系统中,根据基尔霍夫辐射定律(Kirchhoff),处于热平衡状态的物体所辐射的能量与它的吸收率之比与物体本身的物性无关,只与波长和温度有关。

黑体单位表面积的辐射功率 P 与其温度的四次方成正比,

即:$P = \sigma T^4$

式中 σ 称为斯特藩—玻尔兹曼常数,又称为斯特藩常数。

若对上面的过程在不同的光子频率γ进行仔细的平衡,则频率γ,间隔为 dγ 的发射速率为:

$$R(\gamma)\mathrm{d}\gamma = P(\gamma)\rho(\gamma)\mathrm{d}\gamma \qquad (5\text{-}2)$$

$P(\gamma)$ 是在单位时间内,吸收一个能量为 $h\nu$ 的光子的概率。$\rho(\gamma)\mathrm{d}\gamma$ 为在间隙为 dγ 的范围内,频率为 γ 的光子的流度。根据 plank 黑体辐射定律:

$$\rho(\gamma)\mathrm{d}\gamma = \frac{8\pi\gamma^2 n^3}{c^3} \times \frac{\mathrm{d}\gamma}{e^{\frac{h\nu}{k_B T}} - 1} \qquad (5\text{-}3)$$

吸收光的概率 $P(\gamma)$ 与半导体中光子的平均寿命 $\tau(\gamma)$ 相关:

$$P(\gamma) = \frac{1}{\tau(\gamma)}$$

光子的速度 $\upsilon = c/n$,(n 为介质折射率),

通过的平均自由程为 $1/\alpha(\gamma)$,所以:

$$\tau(\gamma) = \frac{1}{\alpha(\gamma)\cdot\upsilon} \Rightarrow P(\gamma) = \alpha(\gamma)\cdot\upsilon = \alpha(r) * \frac{c}{n} \qquad (5\text{-}4)$$

将 5-3 和 5-4 代入 5-2 式,则可推出:

$$R(\gamma)\mathrm{d}\gamma = \frac{\alpha(\gamma)\cdot 8\pi\gamma^2 n^2}{c^2\left[e^{\frac{h\nu}{k_B T}} - 1\right]}\mathrm{d}\gamma \qquad (5\text{-}5)$$

该式子就是预期的发射谱与观察到的吸收谱之间的一个基本关系。

如果用消光系统 k(γ) 来表达,则根据 $\alpha(\gamma) = \frac{4\pi k(\gamma)}{c}(n_C = n - ik)$

可得出公式:$R(\gamma)\mathrm{d}\gamma = \dfrac{32\pi^2 k(\gamma)n^2\gamma^3}{c^2\left[e^{\frac{h\nu}{k_B T}} - 1\right]}\mathrm{d}\gamma \qquad (5\text{-}6)$

对所有的频率光子积分,即可得到在单位体积,每秒时间内,复合的总数 R,作一个变换,$u = \alpha(\gamma) \times \dfrac{c}{4\pi k(\gamma)} \times \dfrac{h}{k_B T}$

所以,$R = \dfrac{8\pi n^2 (k_B T)^3}{c^2 h^3}\displaystyle\int_0^\infty \dfrac{\alpha(\gamma)bl^2}{e^u - 1}\mathrm{d}u \qquad (5\text{-}7)$

引入 u 则(5−5)可以变为:

$$R(\gamma)\mathrm{d}\gamma = \frac{8\pi}{c^2} \times \left(\frac{k_B T}{h}\right)^2 \times n^2 \times \alpha(\gamma) \times \frac{u^2}{e^u - 1}\mathrm{d}u \qquad (5\text{-}8)$$

上式中包含两个表征半导体的因子 n^2 和 $\alpha(\gamma)$ 以及一个与材料无关系的因子:$u = \dfrac{8\pi}{c^2} \times \left(\dfrac{k_B T}{h}\right)^3 \dfrac{u^2}{e^u - 1}$

若 k 代替 α,则 $u' = \dfrac{32\pi^2}{c^3} \times \left(\dfrac{k_B T}{h}\right)^4 \dfrac{u^3}{e^u - 1} = 1.785 \times 10^2 \left(\dfrac{T}{300}\right)^4 \dfrac{u^3}{e^u - 1}$

因此从原则上讲,可将已知折射系数 n 的半导体的吸收谱改变为预期的发射谱,上述公式来源于能带与能带之间的跃迁,在热平衡条件下它们对于任何能态之间的跃迁都成立。如果偏离热平衡,会怎样呢?

5.3 辐射复合几率与寿命

假设处于热平衡状态下,电子和空穴的浓度分别为:n_0 和 p_0;则在热平衡状态下,电子从价带被激发到导带的速率 R_{vc} 必须等于电子从导带回到价带的速率 R_{cv},即有:$R_{vc} = R_{cv} = Bn_0p_0$,$B$ 为反映载流子复合速率的常数。

发生辐射复合的主要条件是:系统处于非平衡状态。

我们用 P 表示低于费米能级的任何系统中空穴的浓度,即它可以是价带中的空穴、离化的施主、中性的受主或者激子中的空穴;用 n 表示高于费米能级的电子浓度,n_i 表示本征载流子浓度;R 表示系统处于平衡态时每单位体积中电子-空穴辐射复合速率;R_c 表示系统处于非平衡态时每单位体积中电子-空穴辐射复合速率。

则有:$R_c = \dfrac{np}{(n_i)_2}R$ 　　　　　　　　　　　　　　(5-9)

此式说明:当载流子浓度增加时,其寿命下降。

当系统中的载流子浓度乘积 等于(近似)本征载流子浓度值的平方 $n_i{}^2$ 时,系统总的辐射复合速率变为 R,即 $R_c = R$。

当系统处于非平衡时的浓度:

$n = n_0 + \Delta n$,$p = p_0 + \Delta p$,Δn、Δp 为偏移量。则式(5-9)变为:

$$R_C = R + \Delta R = \frac{(n_0 + \Delta n)(p_0 + \Delta p)}{n_0 p_0} * R$$

$$= \frac{n_0 p_0 + p_0 \Delta n + n_0 \Delta p + \Delta n \Delta p}{n_0 p_0} R$$

当 $\Delta n \Delta p$ 很小时,可略去,则有:$\dfrac{\Delta R}{R} = \dfrac{\Delta n}{n_0} + \dfrac{\Delta p}{p_0}$ 　　　　(5-10)

设 $\Delta n = \Delta p$,即可得到非平衡载流子(过剩载流子)辐射寿命 τ:

$$\tau = \frac{\Delta n}{\Delta T} = \frac{1}{R} \frac{n_0 \cdot P_0}{n_0 + P_0}$$
(5-11)

对于本征材料,$n_0 = p_0 = n_i \Rightarrow \tau = \dfrac{n_i}{2R}$ 　　　　　　　(5-12)

如果我们用 B 表示辐射复合的几率,根据公式(5-1):$R = n_i \cdot n_f \cdot P_{if}$

B 相当于 P_{if},$n_i = n_f \Rightarrow R = n_i^2 \cdot B \Rightarrow B = \dfrac{R}{n_i^2}$ 　　　　(5-13)

τ 越小,则辐射复合几率就越大。

5.4　辐射效率

由于激发的载流子复合可以是辐射性的，也可以是无辐射的，这就存在一个辐射效率的问题，我们假设载流子在高能态和低能态之间只有一个中间态，在载流子吸收光子的过程里中间态不参与光子吸收，那么我们看看会有什情况。如图 5-1 所示。

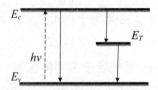

图 5-1　辐射效率能级示意图

从图 5-1 中我们可以看出，载流子从高能级到低能级跃迁，存在两种可能的跃迁方式，一种是载流子从 E_c 直接跃迁到 E_v，发射出光子的能量为 $h\upsilon$；另一种跃迁是载流子先跃迁到中间态 E_T，然后再从中间态 E_T 跃迁到末态 E_v，这种跃迁辐射的光子能量显然是低于 $h\upsilon$ 的，因此，由于中间态的存在，增加了弛豫过程，就会导致从 E_c 直接跃迁到 E_v 的辐射跃迁减少，降低了直接跃迁的概率。

我们设非平衡载流子的辐射寿命为 τ，辐射跃迁因为中间态的弛豫影响后的复合时间为 τ'，有效复合时间为 τ_{eff}，则有以下等式：

$$\frac{1}{\tau_{eff}} = \frac{1}{\tau} + \frac{1}{\tau'} \tag{5-14}$$

对于本征材料：非平衡载流子的辐射寿命：$\tau = \dfrac{n_i}{2R}$，将上式带入此式，再利用公式：$R_c = \dfrac{np}{(n_i)_2} R$，可以得出存在中间态时的复合率：$R_T$，

$$R_T = \frac{1}{\tau_{eff}} \frac{np}{2n_i} \tag{5-15}$$

当不存在中间态时系统非平衡态的辐射复合速率为 R

$$R = \frac{1}{\tau} \frac{np}{2n_i}$$

可以推出辐射效率：$\dfrac{R}{R_T} = \dfrac{1}{1 + \dfrac{\tau}{\tau'}}$ \qquad\qquad (5-16)

从上式可以看出，当非平衡载流子的辐射寿命 τ 与 τ' 的比值越小，说明辐射复合几率 B 就越大，则辐射效率也就越高

5.5　光发射形式

物质的光发射主要要求是使系统处于非平衡状态，要达到这种非平衡状态，就要通

过采取某种形式的激发措施和手段来实现。物质的光发射过程又称发光,有以下几种形式:

电致发光,光致发光,阴极发光,热发光等。

5.5.1 电致发光

所谓电致发光是指在发光物质上施加电压或者注入电流时,物质将电能转化为物质电子态能量物理变化,实现光能的光物理发射过程。根据物质材料的结构形态,可将电致发光分为:结型电致发光、粉末电致发光及薄膜电致发光,其中结型电致发光又分为:注入式发光和雪崩击穿发光,隧道效率式发光和移动的高场畴发光等形式,以上几种发光会在后面的内容讲解到。

5.5.2 光致发光

所谓光致发光是指利用光源激发物质电子态,通过物质的光吸收物理过程产生光的发射,称为光致发光。

5.5.3 阴极发光

就是利用电子束激发物质表面来产生的发光现象。不同种类的物质或相同种类但不同结构的物质,会具有不同颜色或不同强度的光发射。例如矿物的晶体结构、晶体化学成分和保存环境的差异,而具有不同的颜色。如典型的器件显像管(CRT),其中的电子枪在加速场作用下产生高速电子束,轰击屏幕上的荧光粉而发光。另外,阴极发光可被用于宝石的无损检测。利用宝石的发光图谱所显示的生长结构差异来鉴别天然钻石和合成钻石;可利用含有微量元素的不同而具有的不同发光特性来鉴别天然和合成宝石,如红宝石、蓝宝石、紫晶等等。

5.5.4 热发光

热发光是指物质中处于亚稳定状态某固定能量的电子,随着物质温度的上升而被活化激发到高能态,处于该高能态的电子再以释放光子的形式回到低能态,此物理现象称为热发光。热发光不是一个简单的热激发,热激发是指将低温下冻结在物质系统陷阱态中的载流子通过加热的方式将其释放出来。

上述的光发射都是经过激发方式,使系统处于非平衡状态而产生的,这种只处在激发过程中产生的发光叫做荧光。当上述激发过程终止后,该荧光也就消失了。另外一种是磷光,磷光是一种缓慢发光的光致冷发光现象。当某种常温物质经过某种高频率的入射光(通常是紫外线或X射线)照射,物质吸收光能后进入激发态,然后缓慢地进入退激发状态,并发出比入射光的波长更长、能量更低的出射光(通常波长在可见光波段)。当入射光停止后,发光现象仍能持续存在一段时间。磷光的退激发过程遵循量子力学的跃迁选择规则,因此这个过程很缓慢。平时我们见到的"在黑暗中发光"的材料,通常都是含有磷光性材料,如所谓的夜明珠。

第6章
辐射复合与非辐射复合

6.1 辐射复合

辐射复合过程是半导体中的非平衡载流子复合发射光子的过程,是半导体中位于高能态的电子向低能态跃迁将多余的能量释放出来,如果这种多余的能量是以发射光子的形式释放,我们就称之为辐射复合。辐射复合可以是导带电子和价带空穴的直接复合,这是主要的复合形式,也可以是通过复合中心实现的复合。具体来说辐射复合可包括带间复合、能带与杂质能级复合、杂质能级之间的复合、激子复合、等电子陷阱复合等等多种形式。在热平衡状态下,载流子的产生率等于符合率。在同一种半导体材料中可以同时存在几种类型的辐射复合,也存在非辐射复合(后面会谈到)。

6.1.1 带间辐射复合

带间复合是指半导体材料中导带中的电子与价带中的空穴直接复合,又称直接辐射复合。所辐射出的光子能量大小可描述为:

$$h\nu = \frac{hc}{\lambda_g} = E_g \tag{6-1}$$

其中 E_g、λ_g 分别是半导体材料的带隙宽度和带隙所对应的波长,若将普朗克常数和光速的数值代入上述公式,采用 μm 和 eV 为 λ_g、E_g 的单位,则上式可简化为:

$$\lambda_g = \frac{hc}{E_g} \approx \frac{1.24}{E_g} \tag{6-2}$$

该公式描述了光所具有的波动性和粒子性,将波长和能量联系起来,大家可以很方便地进行波长和能量的换算,也是光子具有波粒二象性的最好体现。

如图 6-1 给出了带间复合直接跃迁的示意图,从理论上讲是处于导带最底部的载流子(电子)和价带最顶部的载流子(空穴)的带间复合。

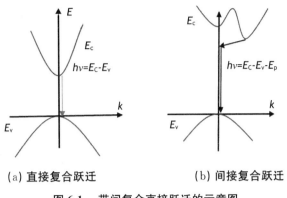

(a) 直接复合跃迁　　　　　　(b) 间接复合跃迁

图 6-1　带间复合直接跃迁的示意图

对于半导体材料来说,在一定的温度下其载流子在能级上有一定的几率分布,靠近导带底和价带顶附近的能级上的载流子都可能参与复合跃迁,因此半导体的带间复合不可能是两个分立能级之间的跃迁复合,而是导带底和价带顶能级附近的若干能级上的若干载流子的复合,是具有一定能带宽度上的载流子复合所形成的辐射光谱,它不再是单一的谱线,而是具有一定的光谱宽度。

对于带间复合跃迁,从上图可知带间直接复合跃迁效率要比带间间接复合跃迁的效率高很多,这主要是因为载流子在跃迁过程中要遵守能量守恒和动量守恒定律,直接复合跃迁不需要外来能量和动量协助,而间接复合跃迁则需要额外的能量和动量才能保持载流子跃迁过程中的能量和动量守恒。

根据半导体材料的能带结构特性,在现实生活中我们可以更好的选择发光材料用于制备发光器件,为人类的生产生活服务。例如 ZnO、GaAs、GaN 等材料都是直接带隙材料,制备成发光二极管的发光效率比较高,目前它们都是制备发光二极管的主要材料。

6.1.2　能带与杂质能级间辐射复合

在半导体材料中,如果根据需要进行了掺杂,就会形成杂质能级;根据杂质能级离带边的距离远近,又可分为浅杂质和深杂质;浅杂质能级离能带边的距离约为 k_B 量级(k 是玻尔兹曼常数,T 是温度),其电离能大约几个 MeV;浅杂质又分为浅施主杂质和浅受主杂质,浅施主杂质靠近导带底,浅受主杂质靠近价带顶。这些浅杂质能级上的载流子(电子或空穴)与能带中的载流子(电子或空穴)复合发射出光子。如果杂质浓度较高,则杂质能级可以形成杂质能带,且杂质能带可能会连接导带或价带形成带尾。因此半导体能带与杂质能级之间的复合会形成边缘发射,这种边缘发射常常与带间复合发射连在一起,难以区分开来。由于杂质能级离带边有一定的距离,所以半导体能带与杂质能级之间形成的边缘发射光子的能量总是小于半导体材料的禁带宽度(E_g),再加上浅杂质的电离能较小,因此就会导致边缘发射与带间复合发射很难区分。

6.1.3 杂质能级之间的辐射复合

6.1.3.1 施主与受主对模型

杂质能级分施主能级和受主能级,杂质能级之间的复合是指杂质施主能级上的电子和受主能级上的空穴复合,该复合所发射出光子的能量小于半导体的禁带宽度(E_g)。由于这种辐射复合必须有施主和受主同时存在才可以,而且具体的施主与受主复合过程又是在成对的施主和受主之间发生的,因此这种施主与受主之间的复合又称为施主－受主对复合,简称 D-A 对复合。

D-A 对的复合模型是由 Prener(普雷纳)和 Williams(威廉姆斯)在 1966 年提出的,人们使用这种模型不仅可以解释很多半导体材料中的发光现象,而且还解释了很多其他模型不能解释的现象,例如碳化硅、磷化镓材料在低温下出现了线谱系列的发射光谱现象,利用 D-A 对复合模型给出了合理的解释。

D-A 对复合模型提出:杂志施主和受主可同时进入晶格格点并形成近邻或比较近邻的 D-A 对,大量的 D-A 对集结从而形成施主和受主对系统,该系统导致施主和受主的波函数发生交叠,施主和受主的原定域能级消失,该系统对能带的微扰不再局限于是杂质上的电荷,而主要是由于 D-A 对形成的偶极势场。这种由施主－受主对形成的联合发光中心就称为施主－受主对(D-A 对)。在半导体晶体中施主－受主对形成的发光中心能级图如图 6-2 所示(施主－受主对发光中心能级图)。

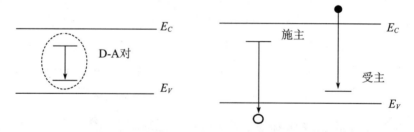

图 6-2 施主－受主对能级跃迁示意图

由于施主和受主带有不同的电荷,因此施主和受主之间存在库仑力的相互作用,所以施主和受主之间载流子复合发射出的光子能量必须考虑库仑力的影响,具体表达如下:

$$h\nu = E_g - (E_D + E_A) + \frac{q^2}{4\pi\varepsilon\varepsilon_0 r} \tag{6-3}$$

其中 E_D、E_A 是施主、受主的电离能,r 是施主与受主之间的距离。

从公式可以看出,当施主与受主之间的距离 r 较大时,施主和受主之间的相互作用较小,施主和受主之间载流子复合时发射出的光子能量受库仑作用的影响就较小,同时施主和受主之间载流子辐射复合跃迁的几率也降低;当施主与受主之间的距离 r 变小时,施主和受主之间的相互作用变大,施主和受主之间载流子复合时发射出的光子能量受库仑作用的影响就较大,同时施主和受主之间载流子辐射复合跃迁的几率也增加;当然距离 r 也不能太小,如果 r 值小于 1S 态电子和空穴的轨道半径(r_D、r_A)时,由于电子和空穴都具有球形轨道且有部分发生交叠,上述公式的计算误差就会较大,必须加以修正。在半导体材料低掺杂情况下可使用上述公式进行施主和受主之间辐射复合发光能量计算,并可以与实验值进行比较。

6.1.3.2 施主与受主对辐射复合的跃迁概率

由上述内容可知,施主与受主对之间载流子辐射复合跃迁的概率随着施主与受主之间的距离 r 变化而变化,当施主与受主之间的距离 r 增大时,辐射复合跃迁的几率也随之降低。若假设施主与受主杂质中心是一深一浅两种,对于浅施主杂质,可用类氢模型来处理,可以得其跃迁概率 $P(r)$ 随 r 的变化关系:$P(r) = P_0 \exp^{\frac{2r}{r_b}}$

其中 P_0 为常数,r_b 为浅施主的玻尔半径。

若使用施主一受主对寿命 $\tau(r)$ 来表示,如下:

$$\tau(r) = \tau_0 \mathrm{e}^{-\frac{2r}{r_b}} \tag{6-4}$$

其中 $\tau_0 = \dfrac{1}{W_0}$,W_0 为常数;

当然施主与受主对之间载流子辐射复合跃迁的概率或者寿命还受到其他因素的影响,如温度、杂质浓度、激发光强度等等因素,因此施主与受主对之间载流子辐射复合的发射谱形状都受上述因素的影响,这一点特别值得大家注意。

6.1.4 激子辐射复合

在半导体晶体中,如果一个电子从价带被激发到导带上去,则在价带内产生一个空穴,而在导带内产生一个电子;空穴带正电,电子带负电,它们受库仑相互作用而互相吸引,使它们在空间上束缚在一起,从而形成一个电子一空穴对;该电子一空穴对在晶体中作为一个整体而存在,可以看做是一个中性的"准粒子",这种中性的"准粒子"复合体称为激子。激子作为一种准粒子,寿命短,最终会消失;激子是晶体中原子的一种中性激发态,当这种激发态跃迁到基态时把多余的能量释放出来即可形成激子复合发光过程;在某种条件下,激子在晶体中可以自由移动。

我们知道激子通常可分为自由激子(如 Wannier 激子)和束缚激子(如 Frenkel 激子),自由激子的电子和空穴分布在晶体中较大的空间范围,库仑束缚较弱,可以自由运动,电子"感受"到的是平均晶格势与空穴的库仑静电势,这种激子主要是在半导体中,由于激子降低了系统的能量,激子发光能量小于半导体的禁带宽度 E_g;束缚激子的电子和空穴束缚在体元胞范围内,库仑作用较强,这种激子主要是在绝缘体中。很多半导体材料的发光是由激子的复合而产生的,在实际生活中有广泛应用。

由于激子是由库仑间相互作用结合在一起的电子空穴对,因此激子的稳定性受外部电场、温度以及半导体载流子浓度等因素影响较大。当外界温度使得 kT(k 是玻尔兹曼常数)值接近或大于激子电离能时,激子则会因热激发而发生电子－空穴分解而消失;当外界温度较高时,由于热激发引起的声子散射使激子复合的谱线变宽;所以,在许多半导体材料中,只有低温下才能观测到清晰的激子发光谱,而当温度升高后,激子发光谱线会展宽,激子发光的强度会降低,以至于激子发生淬灭。另外,当半导体处在外电场的作用下时,激子效应也将减弱,甚至随着电场的增强激子离化而失效。此外,当半导体中的载流子浓度很高时,由于自由电荷对库仑场的屏蔽作用(电子－电子和空穴－空穴的库仑相斥作用),导致激子分解。所以说,对于激子来说其束缚能越大则越不易解体,也就越稳定。

激子辐射复合是一种重要的发光机制,在一些半导体材料的发光应用中起着关键性的作用,影响激子稳定性的外在物理因素可以作为对激子效应和相关的光学性质进行可控调制的有效手段。总的来说,可以利用激子束缚能越大、激子就越稳定的特性,激子效应就越不易猝灭,利用这一特点可以制备以激子辐射复合效应为主的半导体光电器件,如发光二极管、激光器等器件。可利用半导体超晶格量子阱、量子线、量子点等低维结构,所获得的激子束缚能比较大,激子效应比较明显,甚至在室温下都比较稳定。如GaAs/AlGaAs 多量子阱材料就是很好的激光器件材料。

目前人们设想可用激子态作为量子信息的有效载体,通过不同激子态之间的纠缠,可以对激子携带的量子信息进行交换、传递和处理。不少科学家已经对单个量子点中不同磁激子之间用光激发诱导实现了激子之间的量子纠缠,距离相近的两个量子点可以形成所谓的量子点分子,在这种结构中激子的纠缠特性已经有了理论研究;人们用光学方法已经对单个量子点内双激子进行了量子逻辑门操作;还可以将激子晶体管结合形成数种类型的开关,从而创造出一种简单的集成电路,它能精确地指挥信号沿着一个或数个路径前进。随着量子信息的进一步研究,相信不远的将来激子真正可以作为固态量子信息的载体之一而被广泛应用。

6.1.4.1 自由激子辐射复合

我们已经知道,自由激子在晶体中作为一个整体存在,可以在晶体中自由移动,是一个"准粒子",这可以通过实验来观察到。按照准自由电子动能表达式,激子的动能 E 可以描述为:

$$E = \frac{\hbar^2 K^2}{2M}$$

其中:$M = m_e^* + m_h^*$ 为形成激子的电子和空穴的质量之和,K 为激子的波矢,我们若选取价带顶为能量零点,则激子基态的总能量 $E(k)$ 可以表达为:

$$E(k) = E_g - (E^* - \frac{\hbar^2 K^2}{2M}) = E_g - E_{ex} \tag{6-6}$$

$$E_{ex} = E^* - \frac{\hbar^2 K^2}{2M}$$

其中 E_{ex} 为激子的基态束缚能,即激子基态与导带底的能量差,E^* 为激子系统能量。

那么,激子的各个激发态能量用 $E_n(k)$ 表示,则有:

$$E_n(k) = E_g - (\frac{E^*}{n^2} - \frac{\hbar^2 K^2}{2M}) \tag{6-7}$$

其中 n 为激子各量子态的量子数。

对于纯净半导体,在很低温度下由激子的各个激发态能量表达式 $E_n(k)$ 可以看出,半导体的本征辐射复合主要特征就是激子辐射复合所发射出的狭窄发光谱,具有尖锐的谱线特征,这是由于辐射复合的激子是因库仑相互作用将电子和空穴束缚在一起的电子－空穴对,其能级在低温下是分立的。激子中的电子和空穴复合发出光子的能量低于半导体带隙宽度。

另外,在讨论激子辐射复合时,还要考虑激子与光子的耦合作用,由于激子与光子的相互作用可导致激子极化激元的效应,即产生极化声子,它也是一个复合体,可以理解为光与具有相同频率的共振谐振子之间的极化作用,该谐振子是电子－空穴对即激子。

极化声子不能等同于离子晶体中的极化子,不可把极化声子和极化子混淆。极化子是指电子与晶格的相互作用,它涉及一个自由电子(或空穴),以及与它相联系的声子,极化子的有效质量和能量与自由载流子的稍微不同,这是由于离子晶体中的库仑作用形成的。

6.1.4.2　束缚激子辐射复合

在半导体材料掺杂的情况下,杂质中心既可以俘获电子或者空穴,也可以俘获一个自由激子,使该激子束缚在本杂质中心或其他的缺陷中心,成为束缚激子,导致其中的电子和空穴局域在杂质中心附近而不能在晶体中自由运动,该束缚激子复合时可以产生辐射谱线。由于该束缚激子不能在晶体中自由运动,其动能可以忽略,因此它的辐射复合的光谱线宽度比自由激子的谱线宽度要小很多,而且谱线宽度不随温度而变化。这也是人们研究半导体掺杂发光光谱内容丰富的原因。

在半导体存在杂质的情况下,激子可以束缚在施主(如中性施主 D^0、电离施主 D^+)和受主(如中性受主 A^0、电离受主 A^-)上。束缚在中性施主(D^0)上的激子由施主离子(D^+)、一个空穴和两个电子构成,可表示为: $D^0 X$,或者 D^+_{eeh};束缚在电离施主 D^+ 上的激子由施主离子(D^+)、一个空穴和一个电子构成,可表示为: $D^+ X$,或者 D^+_{eh};束缚在中性受主 A^0 上的激子由受主离子(A^-)、两个空穴和一个电子构成,可表示为: $A^0 X$ 或者 A^-_{hhe};束缚在电离受主 A^- 上的激子由受主离子(A^-)、一个空穴和一个电子构成,可表示为: $A^- X$,或者 A^-_{he}。

如何判定一个激子能否束缚在杂质中心上? 还需要根据能量最低原理。如果激子处在杂质或缺陷中心附近时使系统的总能量下降,那么激子束缚在杂质或缺陷中心上系统是稳定的,我们认为这时激子就可以束缚在杂质或缺陷中心上;如果激子处在杂质或缺陷中心附近时使系统的总能量上升,那么激子就不会束缚在杂质或缺陷中心上,激子会选择自由状态。

在晶体中,由晶体基态产生一个激子态(激子基态)所需的能量称为激发能,前面已经给出过自由激子的激发能为:

$$E(k) = E_g - (E^* - \frac{\hbar^2 K^2}{2M}) = E_g - E_{ex} \tag{6-8}$$

这表明要产生一个自由激子需要的最低能量为$(E_g - E_{ex})$,在直接跃迁的情况下,自由激子辐射复合所发射出的光子能量等于激发能,即:$h\nu = E_g - E_{ex}$。

对于束缚激子来说,离解束缚激子方法随激子所束缚的施主受主的类型不同而不同,对于束缚在中性施主(D^0)上的激子,离解的方法是将束缚激子离解为一个中性施主和一个自由激子,或者是离解成一个电离施主、一个自由激子和自由一个电子;对于束缚在电离施主 D^+ 上的激子,有两种离解方法:一种是将束缚激子离解为一个自由激子和一个电离施主,另一种是将束缚激子离解为一个中性施主和一个自由空穴。一般情况下,施主的电离能 E_D(束缚能)大于激子的束缚能 E_{ex},对于束缚激子来说,$D^0 X$、$D^+ X$ 两种状态中,$D^+ X$ 状态更稳定,是因为中性施主上束缚一个自由空穴具有较小的能量;激子从电离施主上离解出来需要较大的能量;因此 $D^+ X$ 离解为一个中性施主和一个自由空穴要比离解为一个电离施主和一个自由激子更容易。激子本身离解时可以离解成一个电子和一个空穴,如果激子的寿命很短,按照不确定原理,激子能态的能量分布有一定拓宽度。

激子除了束缚于施主和受主以外,还可以束缚于其他物体,如等电子杂质中心、复合杂质中心、自由电子和空穴等形成束缚激子,可以是三个或者更多个粒子组合形成复合体。等电子杂质中心可以通过近程势先吸引第一个粒子,然后再通过库仑相互作用吸引相反电荷的第二个粒子形成束缚激子。该近程势可以是等电子杂质中心原子电负性的不同引起的,也可以是因原子大小不同而导致的应力场引起的。如 InGaP、GaAsP 三元晶体中的氮(N)和氮—氮(N−N$_i$)对,可以形成等电子杂质束缚激子。两个自由电子和两个自由空穴能组合成一个类似于电子偶矩的分子复合体,这样的复合体将具有比两个自由激子更低的能量,这是由于每个载流子受到的库仑吸引不是来自一个而是来自两个相反的电荷。这样的复合体已经在一系列的半导体材料中发现。束缚激子可以辐射复合,在直接跃迁下,这种辐射复合发射出光子的能量可描述为:$h\nu = E_g - E_{mx}$。E_{mx} 是束缚激子的总束缚能。Mx 表示各种不同类型的束缚激子。因此在半导体的低温下发光谱中,在带边自由激子发光谱低能侧可以显示出许多尖锐的束缚激子辐射复合发光谱线。半导体激子辐射复合发光谱谱线的宽窄是它的重要特性,由于束缚激子有较大的跃迁几率,因此束缚激子辐射复合几率较高,即使在束缚激子数量不太多的情况下,其辐射复合发光谱的强度仍然较强,在实验上比较容易观察到。激子辐射复合是一种很特殊的辐射复合,效率也可以很高,它在半导体发光中起着重要的作用。

6.1.4.3　等电子陷阱复合

所谓等电子陷阱是指半导体晶体点阵上的某个原子被同一族其他原子所替代,二者原子(或离子)的外层电子数相同,但二者的电负性和原子半径相差较大,就会产生一个势场,该势场可以俘获一个电子或者空穴,这样形成的可以俘获电子或空穴的陷阱称为等电子陷阱。如 ZnTe 中的 O,GaP 中的 N,CdS 中的 Te,GaP 中的 Bi 等都是。

等电子杂质本身是电中性的,等电子陷阱也是等电子杂质通过库仑相互作用俘获电子和空穴后所形成的束缚激子态,等电子杂质以短程作用为主,载流子被等电子杂质束缚在很小范围内,非常局域化,根据量子力学的测不准关系,其动量空间的波函数相当弥散,可以在较大范围里变化,使得处于布里渊区内动量不为零的电子在动量为零处的波函数的幅度相当宽,从而可以比较容易地满足跃迁中的动量守恒的要求而无需声子的参加,因而提高了跃迁几率。所以掺入等电子杂质对提高间接带隙材料的发光效率十分有效,这是提高发光效率的一种有实用价值的方法。

如果等电子杂质的势能的绝对值大于电子或空穴所处的能带的平均带宽或电子的有效"动能",则能带中的电子或空穴就可能被等电子杂质所俘获,形成电子和空穴的束缚态。如果等电子杂质的电负性大于晶体基体原子的电负性,则可形成电子的束缚态;如果等电子杂质的电负性小于晶体基体原子的电负性,则可形成空穴的束缚态。能形成电子束缚态的等电子杂质称为等电子受主;形成空穴的束缚态的等电子杂质称为等电子施主。这两种形式是等电子陷阱最基本的形式。前面提到的最近邻的施主 — 受主对也是比较复杂的等电子杂质,GaP 中的 N — N 对,不同距离间的 N — N 对可以形成等电子陷阱。

6.2 非辐射复合过程

当电子从高能态向低能态跃迁时,发生电子 — 空穴复合,电子会把多余的能量以光子的形式放出,产生光子辐射,但有的电子 — 空穴复合时则不会出现光子辐射,而是以其他方式释放出能量,这种电子 — 空穴复合时其中的非辐射复合起主导作用。因此,在研究半导体中电子与空穴的复合问题时,不仅要考虑辐射复合,而且还需要考虑非辐射复合(无辐射复合)。这不仅对研究复合机理有着重要的意义,而且对研究材料和器件的辐射效率、提高器件的性能也有重要的实际意义。

在半导体中,辐射复合与非辐射复合常常是同时发生的,非辐射复合中心又称消光中心,半导体本底杂质、晶格缺陷以及缺陷(特别是空穴)与杂质的复合体等等都有可能成为非辐射复合中心,这些非辐射复合中心严重影响半导体的辐射效率,因此是人们重点的研究领域之一。对于非辐射复合由于无辐射,人们无法直接观察到它的特征;研究起来相对比较困难,人们经常是利用一些间接的数据变化,如辐射效率降低、载流子寿命缩短以及复合过程受温度或载流子浓度的影响较大等情况来分析判断非辐射复合的影响。

半导体的非辐射复合有多种形式,主要复合过程有:多声子复合过程,俄歇复合过程,表面复合过程,深能级复合(包括杂质原子、本征缺陷、缺陷复合体、扩展缺陷等)过程等等。虽然俄歇效应有时看起来能很好地解释非辐射复合过程,但是往往它也不是唯一的解答,对非辐射复合的有关课题仍需要人们进一步深入研究。

6.2.1　多声子复合过程

所谓声子就是指晶格振动简正模式的能量量子,它不是一个真正的粒子,它也不能脱离开晶体而单独存在。晶体中电子与空穴复合时放出的其多余能量,可以激发出多个晶格振动简正模式的能量量子(即声子)。晶体中的原子或分子是按照一定的规律周期性排列在晶格上的;组成晶体的原子也并非是静止不动的,一方面每个原子围绕着它的平衡位置在不停地振动,另一方面原子之间也存在相互作用,通过它们之间的相互作用联系在一起,这种作用力一般近似为弹性力。原子的各自振动都会牵动着其周围原子,使得振动以弹性波的形式在晶体中传播。这种振动可以看做是一系列基本的简正振动的叠加。

晶体中的声子可以产生,可以消灭,在载流子跃迁过程中,存在有声子参与的能量守恒和动量守恒;声子属于玻色子,其化学势为零,有准动量和能量,服从玻色－爱因斯坦统计理论。因此,在晶体中电子与空穴复合时释放出的能量可以激发多个声子。例如半导体砷化镓材料,禁带宽度约为 $1.4eV$,而声子的能量大约 $0.06eV$,因此,砷化镓材料的载流子直接跃迁发射光子能量相当于二十多个声子,所以,一个声子能量比复合过程中所损失的能量小得多。若电子－空穴复合后损失的能量全部形成声子,则可产生很多个声子,这么多的声子同时生成需要高价跃迁,其高阶跃迁的几率是很小的。

在实际生长的晶体中总是存在着很多杂质和缺陷,杂质、缺陷在禁带中能形成很多分立的能级。当电子依次跃迁进入这些能级时,需要大量的声子协助,因此声子也就接连着产生了,这就是多声子复合过程,多声子跃迁过程是一个多级过程,也是一个跃迁几率比较低的过程。

6.2.2　俄歇复合过程

俄歇复合过程是指电子与空穴复合时,将多余能量传输给第三个载流子(电子或空穴),使第三个载流子在导带或价带内部激发,并与晶格反复碰撞,在能带的连续态中做多声子发射跃迁,来耗散它多余的能量和动量而最终回到其初始状态。这种复合过程称为俄歇复合过程。俄歇复合效应是三粒子参与的非辐射复合效应,在半导体中,电子与空穴复合时,把能量或者动量,通过碰撞转移给另一个电子或者另一个空穴,这个三体碰撞过程不产生光子发射,是一种非辐射复合,也可看做是"碰撞电离"的逆过程,在整个过程中,能量和动量也是守恒的。俄歇电子产生如下示意图6-3。

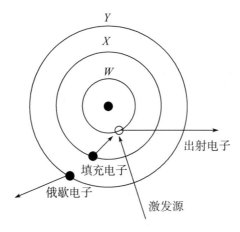

图 6-3　俄歇电子产生示意图

对于 n 型半导体材料,电子 — 空穴复合时产生的多余能量传给其他电子,该电子获得能量后在能带中做辐射声子的多次跃迁,最终耗散掉多余的能量,该情况发生的几率 $\propto n^2 p$;对于 p 型半导体材料,电子 — 空穴复合时产生的多余能量传给空穴,该情况发生的几率 $\propto np^2$。

俄歇复合过程有两种类型:第一种是有声子参与的俄歇复合过程;第二种是有杂质陷阱参与的俄歇复合过程,借助于杂质能级(或能带)上的电子跃迁,吸收掉电子 — 空穴复合时产生的多余能量。如图 6-4 所示可以看出,对于 N 型、P 型材料来说,可以发生许多种俄歇过程,这也依赖于半导体材料中载流子的跃迁性质和载流子的浓度。图 6-4 中(1)-(6)所示的是 N 型半导体材料的各类俄歇复合,图(1)(2)(5)图所示电子与空穴复合后将多余的能量传递给

对于 N 型材料:

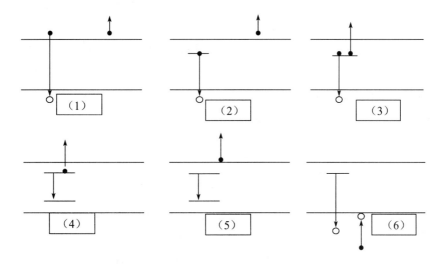

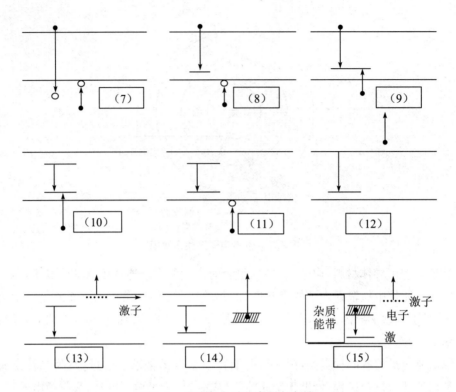

图 6-4　俄歇复合过程类型示意图

另外一个导带电子,在声子的协助下使其激发到导带的深处;图(6)是在 N 型半导体中可能存在的一种俄歇复合,即施主杂质上的电子与价带空穴复合将多余的能量传递给另外一个价带处空穴使其运动到价带深处;图(3)(4)则是施主上的电子与价带顶或者受主空穴复合,将多余的能量传递给施主杂质上的电子,使该电子跃迁至导带而不发光;图(7)(8)(11)是导带或者施主能级的电子跃迁到价带或受主能级上,将多余的能量传递给另外一个空穴,使其从价带顶或者受主能级上运动到价带深处;图(12)是导带电子跃迁到受主能级上,将多余的能量传递给另外一个电子,使其从导带底运动到导带深处;图(13)则是施主上的电子与受主空穴复合,将多余的能量传递给激子,使该激子离化而不发光。

当半导体的载流子浓度增加时,俄歇效应也会增加;温度升高会导致载流子浓度增加,根据该过程中的能量和动量守恒,则电子－空穴对的寿命会降低,如下变化关系:

$$\tau_A \propto \left(\frac{E_g}{k_B T}\right)^{\frac{3}{2}} e^{\left(\frac{1+2M}{1-M} \cdot \frac{E_g}{k_B T}\right)} \tag{6-9}$$

τ_A 是电子－空穴对的寿命,M 是电子与空穴有效质量之比($M = m_e/m_h$)。

对于窄带隙半导体材料,如 InSn,俄歇复合过程与温度关系密切。

对于宽带隙半导体材料,俄歇复合过程与掺杂有关。

中性杂质(施主或受主)掺杂浓度不能过高,它有一些阀值(N_T),超过该值后,其低温光致发光效率通常会迅速下降。

因为掺杂浓度达到某阀值 N_T 后,杂质原子相距很近,电子波函数交叠。这会使得电子或空穴的局域化程度减弱,使得原来局域化的载流子获得解放,产生俄歇激发的几率增加。

我们知道俄歇效应会使辐射复合中产生的光子损失掉,降低发光效率,但同时俄歇效应又产生了一些其他的现象,比如产生了"热"电子,"热"电子可能产生辐射复合,放出更多能量的光子。当然这些过程要通过实验证实是非常复杂的。

对于俄歇效应,其作用主要是研究核子过程(如核子的捕捉过程与内转换过程)的重要方法。同时根据俄歇电子的能量与强度,可以求出原子或分子中的过渡几率。反之,根据已知能量的俄歇光谱线,也可以校准转换电子的能量。根据这一效应原理,已经制成俄歇电子能谱仪,可以在表面物理、化学反应动力学、电子等领域对样品进行快速、灵敏的检测与分析。

6.2.3 表面与界面复合过程

除俄歇复合以外,表面与界面复合也是非辐射复合,表面与界面复合是指位于半导体表面禁带内的表面态(或称表面能级)可以形成复合中心,与体内深能级一样起着对载流子的复合作用。我们把半导体的非平衡载流子通过表面态发生复合的过程称为表面复合。同样在异质结材料的界面处,由于晶格失配的存在都有界面态,晶格失配越大界面态就越多、密度越高,它们也形成深能级。

与体载流子复合相比表面与界面复合更为复杂一些,它们不仅依赖于表面与界面复合中心的浓度及体掺杂浓度,而且还依赖于表面势的大小。表面复合的强弱通常用表面复合速度来表征,表面复合就相当于载流子以一定的速度流出了表面,表面复合速度的单位是 cm/s。

半导体晶体表面由于晶格的中断,可认为是半导体晶格的终止面,产生大量的缺陷,这些缺陷产生出许多能从周围吸附杂质的悬挂键,能够产生高浓度的深的和浅的能级,这些能级可形成载流子的产生－复合中心;所以,半导体表面具有很强的复合少数载流子的作用,同时也使得半导体表面对外界的因素很敏感,这也是造成半导体器件性能受到表面影响很大的根本原因。但对于这些表面态的均匀分布还没有确定的论据。我们可以假定它是均匀分布的,则表面态分布可以写成 $N_S(E)=4\times10^{14}\,\mathrm{cm}^{-2}\cdot\mathrm{eV}^{-1}$。

表面态能带连续分布模型如图 6-5 所示。

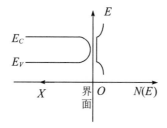

图 6-5 表面态能带结构示意图

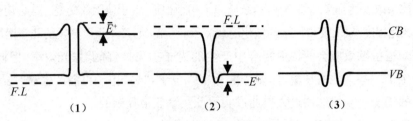

图 6-6　半导体表面处能态连续分布和能带结构模型

如图 6-6 展示出半导体表面处能态连续分布和能带结构模型。由于在表面一个扩展长度以内的电子和空穴的表面复合是通过表面连续的跃迁进行的,因此通常都是非辐射性的。所以,做好晶体表面的处理和保护也是提高发光器件发光效率的一个重要方面。同时,人们也十分重视半导体发光材料中存在的位错形成深能级中心的作用,位错可引起发光的猝灭,产生无辐射跃迁,也可引起材料老化,因此对于深能级中心的研究和探究非辐射跃迁是十分重要的。由于缺陷形成深能级的存在,可以稳定的俘获多数载流子,则导致少子的寿命将取决于它们和这些深能级上多子的复合几率。该复合几率越大,非辐射跃迁越强,则发光效率就越低。当异质结的界面处晶格失配度小于 10^{-4},非辐射复合几率较小,制备的器件发光效率较高,如果异质结的界面处晶格失配度大于 10^{-4},则会使非辐射复合几率大大增加,导致器件的发光效率大大降低。

6.2.4　深能级复合过程

深能级是指在能带中距导带底较远的施主能级和离价带顶较远的受主能级。相应的杂质或缺陷称为深能级杂质或缺陷,这种杂质和缺陷都是局域化的;深能级杂质或缺陷能够被多次电离,每电离一次相应地有一个能级,它可在禁带中引入若干个能级,产生一个连续分布的能态。因此,有的杂质既可能呈现施主能级,又可能呈现受主能级。

深能级杂质或缺陷一般含量极少,而且能级较深,它们对载流子浓度和导电类型的影响没有浅能级杂质显著,但对于载流子的复合作用比浅能级杂质强,所以这些杂质或缺陷又称陷阱中心或复合中心。陷阱中心能俘获一种载流子的作用特别强,而俘获另一种载流子的作用特别弱,因此陷阱中心具有存储一种载流子的作用。例如电子陷阱就起着捕获存储电子的作用,空穴陷阱就起着存储空穴的作用。缺陷杂质能级的位置靠近禁带中心位置的电离能较大,在室温下,处于这些杂质能级上的电子一般不电离,对半导体材料的载流子没有贡献,但影响非平衡少数载流子的寿命,假如深能级是一个局域化的缺陷(它像一个微观的内表面或全金属夹杂物),则它能产生一个连续分布的能级。则与这个缺陷边缘相距一个扩散长度之内的电子与空穴可能会被这个缺陷吸引而掉进这个缺陷,并通过连续能态进行非辐射复合。这种模型能解释这些所谓"纯"材料在低温时,其内部发射效率低于1的实验事实。比如,在 n 型 GaAs 中,掺入硒或碲充当施主,当施主浓度超过 $10^{18}\,\mathrm{cm^{-3}}$,则可探测到 GaAs 中 Ga_2Se_3 或 Ga_2Te_3 的夹杂沉淀物,这时 GaAs 的辐射效率就下降了一个数量级。就夹杂沉淀物来说,作为缺陷它分布越均匀越影响发光效率,反而比少数大的夹杂物影响更为厉害。

发射效率:$\eta = \dfrac{P_\gamma}{P_\gamma + P_{n\gamma}}$　　　　　　　　　　　　　　　　　　(6-10)

P_γ —— 辐射跃迁几率,与 T 无关;$P_{n\gamma}$ 非辐射跃迁几率,与 T 有关。

$$P_{n\gamma} = P_{n\gamma_0} \cdot e^{\left(-\frac{E^y}{k_B T}\right)} \qquad\qquad\qquad (6\text{-}11)$$

E^y —— 某种激活能,$P_{n\gamma_0}$ 是一个与 T 无关的系数。

所以,辐射效率的温度相关性可以是:

$\eta = \dfrac{1}{1 + Ce^{\left(-\frac{E^y}{k_B T}\right)}}$,其中 $C = \dfrac{P_{n\gamma_0}}{P_\gamma}$ 是一个常数。

如果半导体材料中存在杂质和缺陷,那么杂质或缺陷可在材料的能带结构图中引出形变势垒。如图 6-6 所示。

几种情况,图(1)对应材料中的杂质为受主杂质,其费米能级进入价带,杂质引起的形变形成的复合中心在导带底处会形成一个势垒,势垒高度用 E^* 表示;图(2)对应材料中的杂质为施主杂质,其费米能级进入导带,杂质引起的形变形成的复合中心在价带顶处会形成一个势阱,势阱深度用 E^* 表示;图(3)可能是材料局部应变所致,在形变处产生一个势垒形成复合中心,势垒高度为 E^*,只有那些有足够能量,能越过势垒($kT_e \geqslant E^*$)的热载流子才能够复合,温度升高能使非辐射载流子跃迁增加。

第 7 章

氧化物薄膜半导体特性

7.1 氧化锌(ZnO) 薄膜的特性

7.1.1 氧化锌薄膜的应用

氧化锌作为宽带隙功能材料在电子工业、科学研究等方面已被广泛应用,最近几年随着制备技术的发展和不断完善,氧化锌薄膜材料的质量也不断提高,其应用范围也随之扩大。ZnO 作为一种光电和压电材料,其广泛的应用概括起来主要有以下几个方面:

7.1.1.1 透明导电膜

ZnO 透明导电膜是一种重要的光电子信息材料,它在可见光区具有很高的透过率,其电导率接近半金属的数值。D. H. Zhang 等人较多的研究了 ZnO 和 ZnO:Al 透明导电膜的性质,他们在玻璃衬底上制备的 ZnO 薄膜和 ZnO:Al 透明导电膜电阻率达到 $\sim 10^{-4}\Omega \cdot cm$,透射率超过 90%,在有机衬底上制备的 ZnO:Al 透明导电膜其电阻率也可低至 $10^{-4}\Omega \cdot cm$,透射率超过 80%。

7.1.1.2 紫外光探测器

利用 ZnO 材料的宽禁带和高光电导特性,可以制作紫外光探测器,它可用于科研、军事、太空、环保和许多工业领域的紫外线探测,又可监测大气臭氧层吸收紫外线的情况,应用十分广泛。D. H. Zhang 等人详细研究了 ZnO 薄膜的紫外光响应,并把 ZnO 的光响应分解为快速光响应和慢速光响应,他们还用表面氮掺杂的方法制备出快速紫外光响应的 ZnO 薄膜,为制备 ZnO 紫外光探测器奠定了理论和实验基础。H. Fabricius 等人利用溅射的方法沉积出 ZnO 薄膜并制作出了上升时间和下降时间分别为 $20\mu s$ 和 $30\mu s$ 的紫外光探测器。而 L. Ying 等人利用 MOCVD 技术生长出高质量的 ZnO 薄膜,并使上升时间和下降时间分别下降为 1 和 $1.5\mu s$,大大提高了器件的质量。

7.1.1.3 异质结的 N 极

在通常情况下制备出的 ZnO 薄膜都呈现出 n 型,所以 ZnO 又有"单极半导体"之称。

本征的 ZnO 薄膜一般为高阻材料,电阻率高达 $10^{12}\Omega\cdot cm$。 由于 ZnO 薄膜中容易形成氧空位和锌填隙原子,它们在 ZnO 晶体的能带结构中形成缺陷能级(施主能级),使得 ZnO 薄膜呈现出 N 型。因此它可以和其他的 P 型材料制备异质结充当 N 极。D. E. Brodie 以 ZnO 薄膜作透明电极和 N 极,在上面沉积上 P 型硅,制备出高质量的太阳能电池。

7.1.1.4　表面声波器件(SAW)

作为一种压敏材料,高质量的 ZnO 薄膜具有较强的机电耦合系数,使它在高频滤波器、超声换能器、高速光开关和微型机械方面有广泛的用途。在具有高声速的衬底上(例如:蓝宝石和石英衬底)淀积出高质量的 ZnO 薄膜,具有较高的机电耦合系数,可以减少器件的输入损耗,提高叉指换能器(IDT)的效率。日本村田公司已经用在蓝宝石衬底上制备的 ZnO 薄膜制作出低损耗的 1.5GHz 的射频 SAW 滤波器,而且正在开发研制 2GHz 以上的产品。

7.1.1.5　光波导器件

由于 ZnO 薄膜材料带隙较大,在可见光区透过性很强,而且具有大的折射率,因此它可以用作光波导材料。 在蓝宝石衬底上溅射的 ZnO 薄膜,其被导光波的损耗为 0.55dB/cm(对于 632.8nm 的 He-Ne 激光器的 TE_0 模式);而在氧化硅衬底上溅射的 ZnO 薄膜经过激光退火处理,其被导光波的损耗可以减少到 $0.01-0.03dB/cm$。所以制备出高质量的 ZnO 薄膜材料,就可以制造出高效能、低损耗的光波导器件。

除了上述的应用外,ZnO 还被广泛用于制造发光显示器件、气敏传感器和磁性材料器件。随着制备技术的发展,最近几年 ZnO 的受激光辐射的发现使该材料获得更广泛的关注。由于 ZnO 材料在室温下具有高的激子束缚能(约 60meV),该激子在室温下不易被电离,降低了激射阈值,使激发发射机制有效,因此它可用来制作紫外光激光器。如果这种二极管和激光器能够转换成实际器件,由于它短波长的发光,可用于新一代光学数据存储系统,这将大大提高可读 CD 和 CD-ROM 存储等方面的存储信息密度,它定会在新一带医学工程领域有着广泛的应用。人们已经制备出了 P 型的 ZnO 薄膜,改变了人们对 ZnO 是单极 N 型半导体材料的认识,使 ZnO 薄膜又有了新的应用,老材料焕发了新的青春。这为制造 PN 结型短波长发光二极管奠定了基础。

7.1.2　氧化锌薄膜的结构与光电特性

7.1.2.1　ZnO 的结构性质

ZnO 为宽禁带直接带隙半导体材料,常温下的禁带宽度为 3.37eV,在大气中不容易被氧化,具有很高的化学稳定性和热稳定性。由于 ZnO 材料的独特性质使得它具有广泛的应用价值,而它的这种特性是由成键状态和几何结构所决定的。单晶的 ZnO 结构为六角纤锌矿结构,具有较好的取向,适合于高质量的定向外延生长。ZnO 薄膜材料的生长质量受多种因素的制约,ZnO 薄膜晶粒的取向与衬底材料的组分、晶体结构、表面状态及衬底温度和制备条件等有密切的关系。当衬底表面原子间距和面间距都与 ZnO 相近时,则氧化锌薄膜的晶格失配较小,薄膜的结构缺陷少,晶粒生长较好;若衬底选取不合适,就会存在晶格失配较大的问题,因而会影响薄膜的附着力和晶化程度。

表 7-1 中给出了 ZnO 和 GaN 与蓝宝石等材料之间的一些参数对比。从表中可以看出,ZnO 和 GaN 的晶格结构都属于纤锌矿结构,ZnO 的禁带宽度和晶格常数与 GaN 基本相同,热膨胀系数(垂直于 c 轴方向)十分接近,因此 ZnO 与 GaN 互为生长的优质衬底材料。再加上 ZnO 薄膜制备简单,成本低,会成为 GaN 理想的替代材料。

表 7-1

材料	带隙 /eV	熔点 /℃	晶向	晶体结构	晶格常数	带隙类型
ZnO	3.37	1975	0001	六方	$C = 0.5313$	直接
AlN	6.2			六方		直接
Al_2O_3		2030	0001	六方		
Si	1.12	1420		四方	$A = 0.5430$	间接
GaAs	1.43	1238		四方	$A = 0.5653$	直接
GaN	3.36	1700		六方		直接

如图 7-1 所示,给出了 ZnO 薄膜的晶格结构简图,其晶格常数为:$a = 0.3243$ nm,$c = 0.5195$nm。ZnO 体材料的密度 $\rho = 5.67 g/cm^3$。在六角 ZnO 的晶体结构中,每个阳离子(Zn^+)都被位于近四面体顶点位置的四个阴离子(O^{2-})所包围,同样每个阴离子 O^{2-} 都被四个阳离子 Zn^+ 包围,原子按四面体排布。在最近邻的四面体中,平行于 c 轴方向的氧和锌之间的距离为 0.1992nm,而其他三个方向则为 0.1973nm。ZnO 粉末呈白色,高温烧结成陶瓷后呈淡黄色,熔点为 2248℃。

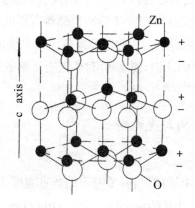

图 7-1 ZnO 晶体结构示意图

为了便于直观比较,如图 7-2 所示,给出了部分半导体材料的带隙能量和晶格常数。

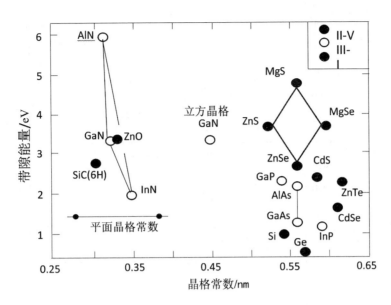

图 7-2　部分半导体材料的带隙能量和晶格常数

用溅射淀积的方法获得的薄膜大都是多晶结构,各微小晶粒之间有程度不同的错向,但每个小晶粒都是单晶,在微晶的原子排列上大多都是六方晶的纤锌矿结构。如图 7-3 所示,给出了 ZnO 薄膜六方晶纤锌矿微晶结构(a)和晶胞原子面指数(b)的示意图。

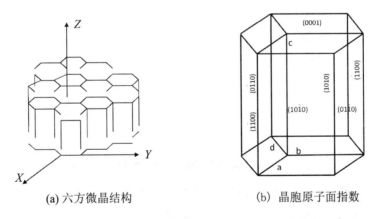

(a) 六方微晶结构　　　　　　(b) 晶胞原子面指数

图 7-3　ZnO 薄膜六方晶纤锌矿微晶结构和晶胞原子面指数示意图

由于 X 射线的波长与晶体的原子间距位于相同的数量级,因此晶体可以作为 X 射线的衍射光栅,通过 X 射线衍射来研究晶体的内部结构。如图 7-4 所示,给出了不同衬底上淀积的 ZnO 薄膜样品的 XRD 谱。从图上可以看出:在 $2\theta \sim 34.4°$ 左右时都存在相应于(002)面的衍射峰,其他峰很弱或者未出现,这些值与标准的 ZnO 晶体衍射峰位置(34.45°)非常接近,这表明淀积的薄膜是具有六角纤锌矿结构的多晶膜,C 轴垂直于衬底。比较衍射峰可以发现,不同条件下、不同衬底上制备的薄膜其 X 射线的强度和半高宽是各不相同的。

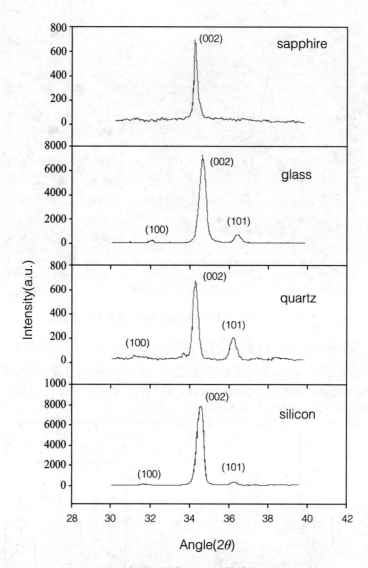

图 7-4　不同条件下制备的 ZnO 薄膜的 XRD 谱

薄膜的平均晶粒尺寸可以根据衍射峰的半高宽利用 Scherre 公式：

$$B = \frac{0.9\lambda}{\Delta\theta\cos\theta} \tag{7-1}$$

估算出，公式中 $\Delta\theta$ 为衍射峰半高宽，λ 为 X 射线的波长，θ 为衍射角。

如图 7-5 所示给出了不同条件下不同衬底上制备 ZnO 薄膜的原子力显微镜（AFM）图像，图(a)、(b)、(c)分别为蓝宝石、硅和玻璃衬底上淀积的 ZnO 薄膜的 AFM，这一结果与 X 射线衍射谱所给出的结果是一致的。

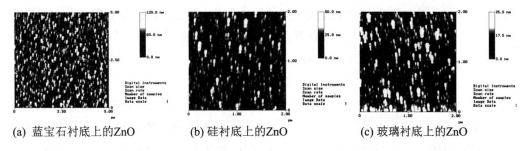

(a) 蓝宝石衬底上的ZnO   (b) 硅衬底上的ZnO   (c) 玻璃衬底上的ZnO

图 7-5 不同条件下制备 ZnO 薄膜的 AFM 图像

7.1.2.2 电学性质

氧化锌属于 II-VI 族化合物半导体材料,室温下带隙为 3.37eV,所以在室温下,纯净的、理想化学配比的氧化锌是绝缘体,而不是半导体。其自由载流子浓度仅为 $4\,\text{m}^{-3}$,比半导体中的自由载流子浓度($10^{14} \sim 10^{25}\,\text{m}^{-3}$)和金属载流子浓度($8 \times 10^{28}\,\text{m}^{-3}$)要小的多。但是由于氧化锌本身点缺陷(填隙锌原子或氧空位)的存在,使得氧化锌偏离理想化学配比。单晶氧化锌呈现出 N 型,载流子浓度可在一个很大的范围内变化(变化范围 $10^{-4} \sim 10^6\,\text{m}^{-3}$)。一般认为 ZnO 不论是单晶还是多晶,都是单极性半导体(N 型),人们通过掺杂可以改变其电阻率,但不能改变其导电类型。常用的施主掺杂有铝(Al) 掺杂、铟(In) 掺杂和镓(Ga) 掺杂等等使薄膜的电导率提高至 $10^3\,\text{s/cm}$。但最近也有通过受主掺杂的方法制备出了 P 型 ZnO 材料的报道,这为制备高质量的氧化锌 PN 结二极管提供了可能性。

7.1.2.3 光学性质

ZnO 属于直接带隙半导体。当用能量大于其光学带隙 E_g 的光子照射 ZnO 薄膜材料时,薄膜中的电子才会吸收光子从价带跃迁到导带,产生强烈的光吸收;而光子能量小于带隙的光子大部分被透过,产生明显的吸收边。ZnO 的禁带宽度(3.37eV) 大于可见光的光子能量(3.1eV),在可见光的照射不能引起本征激发,因此它对可见光是透明的。张德恒等人在玻璃衬底上制备的 ZnO:Al 透明导电薄膜的透射率在 90% 以上。衬底不同则透过率不同,ZnO 薄膜的透过率可由公式:$T = (1-R)^2 \exp(-\alpha x)/[1 - R^2 \exp(-2\alpha x)]$ 给出。

ZnO 薄膜的禁带宽度 E_g 可由其吸收谱:$\alpha(h\nu) = A^*(h\nu - E_g)^{\frac{1}{2}}$ 而得到。利用吸收系数的平方(纵轴)与光子能量(横轴)的依赖关系画出曲线,然后外推曲线的直线部分与横轴的交点即是薄膜的禁带宽度。

半导体薄膜的发光不同于高温物体的热辐射,它是被激发的电子从高能级向低能级量子跃迁时放射出光子的过程。参与量子跃迁的能级不同,其发射出的荧光也不同。ZnO 材料的一个突出特点是具有高达 60MeV 的激子束缚能,如此高的束缚能使得它在室温下稳定、不易被热激发(室温下的分子热运动能为 26MeV),从而降低了室温下的激射阈值,提高了 ZnO 材料的激发发射效率。然而由于材料中杂质能级或激子能级等局域能级在带隙中的存在,所以 ZnO 材料的发光除了激子复合和带间跃迁复合发光外,还可以观察到另外几种能带与缺陷能级之间的跃迁发光,光致发光谱会出现各种颜色的发光峰。ZnO 薄膜的光学性能是与晶体质量密切相关的,生长高质量的 ZnO 薄膜单晶费时长、难度大,成为研究 ZnO 薄膜发光特性的重点工作。

·透光性

ZnO 薄膜的电子结构是以它有限大小的能带间隙(E_g) 表征的,对应能隙 E_g 的波长叫做光学吸收边。波长小于吸收边时,吸收增加。在布里渊区中,对应导带和价带极值的波矢量相等的半导体叫直接跃迁型半导体,ZnO 属于直接带隙半导体。当用能量大于 E_g 的光子照射薄膜材料时,ZnO 薄膜的电子才会吸收光子从价带跃迁到导带,产生强烈的光吸收;而光子能量小于带隙后大部分被透过,产生明显的吸收边。ZnO 的禁带宽度(3.37eV) 大于可见光的光子能量(3.1eV),在可见光的照射不能引起本征激发,因此它对可见光是透明的,可广泛用做透明材料。图 7-6 给出了两个样品的透过谱,从图中可以看出,淀积在蓝宝石衬底上 ZnO 薄膜的平均透过率(大于 90%) 明显大于淀积在玻璃衬底上的 ZnO 薄膜的透过率(接近 90%),这说明生长在蓝宝石衬底上的 ZnO 薄膜结晶质量好,透光性强,其禁带宽度一定大于淀积在玻璃衬底上的 ZnO 薄膜。

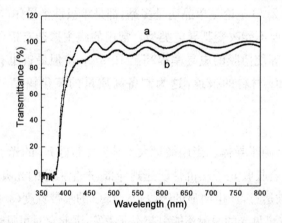

图 7-6 蓝宝石和玻璃衬底上 ZnO 薄膜的透过谱:a 蓝宝石;b 玻璃

衬底不同则透过率不同,根据透过率谱,利用公式:

$$T = (1-R)^2 \exp(-\alpha x)/[1-R^2 e^{-2ax}] \text{ 和 } \alpha(h\nu) = A^*(h\nu - E_g)^{\frac{1}{2}} \quad (7-2)$$

可以求出它们的禁带宽度 E_g。图 7-7 为该两薄膜样品吸收系数的平方与光子能量的依赖关系,外推曲线的直线部分与横轴的交点即是薄膜的禁带宽度。由图可以看出,在蓝宝石上制备 ZnO 薄膜的禁带宽度约为 $E_g = 3.25eV$,大于淀积在玻璃衬底上 ZnO 薄膜的禁带宽度($E_g = 3.21eV$)。

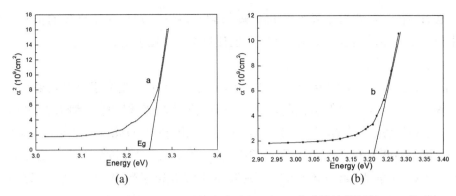

图 7-7   淀积在蓝宝石和玻璃衬底上 ZnO 薄膜的禁带宽度:
(a) 蓝宝石;(b) 玻璃

• 发光性

最近几年人们对宽禁带半导体材料表现出了极大的兴趣,一个重要的目的是寻找能产生短波长的半导体发光材料用以制造蓝光发光二极管及蓝光激光器。科学家的努力已经取得了极大的成功。近年来人们已制造出 GaN、ZnSe 等蓝光发光材料,并用这些材料制成高效率的蓝光发光二极管和激光器。蓝光发光二极管制造可使全色显示成为可能,用 GaN 制造出的蓝光激光器可代替 GaAs 红外激光器使光盘的光信息存储密度大大提高,这将极大地推动信息技术的发展。但这些蓝光材料也有明显的不足,ZnSe 激光器在受激发射时容易因温度升高而造成缺陷的大量增殖,故其寿命很短。而 GaN 材料的制备也有一定困难:一是需要昂贵的设备,二是缺少合适的衬底材料,三是需要在高温下制造,四是薄膜生长的难度较大。如能找到性质与 GaN 相近的发光材料,并克服 GaN 材料的不足将具有重要意义。ZnO 材料无论在晶格结构,晶格常数还是在禁带宽度上都与 GaN 很相似,对衬底没有苛刻的要求而且很易成膜,被认为是很有前途的材料。同时 ZnO 材料在室温下具有大的带隙(3.37eV) 和高的激子束缚能(约 60MeV),在室温下该激子不被电离,激发发射机制有效。这将大大降低室温下的激射阈值。

早在四十年前,人们已发现在电子束的泵浦下体材料 ZnO 在低温下会产生受激辐射,但其辐射强度随温度的升高而迅速衰减,这限制了该材料的使用。近年来几个研究小组像日本 Tohoky 大学材料研究所的 Bagnall 等人,日本物理化学研究所 Segawa 等人,美国 Wright 州立大学的 Reynolds 等人都报道了一种新型的 ZnO 半导体激光器。这种在基片上制造的激光器能产生迄今为止最短波长 — 紫外光的辐射。此成果引起科学家的极大关注,物理学家 Robert 在"Science"上发表重要评论对此给予高度评价。认为这是一个极其重要的工作,它将开辟一个新的研究方向。如果这种激光器能够转换成实际器件,由于短波长的发光,能够使可读 CD 和 CD—ROM 存储更多的信息,这将可能是目前所用光盘的红外激光器的替代物。人们知道光盘信息存储和阅读的工作原理是光盘上的刻痕存有信息,光驱上的激光器发射一激光光束照射到光盘上读出所存储的信息。目前光驱上所用的为 AlGaInP/InGaP 制成的波长为 670 ~ 690nm 半导体激光器。近年来世界范围的科学家致力于发现波长更短的激光器以使光盘存储更多的信息。紫外ZnO半导体激光器的制造成功无疑将有可能使科学家的理想变成现实。

（1）自发辐射发光

当激发光强度小于能产生受激辐射的阈值时，样品的发光属于自发辐射。1988年Bethke等人发现用MOCVD方法制备的ZnO薄膜能产生光致发光。他们的ZnO薄膜是沉积在蓝宝石衬底上的单晶材料。所用的材料是二甲基锌（DMZ）和四氢呋喃（THF），淀积时的衬底温度为375℃～425℃，沉积速率为$4\mu m/h$。在温度为16K的情况下，他们用功率为250mV的Ar离子激光器作激发源，测量了该薄膜的PL谱。发现了在近带边处有一发光峰，其位置在$3.2\sim3.4eV$，在带隙深能级处也存在发光，但发光峰很不明显。他们认为带边发光峰是由激子复合而产生的，而深能级发光来自于电子从能带到缺陷能级之间的跃迁。随着温度的升高，发光峰向低能方向移动，这主要是因为随温度升高使带隙变窄所致。他们没有报道薄膜的受激辐射，所以他们的工作没有得到重视。

香港科技大学物理系P.Zu等人首先发现ZnO薄膜的近紫外自发辐射，他们的薄膜是用Laser－MBE方法在蓝宝石衬底上生长出的。他们在超高真空中用KrF激光器烧蚀一纯度为99.999％的陶瓷靶作为源材料，薄膜生长温度为500℃，生长时氧压为10^{-6}Torr。薄膜为呈严格六角密堆积结构的单晶膜，且沿C轴择优取向。他们在不同温度下用波长为325nm He－Cd（15ps）激光器作激发光源测量了所制备的ZnO薄膜的发光谱，其结果示于图7-8中。他们认为在低温下发光受束缚激子所主导，随着温度的升高束缚激子的发光减弱，逐渐被淹没在高能侧自由激子的光发射之中。当温度高于70K时，自由激子发光占主导地位。在室温下仅存在自由激子的光发射。

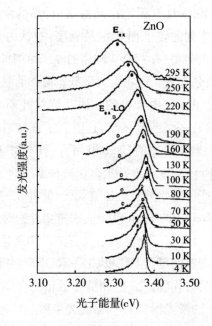

图7-8 P.Zu等人的ZnO薄膜在温度4～295K的范围内的光发射谱

Y. Segawa 等人制备的 ZnO 薄膜与上述薄膜具有相似的性质。他们的薄膜也是用 Laser——MBE 方法在蓝宝石衬底上制备出的。薄膜呈严格的六角密排结构,其 C——轴垂直于衬底。在功率为 20mW 波长为 325nm He－Cd 激光器的激发下,图 7-9 给出了不同温度下样品的光致发光谱。在低于 70K 温度下,束缚激子的复合发光占主导地位,且没有观察到深能级发光中心的发光。在 100K 左右,出现自由激子发光。由于温度升高使能隙变小,致使随温度的升高自由激子发光峰向低能方向移动,一直到室温下自由激子的发光峰仍然存在。当样品被短暂的脉冲(355nm,35ps)激发时,在室温下即可观察到强的 P_1 线和 P 线。而对于块状晶体,只有在低温下这两个光发射线才能被观察到,这些线来源于激子与激子的碰撞过程,这时发光变成了受激辐射。

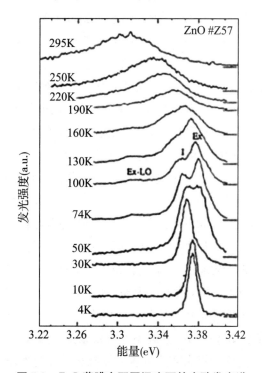

图 7-9 ZnO 薄膜在不同温度下的光致发光谱

Ex 和 I 分别是自由激子发射和中性受主束缚激子发射。

日本东京大学材料研究所 Yefan Chen 等人用微波等离子体协助 MBE 技术,在蓝宝石衬底上生长出了高质量的 ZnO 单晶薄膜。X 射线衍射和光致发光特性的研究表明它们的薄膜有高质量的上层和高缺陷浓度的过渡层组成,其摇摆 X 射线衍射谱中(002)峰的半高宽度仅为 0.005°。薄膜的光发射峰可分成三个区域,即靠近带边的发射,低能带尾态发射和深能级发射。主要发光峰是位于 3.37eV 的近带边发射。其峰半高宽为 3MeV。这个发射峰被认为来源于束缚在施主或受主的激子的复合。而 2.5eV 附近的深能级发射来源于带边能级与深能级的复合,这主要是因为结构缺陷和杂质引起的。他们认为氧空位造成的点缺陷是主要的。随着温度的增加,自由激子的发射增加,最后在室温下主导发光峰。

日本东京技术研究所的 Ohtomo 等人选择 $ScAlMgO_4$(0001) 作衬底，用 Laser—MBE 方法生长出单晶 ZnO 薄膜。由于 ZnO 薄膜和 $ScAlMgO_4$(0001) 衬底的失配率仅为 0.09%，所以生长出的薄膜具有特别优良的结构特性，其表面非常平滑，取向性也很好。薄膜载流子的迁移率可达 $100cm^2/Vs$，残留的载流子浓度小至 $10^{15}/cm^3$。他们在 6K 条件下测试了一50nm 厚的 ZnO 薄膜的吸收谱，发现了相距为 7MeV 的双重激子吸收峰，这种双重激子吸收峰在用蓝宝石作衬底制备的 ZnO 薄膜中至今没有被发现。他们的工作为制备结构完善的 ZnO 薄膜开辟了道路。

具有发光特性的 ZnO 薄膜也可用高温喷涂法制备出来。Studenikin 等人用热分解 1mol 浓度 $Zn(NO_3)_2$ 的方法 7059 玻璃衬底上制备出 ZnO 薄膜。他们制备出的 ZnO 薄膜也是多晶六角纤锌矿结构，没有择优取向。薄膜的特性与衬底温度有密切的关系，200℃似乎是最佳衬底温度；衬底温度再升高，薄膜的发光特性变坏。这种膜只有经过退火才有好的发光特性，随退火温度的升高发光强度变强，且发光峰蓝移。他们认为随退火温度升高，薄膜中的氧空位增加，使得自发跃迁到氧空位上的电子的几率增加。

Sunglae Cho 等人用古老而简单的锌膜氧化法，在石英衬底上也制备出具有发光特性的 ZnO 薄膜。他们首先用磁控溅射的方法沉积出 200nm 厚的金属锌膜，随后在一个大气压的氧化炉中，在 300℃～1000℃ 的温度下氧化 30 分钟。其薄膜是多晶的且没有择优取向，经退火后晶粒明显变大。在他们所给出的 PL 谱中在波长为 383～390nm 处有一强的主发光峰，且不存在处于 650nm 处的深能级发射。随着退火温度的升高发光峰强度变大且变得更加尖锐。对于退火温度为 700℃ 和 1000℃ 的样品，发光峰的半高宽度分别为 107MeV 和 23MeV，这个结果甚至高于用 MBE 和 MOCVD 方法制备的样品。但与 Studenikin 等人不同的是随着退火温度的提高，发光峰的位置移向长波方向。

用磁控溅射的方法也可制备出具有发光特性的 ZnO 薄膜。叶志镇等人用直流磁控溅射法在硅衬底上制备出 ZnO 薄膜，并在室温下观察到了紫外发射（3.3eV）和一绿光发射带（2.2～2.5eV），他们认为提高衬底温度可以减小晶界应力，有利于降低缺陷和杂质的深能级发射。最近我国科技大学 GuoChangxin 等人报道了用反应直流溅射法在氧的气氛中溅射金属锌靶，在硅衬底上淀积出了 ZnO 薄膜。薄膜的发光强度明显依赖于制备条件和沉积后的退火温度，还与硅衬底的取向有关。退火前的样品观察不到发光，经过 800℃ 以上 1 小时退火后薄膜呈明显的发光特性，且在（100）衬底上沉积膜的发光特性明显好于（111）衬底。Wu Huizhen 等人用反应电子束蒸发的方法也制备出具有发光特性的 ZnO 薄膜。

用多种不同的方法都可制备出具有发光特性的 ZnO 薄膜，但所制备出的薄膜质量不同，故其发光特性也不同。用 Laser—MBE 技术设备和 MOCVD 方法制备的 ZnO 薄膜结构完善，是具有择优取向的单晶波，因此具有最好的发光特性，似乎是生长出氧化锌薄膜的最好方法。用其他方法生长的 ZnO 薄膜通常为多晶结构，缺陷较多，通过高温退火可改善薄膜的结构,使薄膜具有好的发光特性。

(2) 受激辐射发光

ZnO 薄膜的一个重要应用领域是适应信息技术飞速发展的需求,用来制造 ZnO 紫外激光器。此种激光器在信息存储领域将引起革命性的变革。ZnO 薄膜对受激辐射的研究是制造 ZnO 激光器的基础,所以在对 ZnO 薄膜自发辐射进行广泛研究的基础上,人们进一步研究了该材料的受激辐射特性。

日本东京大学材料研究所 Bagnall 等人最先报道了用微波等离子体加强 MBE 方法,在蓝宝石(Al_2O_3) 衬底(0001) 方向上外延出高质量 ZnO 薄膜的受激辐射。他们把制备好的外延层样品劈裂成长度约为 5mm 的激光棒,其谐振腔的长度在 $300\sim1000\mu m$ 的范围。他们用波长为 355nm 的高强度 Nd:YAG 激光通过三倍频作为光泵浦光源测试了薄膜的受激辐射特性(光源重复频率 10Hz,脉冲宽度 6ns),给出了在激发强度为 198kW · cm^{-2} 到 1.32MW · cm^{-2} 范围激光发射谱随光激发强度的变化(如图 7-10)。当光激发强度低于 240kW · cm^{-2} 时,其发光来源于自由激子,在此范围内的辐射为自发辐射。当激发强度高于 240kW · m^{-2} 时,位置在 3.067eV 处的发光峰快速增长,伴随着此发光峰超线型增长输出强度的线宽变窄,从 214 变到 73MeV,此阶段的发光变成受激辐射。当光激发强度从 660kW · cm^{-2} 增加到 1.32MW · cm^{-2} 时激光输出强度增加 10 倍,激光峰移到 3.032eV,而且发光峰的宽度扩展到 83MeV。

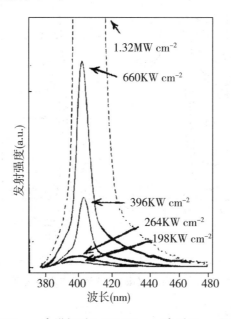

图 7-10 激发强度从 198kW · cm^{-2} 增加到 1.32MW · cm^{-2} 时 Bagnall 的 ZnO 膜室温下的发光谱

几乎与 Bagnall 等人同时,P. Zu 等人用激光分子束外延的方法生长出的氧化锌薄膜不但能产生强烈的自发辐射,还能产生显著的受激辐射。他们也用三倍频 Nd:YAG 激光器(频率 10Hz,脉冲宽度 15ps) 作为光泵浦源。在不同强度的光激发下,其自发辐射与受激辐射谱如图 7-11(a)。作为参考在该图顶部给出了在 325nm He－Cd 激光器激发下样品的吸收谱和荧光谱。

可以看出，随着光泵浦强度的增加，自发的自由激子发射带 E_{ex} 展宽，而且在 E_{ex} 带 70MeV 以下出现一新的发射带 P_2。激子带 E_{ex} 的强度随着光激发强度线性增长，而 P_2 带的强度随光激发强度呈二次方增长。他们把 P_2 带归于激子碰撞过程引起的辐射复合。他们还发现当光泵浦强度大于阈值 24kW·cm^{-2} 时，一个新的非常窄的发射峰从 P_2 带的低能肩部出现，该 P 峰强度的增加比激发强度的七次方还快，且该 P 峰的位置不随光激发强度而移动。这说明在他们的样品中存在受激辐射，受激辐射 P 带是由于激子与激子的碰撞过程引起的，在此过程中一个激子被散射到 $n=\infty$ 的状态。当再增加光泵浦强度使其大于另一个阈值 50kW·cm^{-2} 时，P 峰带强度变弱，在其低能侧一个新的受激峰 N 出现，并且该 N 峰的位置随着光泵浦强度的增加向低能端移动[（较高激发强度下的光致发光谱由图 7-11 (b) 给出]。他们认为 N 带是由于电子－空穴等离子体中的电子－空穴复合产生的，N 带出现红移是带隙重整化效应的结果。

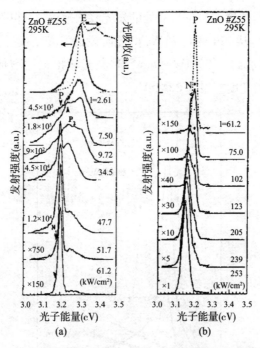

图 7-11 （a) 上端曲线是在 325nmHe－Cd 激光器激发样品的吸收谱，下段曲线为自发发射和受激发射谱。(b) 较高激发强度下的光致发光谱。

H. Cao 等人 KrF 激光器(248nm) 在超高真空（10^{-8}Torr）系统中烧蚀氧化锌靶，在石英衬底上淀积出氧化锌膜。X 射线衍射和透射电镜都显示他们所沉积的膜为多晶结构，其晶粒排列杂乱无序，晶粒尺寸在 $50\sim100$nm 之间。特别令人感兴趣的是他们在这种高度无序的薄膜中得到高强度的受激辐射。他们也用 355nm 的三倍频 Nd：YAG 激光器(频率 10Hz,脉冲宽度 15ps) 作光泵浦源聚焦后垂直入射到样品表面的一个小区域。

不同的激发强度下样品的光发射谱如图 7-12。在低激发强度的范围内发光谱为宽的自发辐射峰，随着光泵浦功率增加发射峰变窄，当激发强度超过一阈值时，非常窄的发射峰出现在发射谱中。当光泵浦功率再继续增加，出现更加尖锐的发光峰。这时发射谱的线宽小于 0.4nm，窄于自发辐射线宽的 1/20，这时产生的光发射为受激辐射，辐射为强偏振光。这种多晶膜中的受激辐射显示它与传统激光器有显著的不同：（1）在各个方向都能观察到激光发射，且发射谱随观察角度而变；（2）光泵浦强度的阈值依赖于激发面积，随激发面积减少，激射阈值密度增加，当激发面积减少到一个临界值时，激发谐振停止。他们制备的这种 ZnO 多晶膜具有较大的光增益（增益系数大于 $100cm^{-1}$）。他们认为这种激光器的激发机理是在晶粒高度无序的材料中由于强烈的光散射自发形成的谐振腔引起的。在随后的研究中 H. Cao 等人又进一步研究了在他们制备的 ZnO 多晶膜中外部反馈对无规激光器的作用，发现重新注入到散射形成的谐振腔的光对无规激光的模式、强度和阈值的强烈影响。

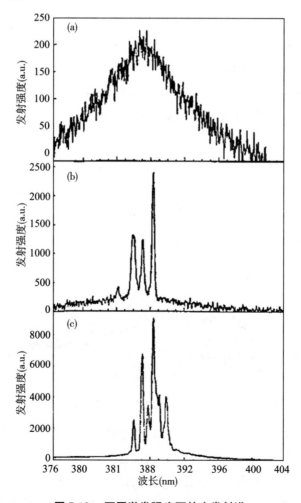

图 7-12 不同激发强度下的光发射谱：

（a）**330KW/cm²** （b）**380KW/cm²** (c) **600KW/cm²**，激发面积是 **$100\mu m \times 40\mu m$**。

Sunglae Cho 等人用简单的锌膜氧化法在石英衬底上制备出 ZnO 薄膜也能产生受激辐射。他们也发现在低泵浦光强下,只能观察到自发辐射峰,当泵浦强度超过一阈值时,自发辐射的宽峰带变成许多小尖峰,受激辐射产生。产生受激辐射的光泵浦激发强度为 $9MW/cm^2$。

用不同方法制备的 ZnO 薄膜无论其结构是单晶还是多晶都有可能产生受激辐射因而可用以制造 ZnO 激光器。但用 MBE 和 MOCED 方法制备的薄膜大多是具有择优取向的单晶膜,具有最好的受激辐射特性,似乎是制备 ZnO 激光器的好材料。用其他方法生长的 ZnO 为多晶薄膜,缺陷较多,虽然也发现了其中的受激辐射,但目前报道较少,其受激辐射特性也不如单晶薄膜。

半导体薄膜的发光不同于高温物体的热辐射,它是被激发的电子从高能级向低能级量子跃迁时放射出光子的过程。参与量子跃迁的能级不同,其发射出的荧光也不同。ZnO 材料的一突出特点是具有高达 60meV 的激子束缚能,如此高的束缚能使得它在室温下稳定、不易被热激发(室温下的分子热运动能为 26 meV),从而降低了室温下的激射阈值,提高了 ZnO 材料的激发发射效率。由于 ZnO 材料存在着本征缺陷,在带隙中形成缺陷能级,所以 ZnO 材料的发光除了激子复合和带间跃迁复合发光外,还可以观察到另外几种能带与缺陷能级之间的跃迁发光。图 7-13 给出了我们实验一个 ZnO 薄膜样品的光致发光谱,从图上可以看出,既有带间的电子跃迁发光峰(350 ~ 356nm),也有与缺陷和氧空位有关的发光峰(400nm 和 490nm 左右)。

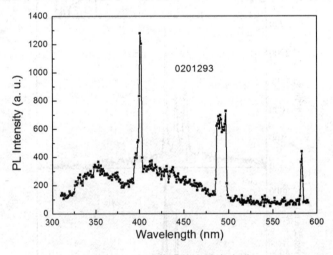

图 7-13 ZnO 薄膜的光致发光谱

在波长为 300nm 的 X_e 灯光源激发下,ZnO 薄膜显示出了很好的光致发光特性。随着激发光波长的增加,又出现了发光峰向低能方向移动的新现象,值得进一步深入研究。

近几年,对 ZnO 薄膜材料的光受激辐射的研究有很大进展,所制备出的 ZnO 在室温下能产生强烈的受激辐射,显示出了这种材料在制造紫外光半导体激光器中广阔的应用前景。而紫外光激光器的研制将引起光信息存储的巨大变革。但是,从目前情况看,在这方面的研究还有明显的不足,一是制备材料的工艺还不成熟,各研究单位制备出的材料性能参数差异较大;二是要制备高质量的单晶材料,所用设备和衬底材料昂贵;三是 ZnO 的激光特性都是在激光泵浦下得到的。目前的光泵浦激光器需要在其他紫外光激光器的泵浦下才能工作,使用很不方便。最近有制造出 P 型 ZnO 薄膜的报道,改变了 ZnO 是单极 N 型半导体的观念。下一步的工作是制造出高质量的 ZnO PN 结二极管,进而制造出高质量的 PN 结电致发光激光器,这样就可使 ZnO 紫外线半导体激光器进入广泛应用的阶段。科学家们正在朝着这个目标前进。

7.1.3　氧化锌薄膜光电特性的影响因素

用射频磁控溅射法制备 ZnO 薄膜,其光电特性受很多因素影响,特别是受制备条件因素的影响,主要有以下几种因素。

7.1.3.1　衬底温度的影响

衬底温度对氧化锌薄膜的结构和光学性质有着很大的影响。对于用溅射法制备的薄膜,较高的衬底温度有利于溅射粒子在衬底表面的横向扩散,这将有助于薄膜的成核和生长,有利于薄膜的结晶和择优取向。随着衬底温度的升高,薄膜的结晶质量提高,薄膜中缺陷的数量相应减少,从而导致薄膜的透过率和发光特性随着衬底温度的升高而明显变化。

· 衬底温度对透光性的影响

图 7-14 给出了样品的透射谱,在可见光范围内的平均透过率和吸收边基本相同。随着衬底温度的升高,有两种因素影响薄膜的透过率:一是随着衬底温度的升高薄膜的沉积速率增大,在相同沉积时间内薄膜厚度增加,这将使其透过率下降。二是随着衬底温度的升高,薄膜的结晶质量显著提高,从而又使薄膜的透过率增加。以上两种因素共同作用的结果使透过率随衬底温度的变化并不显著。

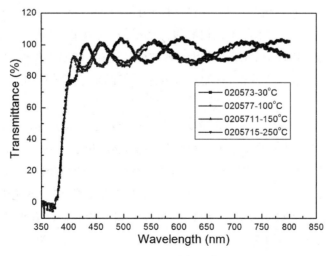

图 7-14　蓝宝石衬底 ZnO 薄膜的透射谱随衬底温度的变化

a 30℃、b 100℃、c 150℃、d 250℃

公式 $\alpha(h\nu) = A^*(h\nu - E_g)^{\frac{1}{2}}$，根据所测得的吸收谱可画出 ZnO 薄膜的吸收系数 α^2 与 $h\nu$ 关系曲线，延长其直线部分与 $h\nu$ 轴相交，其交点即是光学带隙 E_g。图 7-15 中的曲线 a 和 b 分别给出了衬底温度为 30℃、150℃ 时制备的 ZnO 薄膜样品的吸收系数 α^2 与 $h\nu$ 的关系，可以看出两种衬底温度下制备的样品其光学带隙几乎完全相同，为 3.251eV。随着衬底温度的升高，薄膜的晶化质量提高，其厚度也增加，但光学带隙未变。

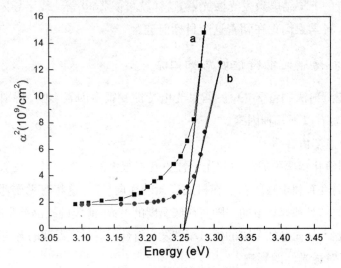

图 7-15　不同衬底温度下淀积 ZnO 薄膜的吸收系数的平方随光子能量的变化关系

a　$T = 30℃$；　b　$T = 150℃$

· 衬底温度对发光特性的影响

如图 7-16 给出了蓝宝石衬底上不同衬底温度下制备的 ZnO 薄膜光致发光谱，激发光波长为 270nm。从图可以看出薄膜显示出了很好的 356nm 的单色紫外发光峰，且发光峰的强度随着衬底温度的升高而增强。用溅射法制备的薄膜，较高的衬底温度可以促使溅射原子的临界核增大，有利于原子在衬底表面的扩散，这有助于薄膜的成核和生长，也有利于薄膜的结晶和择优取向。随着薄膜结晶质量的提高，缺陷态的数量相应减少，与缺陷态相关的非辐射复合大大降低，从而导致载流子带间跃迁发光强度随衬底温度升高而有明显增强。

同时 ZnO 薄膜的光致发光(PL)强度也强烈地依赖于退火温度。图 7-17 给出了不同退火温度下的光致发光谱，显示出了典型的紫外发光峰(位于 356nm 处)和蓝光峰(位于 446nm 处)，紫外发光峰的强度明显大于蓝光峰的强度。早期的研究已展示了 ZnO 薄膜位于 384nm，390nm，402nm，510nm 和 640nm 处的发光峰，以及展宽的绿 ～ 黄光带。位于 384nm、402nm 和 446nm 处的紫外光、紫光和蓝光峰我们已有报道，而位于 351 ～ 356nm 处的紫外发光峰则少有报道，它来自于光生电子和空穴的复合。退火前紫外发光峰的强度较弱，退火后增强；特别是经过 350℃ 退火的样品，356nm 的紫外峰发光最强，发光强度增长了近 20 倍，它和缺陷发光强度相比，强了近 22 倍。由此可以看出，经过 350℃

退火的薄膜样品是较好的光学材料。因此,退火不仅使晶粒尺寸变大,减少了晶粒边界处界面态的非辐射复合,而且还改进了薄膜的结晶质量,减少了点缺陷,减弱了与点缺陷相关的光发射,二者的综合影响使带间的非平衡光生载流子的辐射复合增强,导致紫外光强度增加。从前面可知,氧化锌薄膜具有失去氧而变得更加非化学配比的趋势。非化学配比的氧化锌薄膜其缺陷主要是氧空位和锌间隙原子,退火可以影响这种化学配比。

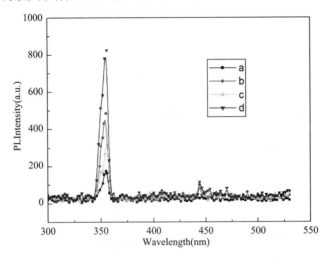

图 7-16 蓝宝石衬底 ZnO 薄膜 **270**nm 激发的 PL 谱随衬底温度的变化

a **30℃**、b **100℃**、c **150℃**、d **250℃**

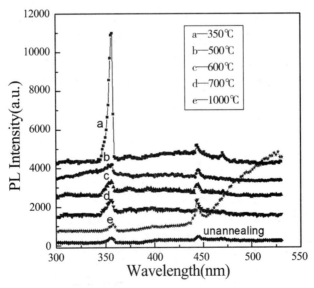

图 7-17 不同退火温度下 ZnO 薄膜的光致发光(PL)谱

(a) **350℃** 退火,(b) **500℃** 退火,(c) **600℃** 退火,

(d) **700℃** 退火,(e) **1000℃** 退火.

7.1.3.2 溅射功率的影响

溅射功率对 ZnO 薄膜的结构和光学性质有很大的影响,这也是由于溅射功率对薄膜结晶质量的影响引起的。

· 对薄膜结构性质的影响

溅射功率对 ZnO 薄膜的生长速率有很大影响。图 7-18 给出了在不同溅射功率下薄膜生长速率的变化。溅射时氧气和氩气气压分别为 1.0Pa,溅射时间为 25 分钟,衬底温度为室温。

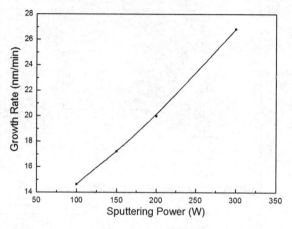

图 7-18 ZnO 薄膜生长速率随溅射功率的变化

由图可知,随着溅射功率的增加,薄膜的生长速率变大。功率增大,一方面使电压增大,Ar 粒子的能量增大,使溅射率提高;另一方面,功率增加又导致电流增大,单位时间内有更多的 Ar 粒子轰击靶,从而提高了溅射率。薄膜的生长速率和溅射功率基本上呈线性关系,Y. M. Lu 和 Wen－Fa Wu 所给出的结果与我们的类似。

图 7-19 给出了不同功率下石英衬底上淀积的 ZnO 薄膜的 X 射线衍射谱。可以看出不同功率下淀积的薄膜都具有较好的(002)择优取向,且随着溅射功率的增加,(002)峰的强度增强,半高宽度减小。

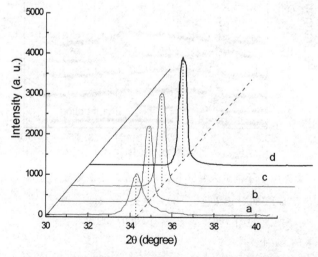

图 7-19 不同功率下 ZnO 薄膜的 XRD 谱。a 100W; b 150W; c 200W; d 300W.

· 对薄膜光学性质的影响

（1）对薄膜透光特性的影响

图 7-20 给出了在不同溅射功率下制备的 ZnO 薄膜的透过率谱，可以看出随着溅射功率的增加，薄膜的吸收边波长变大，薄膜的透过率减小，这是由于薄膜厚度随溅射功率增大而增加造成的。

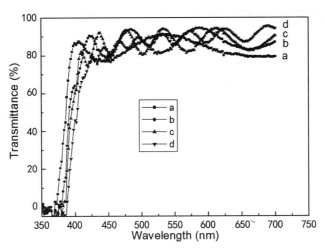

图 7-20 不同功率下在石英衬底上淀积的 ZnO 薄膜透过谱

a **100W** b **150W** c **200W** d **300W**

（2）对薄膜发光特性的影响

图 7-21 为在不同溅射功率下淀积 ZnO 薄膜的发光谱。薄膜制备时所用氧分压和氩分压都为 1.0Pa，溅射时间都为 25 分钟，在室温下溅射。图中给出了在波长为 270nm 的光激发下四种不同功率下制备的样品的 PL 谱，图中分别给出了波长为 356nm、446nm 两个发光峰，其强度随溅射功率的增加而明显增强。

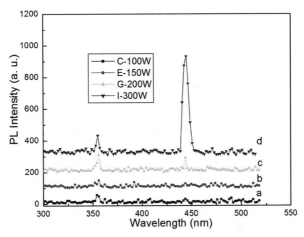

图 7-21 不同溅射功率下淀积的 ZnO 薄膜的 PL 谱：

a **100W**；b **150W**；c **200W**；d **300W**.

因为随着溅射功率的增加,用来溅射的氩离子的能量也随着升高,导致阴极靶上溅射出来的粒子具有更高的能量,更易于在衬底表面横向扩散,自如调整自己的成键方向和成键长度从而和邻近的原子最佳键合,使原子聚集成较大的临界稳定核,有利于薄膜的成核和生长,使薄膜结晶质量提高,减少了晶粒间界缺陷形成的非辐射复合中心数量,因此356nm的带间跃迁发光相对增强。当溅射功率为300W时,波长为446nm的蓝色发光相对增强,这可能是由于薄膜内氧空位数量增加的缘故。

7.1.3.3　氧分压的影响

· 氧分压对薄膜结构的影响

图7-22给出了不同氧分压下在石英衬底上淀积的ZnO薄膜的X射线衍射谱。样品制备时所用溅射功率为200W,氩气分压为1.0Pa,溅射时间25分钟,衬底温度为室温,氧分压分别为0.5Pa、1.0Pa、3Pa、4Pa。可以看出在氧压为1.0Pa时,X射线衍射峰的强度最大,半高宽最小。随着氧压的再增加,(002)峰的强度减弱,半高宽度增加。这表明氧压的不同影响薄膜的结晶质量。

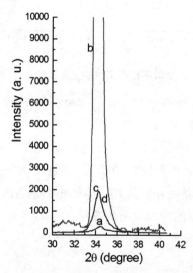

图7-22　不同氧压下石英衬底上制备样品的X射线谱

(a) **0.5**Pa　(b) **1.0**Pa　(c) 3Pa　(d) 4Pa

· 氧分压对薄膜发光特性影响

图7-23给出石英衬底上不同氧压下制备的ZnO薄膜样品的PL谱,可以看出,ZnO薄膜样品有两个波长分别为398nm的紫色发光峰和488nm的绿色发光峰。随着氧分压的增加紫色发光峰的强度和绿色发光强度的比值大大增加。这说明488nm波长的绿色发光与ZnO薄膜中的氧空位有关,且随着氧分压的增加,薄膜中氧空位减少,结晶质量提高。ZnO具有失去氧而变得更加非化学配比的趋势。Bachari等人曾经研究了用磁控溅射法制备的ZnO薄膜中氧和锌的化学配比与制备时氧分压之间的关系。他们发现溅射时增加氧分压对提高ZnO薄膜的化学配比有很大的作用。随着氧分压的增加,ZnO薄

膜的化学配比接近于理想配比1∶1,氧空位的数量随之减少,ZnO薄膜的结晶质量提高。于是,与氧空位相关的各种发光强度随之减弱,其导带和价带带尾态之间的电子跃迁形成的紫光辐射增强,这与我们的试验结果是一致的。

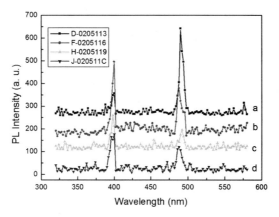

图7-23 不同氧压下石英衬底上制备的样品的发光谱

(a) 0.5Pa (b) 1.0Pa (c) 3Pa (d) 4Pa

图7-24还给出了不同氧分压下在玻璃衬底上制备ZnO薄膜样品的PL谱。

图中四条曲线对应的氧分压分别为0Pa、0.1Pa、2Pa、5.2Pa;可观察到有446nm的蓝光峰和470nm的绿光峰。而且两个发光峰的发光强度随着氧分压的增大而明显降低。这说明该峰与氧空位形成的缺陷有关。

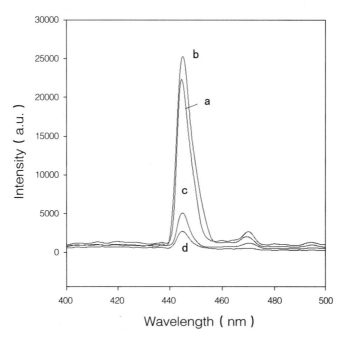

图7-24 不同氧压下玻璃衬底上制备的样品的发光谱

(a) 0Pa (b) 0.1Pa (c) 2Pa (d) 5.2Pa

图7-25给出了不同氧压下在石英衬底上制备的ZnO薄膜的透过谱,可以看出不同氧压下制备的薄膜其透过率基本相同,在可见光范围内透过率都超过了85%。

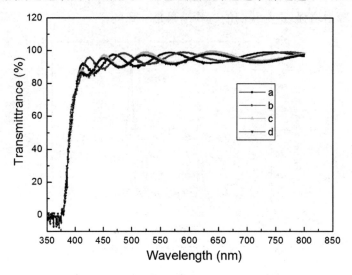

图 7-25   不同氧压下在石英衬底上淀积 ZnO 薄膜的透过谱曲线

(a) **0.5**Pa   (b) **1.0**Pa   (c) **3**Pa   (d) **4**Pa

7.1.3.4   靶距的影响

• 靶距对薄膜结构的影响

衬底与靶之间的距离不仅影响薄膜的淀积速率,而且还影响薄膜的生长质量,因此衬底与靶之间的距离适当才有利于薄膜的生长。图 7-26 给出了薄膜的淀积速率对靶距的依赖关系。从图中可以看出,在其他淀积条件不变的情况下,当靶与衬底之间的距离较近时薄膜的淀积速率最大,随着靶距的再增大,薄膜的淀积速率随之减小。

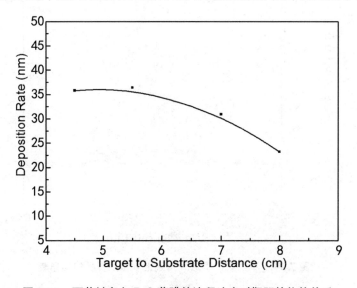

图 7-26   石英衬底上 ZnO 薄膜的淀积速率对靶距的依赖关系

图 7-27 给出了不同靶距下在石英衬底上制备 ZnO 薄膜的 X 射线衍射谱。从衍射谱上可以看出,制备的薄膜都是多晶的,都具有(002)择优取向,C 轴垂直于衬底。在靶距为 5.5cm 时 X 射线衍射峰的强度最大,半高宽最小,这说明在靶距为 5.5cm 左右时有利于薄膜的生长,薄膜的晶化程度也较好。

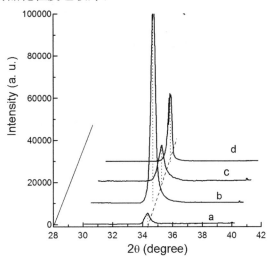

图 7-27　不同靶距下淀积在石英衬底上 ZnO 薄膜的 X 射线谱

a **4.5**cm　b **5.5**cm　c **7**cm　d **8**cm

· 靶距对薄膜发光和透光特性的影响

图 7-28 给出了在不同靶距下石英衬底上淀积 ZnO 薄膜的 PL 谱,溅射功率是 200W,溅射时间是 25 分钟,衬底温度为室温。由图可以看出,在靶距为 5.5cm 时 ZnO 薄膜的带间跃迁发光最强。当衬底离靶较近时,一方面会影响辉光放电的效率,另一方面由于溅射出来的原子具有较大的能量,会将沉积到衬底上的原子反溅射出,不利于薄膜的生长。当衬底离靶较远时,由于溅射出的原子和原子团在到衬底的运动过程中要与其他的原子或离子发生碰撞,能量降低,到达衬底后不利于在衬底上的扩散,影响成核的质量和沉积速率,也会导致薄膜厚度和结晶质量的降低,影响带间跃迁的发光效率。所以阴极靶和衬底之间的距离为大于阴极暗区的 3～4 倍较为合适。这与杨邦朝等人在资料中给出的数据是基本一致的。图 7-29 为在不同靶距下石英衬底上淀积 ZnO 薄膜的透过谱,其透过率随靶距的变化不大。

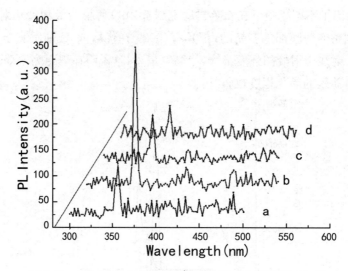

图 7-28   在石英衬底上不同靶距下淀积 ZnO 薄膜的 PL 谱

a **4.5**cm   b **5.5**cm   c **7**cm   d **8**cm

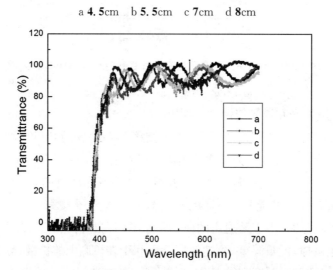

图 7-29   在石英衬底上不同靶距下淀积 ZnO 薄膜的透过谱

a **4.5**cm   b **5.5**cm   c **7**cm   d **8**cm

7.2   氧化镓(Ga_2O_3) 薄膜的特性

氧化镓 Ga_2O_3 是一种新型超宽禁带半导体材料,相比于第三代半导体 GaN、SiC 等材料,它具有禁带宽度更大、击穿场强更高、巴利加优值更大、吸收截止边更短、抗辐射能力强、单晶生长成本更低等突出优点,在超高压大功率器件、日盲紫外探测等领域具有广阔的应用前景。由于其在节能减排、信息技术、国防装备等领域的重要应用价值,Ga_2O_3 材料及器件近年受到广泛关注,是当前国际上的研究热点和竞争重点之一。

7.2.1 氧化镓的晶体结构与薄膜制备

7.2.1.1 氧化镓晶体结构

人们已知的 Ga_2O_3 晶相有 6 种,包括 α(六方)、β(单斜)、γ(面心立方)、δ(体心立方)、ε(正交)五种稳定晶相和 1 个瞬态相 κ,其中,β $-Ga_2O_3$ 为热力学最稳定相,高温下其他的晶相都会转变为 β $-Ga_2O_3$,通过熔体法生长 Ga_2O_3 单晶可直接获得 β 晶向。β $-Ga_2O_3$ 属于单斜晶系,为 C2/m 空间群,晶格常数为 a = 12.23nm(12.23Å),b = 3.04nm(3.04Å),c = 5.80nm(5.80Å),如图 7-30(a) 所示。β $-Ga_2O_3$ 晶体中具有两种不等效的 Ga 位置,分别表示为 Ga^I、Ga^{II},Ga^I 原子与 6 个相邻的氧原子形成[GaO_6]八面体沿 b 轴方向排列,链之间又以 Ga^{II} 原子与 4 个氧离子形成的[GaO_4]相连,如图 7-30(b) 所示,这种结构更有利于载流子的自由移动。目前关于 β $-Ga_2O_3$ 的研究最为广泛。

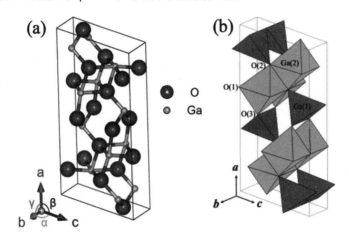

图 7-30 β $-Ga_2O_3$ 的晶胞结构(a)、晶胞内四面体 — 八面体结构(b)

7.2.1.2 氧化镓制备

β-Ga_2O_3 单晶常见的生长方法包括提拉法(Czochralski)、浮区法(Floating-zone) 和导模法(Edge-defined film-fed growth) 等。其中导模法因生长速度快、晶体质量高、生长成本低、有望生长获得大尺寸晶体、生长界面稳定、可以有效控制晶体电导率等优点,成为目前最有潜力的 β-Ga_2O_3 单晶生长方法,也是生长高电子浓度 β-Ga_2O_3 体单晶的主要方法。目前,日本 Tamura 公司在 β-Ga_2O_3 单晶生长代表了国际前沿水平,该公司已实现了 2 英寸 β-Ga_2O_3 晶圆的产业化,并实现了 6 英寸晶体的实验室研发,如图 7-31 所示。

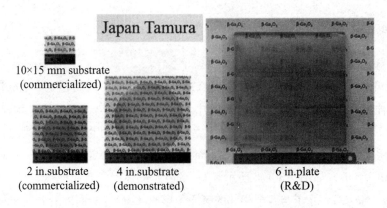

图 7-31　Tamura 公司生长的 $\beta - Ga_2O_3$ 晶体

制备导电性能可控、缺陷密度可控的高质量 Ga_2O_3 薄膜是制备高性能 Ga_2O_3 半导体器件的基础。$\beta - Ga_2O_3$ 晶体具有(100)、(001) 两个解理面，尤其是(100) 面间结合力较弱，具有类似二维材料的性质，可以通过胶带机械剥离、超声、离子注入剥离等方法基于 $\beta - Ga_2O_3$ 体块单晶制备纳米级厚度的高质量准二维单晶薄膜。从薄膜质量角度出发，使用 Ga_2O_3 单晶衬底同质外延生长 Ga_2O_3 薄膜也是理想的选择。因此开发高质量、大尺寸的 Ga_2O_3 单晶衬底对于 Ga_2O_3 器件的发展非常关键。此外，异质外延 Ga_2O_3 单晶薄膜（如使用蓝宝石衬底）也已经通过 MBE、MOCVD、mist－CVD、PLD、HVPE 等方法被成功制备。

7.2.1.3　氧化镓薄膜的光电特性

$\beta - Ga_2O_3$ 晶体主要物理性能如表 7-2 所示。相比于第一代元素半导体 Si、第二代化合物半导体 GaAs 等以及第三代宽禁带半导体 GaN、SiC 等，它具有更宽的禁带宽度（～4.7 eV，Si 的 4 倍以上）、更高的击穿场强更高（8MV/cm，是 Si 的 20 倍以上、SiC 或 GaN 的 2 倍以上）、更高的巴利加优值（3444，功率器件低损耗的关键指标）、更强的抗辐射能力、较高的电子饱和漂移速度、良好的化学及热稳定性等优点，如图 7-31 所示，是新一代大功率器件的理想材料。但相比传统半导体，Ga_2O_3 较低的导热会影响其功率器件的热可靠性，近年来关于 Ga_2O_3 导热研究也有可喜的进展，如 2019 年我国学者采用离子注入剥离－转移法制备了高导热 SiC 衬底上纳米级厚度的晶圆级 Ga_2O_3 单晶片，是解决 Ga_2O_3 功率器件散热的理想方式之一。

表 7-2　$\beta - Ga_2O_3$ 晶体的物理性质与三代典型半导体的参数对比

	Si	GaAs	$4H - SiC$	GaN	$\beta - Ga_2O_3$
带隙 E_g (eV)	1.1	1.4	3.3	3.4	4.7
电子迁移率 μ（$cm^2/V \cdot s$）	1400	8000	1000	1200	300
击穿电场 E_b（$MV \cdot cm^{-1}$）	0.3	0.4	2.5	3.3	8

续表

	Si	GaAs	4H − SiC	GaN	β − Ga₂O₃
相对介电常数 ε	11.8	12.9	9.7	9.0	10
巴利加优值 $\varepsilon\mu E_b^3$	1	15	340	870	3444
热导率（W·cm⁻¹·K⁻¹）	1.5	0.55	2.7	2.1	0.27

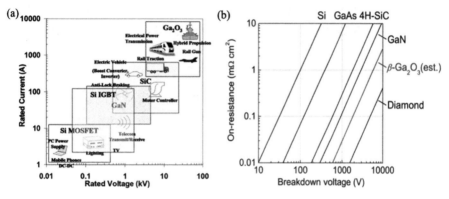

图 7-31 （a）Si、SiC、GaN、Ga₃ 所能达到的电流及电压指标范围；

（b）典型宽禁带与超宽禁带半导体的巴利加品质因子曲线

第一性原理计算的 β − Ga₂O₃ 晶体的能带结构如图 7-32 所示。β − Ga₂O₃ 的导带底主要由球形、离域性强的 Ga 4s 电子构成，因此在布里渊区中心Γ点附近，导带底具有较宽的分布，电子有效质量较小（∼ 0.28mₑ），电子迁移率较高（室温下极限值为 220 cm²/V.s）。β − Ga₂O₃ 的价带顶主要由于局域性较强的 O 2p 电子构成，因此价带顶分布较窄，空穴有效质量较大（∼ 10 mₑ），空穴迁移率较低。

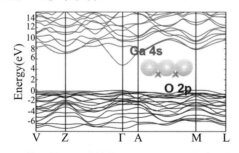

图 7-32 第一性原理计算的 β − Ga₂O₃ 晶体的能带结构图

非掺杂 Ga₂O₃ 的导电源于晶体中的点缺陷如氧空位施主等。通过 Si、Sn、Cr、Ge 等 n 型掺杂可显著提升 Ga₂O₃ 的电导率，这些掺杂具有较低的活化能，可在室温下有效的活化，从而实现电子浓度的大范围调控，如目前 Ga₂O₃ 块体单晶可实现掺杂浓度 10¹⁶ ∼ 10¹⁹ cm⁻³，霍尔迁移率可达 140cm²/V·s；外延 Ga₂O₃ 薄膜可实现掺杂浓度 10¹⁴ ∼ 10²⁰ cm⁻³，霍尔迁移率可达 184cm²/V·s。Ga₂O₃ 的 P 型掺杂则较为困难，一方面是因为低活化能受主掺杂难以实现，另一方面是因为 Ga₂O₃ 的价带顶结构（局域的 O 2p 电子主导）导致其较低的空穴迁移率。

半导体材料的光学性质与电学性质密切相关。Ga_2O_3 的超宽禁带宽度（~ 4.7eV）决定其对应的吸收截止波长（~ 260nm）位于深紫外"日盲"区，是目前为数不多的理想日盲光电材料。同时，Ga_2O_3 为直接带隙半导体（如图 7-32），电子的直接跃迁过程有利于在光探测过程中实现更快和更有效的响应。由于大气臭氧层的强烈吸收，波长介于 $200 \sim 280$nm 的太阳紫外辐射几乎不能到达地表，故又称此波段紫外线为"日盲"紫外线。因为受环境干扰少，工作在"日盲"区的紫外发光和探测器件具有全天候、可在强红外干扰环境下实现紫外探测（如导弹预警、火灾监测）和通讯等特点，是光电子研究领域的重要前沿方向。

7.2.1.4 氧化镓薄膜器件及其应用

基于 Ga_2O_3 晶体优异的物理性质，Ga_2O_3 功率器件的应用前景十分广阔，特别是在超高压、大功率领域具有显著的优势，图 7-33 给出了适合在大功率、高频率下工作的半导体材料类别。结合其高击穿电压、高效率、低损耗（高巴利加优值）、较高电子饱和速度的优势，Ga_2O_3 器件在超高压输电、高铁动车、电动汽车、5G 通讯、有源相控阵雷达、电子对抗等民用及军事武器领域具有巨大的应用价值。

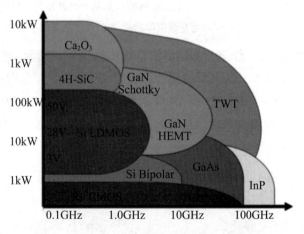

图 7-33 Ga_2O_3 的应用前景预测

随着大尺寸 Ga_2O_3 功率体块单晶不断取得突破，近年来 Ga_2O_3 器件的发展非常迅速。在 Ga_2O_3 功率器件方面，目前研究最多的两种器件结构是场效应晶体管（Field effect transistor, FET）和肖特基二极管（Schottky barrier diode, SBD）。在 FET 方面，2016 年水平结构的 Ga_2O_3 FET 器件实现了击穿场强高达 755 V，同时沟道工作电流高达 100mA/mm；2018 年美国俄亥俄大学基于 $\beta - (Al_xGa_{1-x})_2O_3/Ga_2O_3$ 成功制备了二维电子气的 HFET 器件，低温下迁移率高达 $2790cm^2/V \cdot s$。在 SBD 方面，2017 年日本国家信息和通信技术研究所获得了耐压超过 1 kV 的 Ga_2O_3 SBD，器件导通电阻仅有 $5m\Omega \cdot cm^2$；2019 年西安电子科技大学郝跃院士团队成功研制了耐压超过 3 kV 的 Ga_2O_3 SBD。

在 Ga_2O_3 日盲探测方面，目前研究较多的器件类型为 SBD、Metal-Semiconductor-Metal(MSM)

和 FET。2009 年,日本 Suzuki 等人成功研制了响应度高达 1000 A/W 的 SBD 型 Ga_2O_3 日盲紫外探测器。2017 年,美国 Alema 等研制了垂直型 Ga_2O_3 SBD 日盲紫外探测器,器件抑制比高达 10^4,外量子效率高达 52%。国内北京邮电大学唐为华教授团队对 MSM 及 SBD 型 Ga_2O_3 日盲紫外探测器进行了大量的研究,并获得了一系列高性能器件。2018 年山东大学成功研制了响应度高达 4.7×10^5 A/W、外量子效率高达 2.3×10^5% 的 FET 型 Ga_2O_3 日盲紫外探测器。2019 年中科院微电子所刘明院士团队成功研制了探测率高达 1.3×10^{16} Jones、光暗电流比高达 1.1×10^6 的 FET 型 Ga_2O_3 日盲紫外探测器。

随着 Ga_2O_3 功率器件与深紫外日盲探测器件等地迅速发展,器件的各项指标不断地刷新纪录,高耐压低损耗的 Ga_2O_3 大功率器件、高响应度、高外量子效率、超灵敏快速响应的 Ga_2O_3 日盲探测器件有望在不久的将来实现产业应用。

7.3 氧化物掺杂合金薄膜的特性

氧化锌(ZnO)是一种新型的 II—VI 族宽禁带半导体材料,禁带宽度为 3.37eV,室温下的激子束缚能为 60meV。以 ZnO 为基底掺入稀土金属等元素可以使薄膜材料带隙改变,光透过率提高,电阻率降低,紫外辐射增强。因此,人们通过各种方式进行多元掺杂,以获得各种特性的氧化物多元掺杂合金薄膜,应在不同的潜在领域。本节主要介绍以下 YZO、YIZO、AZO、MZO、IGZO 几种多元掺杂的合金薄膜。

7.3.1 YZO 薄膜的特性

YZO 是氧化锌(ZnO)的钇(Y)掺杂,目前国内外研究较少。尚未见有关其在商业应用中的报道,这说明 Y 掺杂 ZnO 薄膜的结构和光电特性还不能满足实际应用的需要。人们采用射频磁控溅射法、溶胶-凝胶法、水热法、液相沉积法等多种方法制备 YZO 薄膜,

7.3.1.1 YZO 薄膜的结构特性

薄膜的结构对其光电特性具有重要影响,人们希望通过掺杂得到均匀致密、结构稳定的薄膜,Y 掺杂能够满足以上要求。本征 ZnO 晶粒粒径 $50 \sim 70$nm,具有 c 轴择优生长取向。

图 7-34 为郭米艳给出的不同掺杂浓度的 YZO 纳米晶粒 X 射线衍射(XRD, X-ray diffraction) 衍射图谱。可以看出,所有样品均具有(002)面择优生长取向,且随着掺杂浓度增加衍射峰明显展宽。说明 Y 以替位的方式掺入 ZnO 晶格,且未改变其晶格结构。随着 Y 掺杂浓度的增加,薄膜晶粒粒径减小。这一结论与范学运等人的研究不同,他们发现 YZO 晶体的生长无明显取向性,认为这是由于 Y 掺杂在 ZnO 各晶面均产生偏析,从整体上抑制了晶体的生长所致。

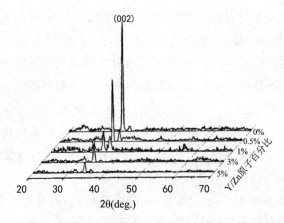

图 7-34　不同掺杂浓度的 YZO 纳米晶粒 XRD 衍射图

N Kilin 等人在原子数分数为 5％ 和 10％ 的样品的 XRD 图谱中,发现了 Y_2O_3 衍射峰。在这两者的能量色散光谱（EDS, energy dispersive spectroscopy）图中发现了 Zn, Y, Si, O 衍射峰,其中 Si 的衍射峰来自于玻璃衬底。

图 7-35 为 J. H. Zheng 等人给出的不同掺杂浓度的 YZO 纳米晶粒 XRD 图。他们发现合成的 YZO 纳米晶粒大小在 40～60nm,随着掺杂浓度的增加,（002）面衍射峰展宽,表明 Y 离子成功掺入 ZnO 晶格。原子数分数为 9％ 时,图谱中出现了与 YZO（100）面重叠的衍射峰,如图 7-35 中插图所示。通过多峰高斯拟合确定其为 Y_2O_3（222）面衍射峰,$2\theta = 29.21o$。所以 Y 掺杂的极限浓度应小于 9％（原子数分数）。通过比较 Y_2O_3（222）面和 YZO（100）面衍射峰的最高强度,确定此样品中 Y_2O_3 相所占的比例为 3.9mol％,相应的 YZO 相摩尔分数为 96.1％。根据 Y 在 Y_2O_3 分子量中所占的比例计算出摩尔分数为 3.9％ 的 Y_2O_3 约消耗原子数分数为 2.88％ 的 Y,所以 YZO 中 Y 的饱和掺杂浓度约为 6.12％（原子数分数）。大量实验的测试结果表明,YZO 薄膜是六角纤锌矿结构的多晶薄膜,Y 掺杂没有改变 ZnO 晶体的生长习性。

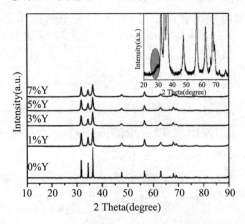

图 7-35　不同掺杂浓度的 $Zn_{1-x}Y_xO$ 纳米晶粒 XRD 衍射图,

插图为 x = 0.09 样品的 XRD 图谱

7.3.1.2　YZO 薄膜的光学特性

· YZO 薄膜的可见光透过率

光电产业的迅速发展,对薄膜材料的光电性能提出了更高的要求。作为光电器件的窗口材料,透明导电薄膜在可见光区的平均透过率至少应达到 80% 以上。实验表明,Y 掺杂可以增大薄膜的禁带宽度,提高其透光率。图 7-36 为郭米艳给出的未掺杂和不同掺杂浓度 YZO 薄膜透射光谱。从图中可以看出,所有不同掺杂比例的 YZO 薄膜的可见光透过率(φ)均在 85% 以上,掺杂量对薄膜的透光率没有表现出规律性的影响,这与薄膜的表面粗糙度,缺陷等因素有关。

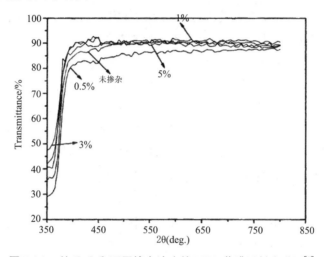

图 7-36　纯 ZnO 和不同掺杂浓度的 YZO 薄膜透射光谱图[2]

图 7-37 为不同掺杂浓度 YZO 薄膜$(\alpha h\nu)^2$ 和 $h\nu$ 的曲线,其中 $h\nu$ 是光子能量,α 为吸收系数,h 为普朗克常数。可以看出随着 Y 掺杂浓度的增加,薄膜的光学带隙逐渐 3.22eV 增加到 3.33eV。他们认为是由于掺杂浓度耦合以后,导致载流子浓度升高,产生了 Burstein-Moss 移动。

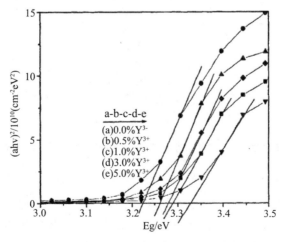

图 7-37　不同掺杂浓度 YZO 薄膜$(\alpha h\nu)^2 \sim h\nu$ 曲线

T. W. Jun 等人采用溶胶－凝胶法制备了不同掺杂浓度的 YZO 薄膜,并对其透射光谱进行测定,发现所有薄膜的可见光透过率均超过 90%。通过计算得出,随着 Y 掺杂浓度从 0 增加到 20%(原子数分数),光学带隙逐渐展宽,从 3.18eV 增加到 3.27eV。

· YZO 薄膜的光致发光特性

自 1997 年以来,国内外对稀土元素掺杂 ZnO 的光致辐射发光特性进行了深入的研究。人们期望通过掺杂给 ZnO 的紫外光辐射带来质的提高,以满足超敏感紫外检测系统和短波长激光器件等的发展需求。多数研究认为,Y 掺杂能够极大地提高 ZnO 的紫外发光强度。

图 7-38 是 J. H. Zheng 等人给出的不同掺杂浓度的 $Zn_{1-x}Y_xO$ 纳米晶粒的光致发光(PL, photoluminescence) 图谱。研究发现所有掺杂浓度的 YZO 样品都具有一个强的紫外辐射峰和一个弱的深能级辐射带。随着 Y 掺杂浓度的增加,紫外辐射显著增强,峰位出现轻微的蓝移,深能级辐射增强不明显。X=0.07 时紫外辐射最强,高出纯 ZnO 的 9 倍,紫外／深能级(UV/DLE, ultraviolet/ deep level) 达到最大值 32。他们认为光激发下,体系存在两个相互竞争的过程,即辐射复合和非辐射复合。其中,辐射复合能够增强紫外辐射,非辐射复合则抑制紫外辐射,增强深能级辐射。Y^{3+} 掺入 ZnO 晶格后释放出更多电子,残余的电子又可以抑制缺陷的形成并进一步提供过剩电子。此外,Y^{3+} 离子半径比 Zn^{2+} 离子半径大得多,Y^{3+} 离子替代 Zn^{2+} 离子掺入 ZnO 晶格,可有效地抑制间隙缺陷的产生,减少非辐射复合中心的数量,从而抑制深能级辐射,增强紫外辐射。蓝移的出现与 Y 掺杂改变了 ZnO 的能带结构,形成新的辐射中心有关。

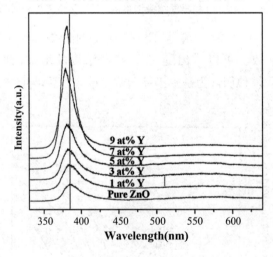

图 7-38　不同掺杂浓度 $Zn_{1-x}Y_xO$ 纳米晶粒的 PL 图谱

Ming Gao 等人观察到 YZO 晶粒的光致发光光谱由深能级辐射带(430 ～ 700nm)和紫外辐射光(398nm)组成。紫外辐射强度高出纯 ZnO 300 倍以上,峰位自 388nm 移动到 398nm。他们认为:紫外辐射增强与掺杂抑制了非辐射复合和深能级辐射有关,红移的出现是由于掺杂引入了缺陷和浅能级所致。

图 1-6 是 Tie Kun Jia 等人给出的纯 ZnO 和原子数分数为 4% YZO 的 PL 图谱。研究发现,纯 ZnO 在 388nm 处有一个强的紫外辐射峰,与由自由激子重组引起的近带边辐射相对应。原子数分数为 4% 的 YZO 样品,可见光区深能级辐射强度很弱,在 398nm 处出现了一个强的紫外辐射峰,与纯 ZnO 相比峰位红移。他们认为,红移的出现是由于 Y^{3+} 的掺入形成了更多缺陷,在近导带处形成了浅能级所致。

从图 7-39 还可以观察到,Y 的原子数分数为 4% 时,位于 610nm 处的黄光辐射异常增强,Tie Kun Jia 等人认为这是由于 Y 掺杂增大了样品的缺陷浓度,导致深能级辐射增强。范学运等人发现,Y 掺杂能够大幅削弱 ZnO 黄色发光峰(604nm)的强度。对于摩尔分数为 0.2% ~ 1% 的样品,黄光发射强度随 Y 掺杂浓度的增加而减弱,摩尔分数为 1% 时出现猝灭现象,摩尔分数达到 2% 时,发光强度又有所加强。

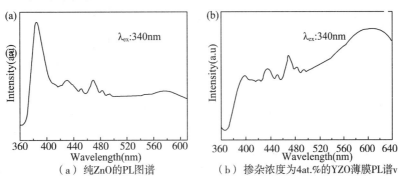

(a) 纯ZnO的PL图谱　　　（b）掺杂浓度为4at.%的YZO薄膜PL谱v

图 7-39 纯 ZnO 和 **4**at. %YZO 薄膜的 PL 图谱

图 7-40 为不同摩尔分数 Y 掺杂 ZnO 纳米粉的 PL 图谱。他们认为,Y 掺杂抑制了晶粒的生长,粒径减小至 15 ~ 20nm,结晶度变差,受表面效应的影响,非辐射复合减弱,黄光发射强度随掺杂量的增加而降低。继续增大掺杂量至 2.0%(摩尔分数),粒径减小至 10nm 左右,受量子尺寸效应的影响,黄光发射强度增大。发光峰蓝移与能隙变宽,键振动频率升高有关。

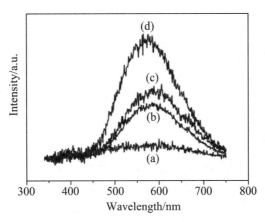

图 7-40 不同浓度 Y 掺杂 ZnO 纳米粉的 PL 图谱

其中(a) 1 mol%，(b) 0.5 mol%，(c) 0.2 mol%，(d) 2 mol%

7.3.1.3 YZO 薄膜的电学特性

太阳电池等光电器件飞速发展，要求透明电极薄膜的电阻率应低于 10^{-3} $\Omega \cdot cm$。目前 YZO 薄膜的电阻率最低可以达到 10^{-4} $\Omega \cdot cm$ 数量级。但受制备方法、实验参数等影响，各研究组所得的电阻率数值差别较大。

宋淑梅等人采用霍尔效应测量了 YZO 薄膜的电阻率、迁移率及载流子浓度并分析了不同实验参数对 YZO 薄膜电学特性的影响。研究表明 YZO 薄膜为 n 型半导体材料。薄膜电阻率随溅射气压的增大先减小后稍有增加，溅射气压 2.0Pa 时，获得最低电阻率 8.9×10^{-4} $\Omega \cdot cm$ 及最高迁移率 $14 cm^2 \cdot V^{-1} \cdot S^{-1}$，此时载流子浓度为 5.3×10^{20} cm^{-3}。随溅射功率的增加，薄膜电阻率先降低后基本不变，功率 50W 时电阻率最低，为 8.71×10^{-4} $\Omega \cdot cm$。他们认为薄膜导电性能的提高是由于 Y^{3+} 以替位的方式掺入 ZnO 晶格，占据 Zn^{2+} 的位置并释放剩余电子，从而增大载流子浓度，降低电阻率。

N. Kilin 等人发现 YZO 薄膜的电导率达到 10^{-3} S/cm 数量级，高于本征 ZnO（10^{-6} S/cm），且随着掺杂浓度的增加，薄膜电导率下降。他们分析得出，Y^{3+} 掺入到 ZnO 晶格中，取代 Zn^{2+} 而不引起晶格畸变。这种替代能够在导带中产生自由电子，从而增强其导电性。掺杂量继续增大，载流子的晶界散射以及 Y 在晶界的偏析，将导致电导率降低。此外，他们还详细研究了 YZO 薄膜的直流、交流电导率与温度的关系。发现对于所有制备条件相同，掺杂浓度不同的 YZO 薄膜，直流电导率会随温度的增加而增加，在高温区，线性关系较好，线性因子高于 0.99，主要传导机制为热激活带传导；在低温区，直流电导率随温度的变化不大，遵从莫特变程跳跃（VRH，variable range hopping）模型。

7.3.1.4 YZO 薄膜的应用前景

目前，关于 Y 掺杂 ZnO 薄膜各方面的研究还处于初级阶段，对其应用也鲜有提及，相关文献较少。根据 Y 掺杂 ZnO 薄膜的光电特性，其潜在的应用主要表现在以下三个方面。

• 透明导电

Y 掺杂可以大幅提高 ZnO 薄膜的光电特性。薄膜厚度为 $2.0 \mu m$ 时，可见光透过率达到 80%，同时电阻率降为 4.0×10^{-4} $\Omega \cdot cm$，可以用做透明电极，这使得 YZO 薄膜在太阳电池、平板显示等光电器件领域有巨大的应用潜力。在适当条件下 YZO 薄膜还可制备出表面多孔结构，以吸收更多太阳光，有利于在非晶硅太阳电池上的应用。

• 光电器件

Y 掺杂能够极大地提高 ZnO 的紫外辐射强度。$ZnO_{0.93}Y_{0.07}O$ 薄膜样品的紫外辐射强度高出纯 ZnO 的 9 倍，使其在紫外发光器件、内部光互连等超敏感器件中具有广阔的应用前景。另外，Y 掺杂使 ZnO 深能级辐射带的最高强度峰位置自 539nm（I_{P1}）移至 598nm（I_{P2}），原子数分数为 5.0% 时，I_{P1}/I_{P2} 值最低，约为 0.3，这种深能级辐射调制效应使 YZO 可广泛用于全彩显示和光电纳米器件。

•气敏传感

Y 掺杂可以提高 ZnO 薄膜的气敏特性,原子数分数为 1.0% 的样品在 10^{-7} NO_2 条件下获得最高的气体传感器响应比率,约为 1.8。在低浓度的 NO_2 气体中,YZO 能够迅速地反应和恢复,可广泛用于气敏传感检测系统。随着研究的深入和制备手段的成熟,未来 YZO 薄膜将有望实现产业化应用。

7.3.2 YIZO 薄膜的特性

为了更清楚的研究 YIZO 作为有源层对薄膜晶体管电学特性的影响,我们采用磁控溅射方法,在钠钙玻璃衬底上制备了 YIZO 薄膜,并分析了 YIZO 薄膜的结构和光电特性。随着 Y 掺杂含量的增加,YIZO 薄膜由半导体特性变为金属特性,电导率最高可为未掺杂 IZO 薄膜电导率的 3 倍。研究还发现各种功率下的 YIZO 样品都有很高的光学透过率。

7.3.2.1 YIZO 薄膜的结构特性

非晶透明导电氧化物薄膜能够克服由晶粒的不均匀性和晶界存在而导致的大面积制备的一致性差和器件工作稳定性差的缺点,所以非晶态的半导体在电子光学领域更具有优势。

图 7-41 为 Chu—Chi Ting 等人给出的在长有 100nm 热氧化 SiO_2 绝缘层的重掺杂 P 型 Si 基片上制做的 Y 含量不一样的 YIZO 薄膜的 XRD 图样。从图上可知全部的 YIZO 样品都是非晶结构。

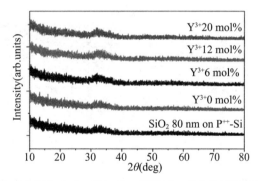

图 7-41 Y 掺杂浓度分别为 0、6mol%、12mol%、20mol% 的 YIZO 薄膜的 XRD 图谱

图 7-42 为 Jian Sun 等人给出的利用磁控溅射法在硼硅酸盐玻璃衬底上生长的不同的 Y 掺杂浓度 YIZO 薄膜。从图上可知全部的 YIZO 样品都是非晶结构。

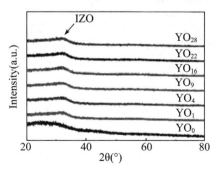

图 7-42 不同的 Y 掺杂浓度的 YIZO 薄膜的 XRD 图谱

7.3.2.2 YIZO 薄膜的形貌

图 7-43 为我们的不同厚度 YIZO 薄膜的 SEM 图谱。由断面图可知 YIZO 薄膜厚度分别为 20nm，30nm 和 40nm，说明实验条件的设置符合实验设计要求。由表面图可以看出，磁控溅射法制备的薄膜表面平整致密，无明显晶粒结构和缺陷存在。薄膜的方均根粗糙度（RMS）可以从原子力测试结果中得到，分别为 0.31nm，1.34nm 和 2.41nm。可以看出 YIZO 薄膜的表面粗糙度随着薄膜厚度的增加而增大，膜厚为 20nm 时薄膜最为平整。这说明 YIZO 薄膜具有非晶结构，与 XRD 分析结果一致。对于一个底栅顶接触结构的 YIZO TFT 而言，有源层薄膜的表面粗糙度能够影响有源层与源、漏电极间欧姆接触电阻的大小。欧姆接触电阻会随着 YIZO 薄膜表面粗糙度的增大而增大，这将增大器件的功率损耗。

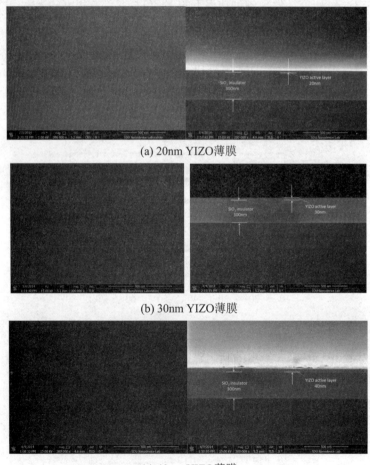

(a) 20nm YIZO薄膜

(b) 30nm YIZO薄膜

(c) 40nm YIZO薄膜

图 7-43　不同厚度 YIZO 薄膜 SEM 图谱

7.3.2.3 YIZO 薄膜的光学特性

图 7-44 为不同有源层厚度 YIZO 薄膜的透射谱。测试结果显示，薄膜的可见光透过率分别为 91.10%，87.13% 和 83.05%，高于典型的 YIZO 薄膜（平均透过率 ~ 76.85%）。随着厚

度的增加,薄膜在可见光区的平均透过率略有降低。这种变化可能是由于薄膜表面粗糙度和缺陷密度随着膜厚的增加而增加,造成薄膜对可见光的吸收和散射增加的缘故。所以,薄膜厚度必须要在一个合适的范围内。图 7-45 为不同厚度 YIZO 薄膜的光学带隙图。可以看出,随着厚度的增大,YIZO 薄膜的带隙几乎无变化,带隙值约为 4.18eV。这说明薄膜厚度的变化对 YIZO 的带隙几乎无影响。

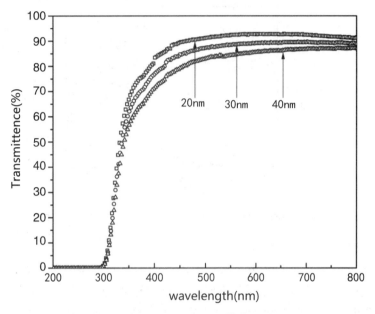

图 7-44 不同厚度 YIZO 薄膜透射谱

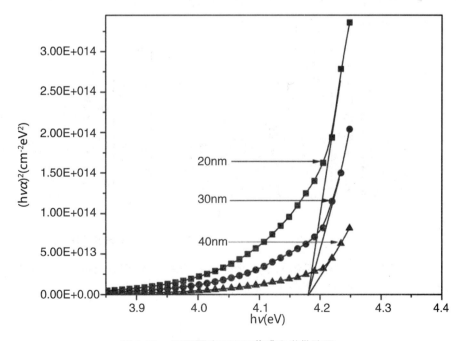

图 7-45 不同厚度 YIZO 薄膜光学带隙图

图 7-46 为 Young－Jun Lee 等人给出的不同氧分压下生长的 YIZO 薄膜的$(ah\nu)^2 \sim h\nu$ 曲线。由图可知增大溅射气体中氧气的含量能够降低 YIZO 样品的光学带隙。此现象可由莫斯－布尔斯坦效应解释。当溅射气体中的氧气含量较低时使得溅射出的薄膜中存在氧空位等而增加了膜中的载流子浓度,此时其浓度较大使得费米能级进入导带而展宽其带隙。

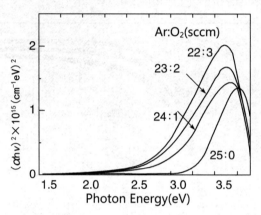

图 7-46　不同氧分压下生长的 YIZO 薄膜的$(ah\nu)^2 \sim h\nu$ 曲线

7.3.2.4　YIZO 薄膜的电学特性

图 7-47 为 Chu－Chi Ting 等人给出的由 Sol－gel 法制备的 YIZO 样品的载流子浓度、电子迁移率和电阻率随 Y 含量的不同而改变的图像。从图中可知增大样品中 Y 元素的含量能够降低其中载流子的浓度而减小样品的电导率。这是因为 Y^{3+} 和 In^{3+} 有相同的电荷数,当 Y^{3+} 取代 In^{3+} 时不会引入多余的自由载流子,而且 Y^{3+} 具有较低的电负性。因此,可以在 IZO 薄膜中掺 Y 作为载流子抑制剂。

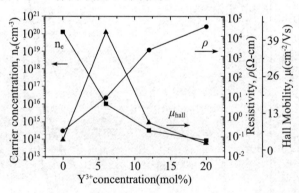

图 7-47　Y 含量不一样时 YIZO 样品的 ρ、n 和 μ_{FE} 的改变图像

图 7-48 为 Jian Sun 等人给出的采用磁控溅射法制备的 YIZO 样品的电导率、电子迁移率和载流子浓度随 Y 含量的不同而改变的曲线。YIZO 样品的 σ 随着 Y 含量的上升先变小后变大。

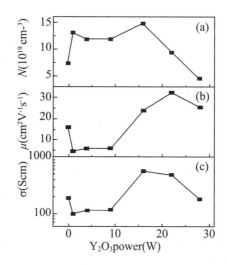

图 7-48 YIZO 薄膜中 σ、μ$_{FE}$ 和 n 度随 Y 含量的上升而变化的曲线

图 7-49 为 Young—Jun Lee 等人给出的 ρ、μ$_{FE}$ 和 n 随溅射气体中氧气含量的变化而改变的曲线。由图可知,溅射气体中氧气含量的升高能够降低膜中 n 和 μ$_{FE}$ 而使样品的 ρ 增大,其原因可能是氧气含量较低时膜中会有氧空位等缺陷减少而导致的。

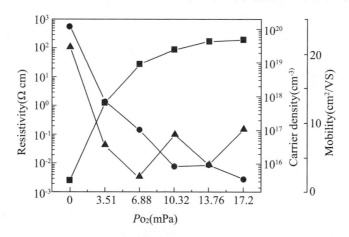

图 7-49 溅射气体不同氧含量时 YIZO 薄膜中 σ、μ$_{FE}$ 和 n 的变化曲线

由 YIZO 薄膜的光电性质可知,它可用来制作透明电极和光电器件等,但是国内外对 YIZO 的研究起步较晚,现在对 YIZO 的研究仍然处于试验室阶段,其光电性能还不能满足实际生产应用的需要,我们希望能够优化 YIZO 薄膜的生长工艺,提高它的光电性能,以增强其在光电领域的应用。

7.3.3 AZO 薄膜的特性

AZO 薄膜是掺杂铝元素的 ZnO 薄膜(ZnO:Al),铝掺杂 ZnO 薄膜的禁带宽度会相应变大,其带间的电子跃迁发光的能量也会随之改变,我们希望得到带间跃迁的紫外光发射。铝掺杂 ZnO 薄膜是利用射频磁控溅射系统制备的,所用的 ZnO 陶瓷靶是用纯度为 99.99% 的 ZnO 粉末和纯度为 99.99% 的 Al_2O_3 粉末原料经过 24 小时的球磨机研磨均匀混合后烧结而成的,其中 Al_2O_3 的重量比为 3%。在硬质衬底上制备的铝掺杂的氧化锌薄膜不仅具有很好的透光性,而且在特定波长光的激发下还有较强的发光特性。

7.3.3.1 AZO 薄膜的结构性质

图 7-50 给出了室温下在蓝宝石衬底上利用不同的溅射功率制备出的 ZnO:Al 薄膜 X 射线衍射谱。淀积时氧分压为 0.5Pa,氩气压强为 1.0Pa,淀积时间为 25 分钟,溅射功率分别为:100W,150W,200W,250W. 由图可以看出各种功率下制备的薄膜都具有(002)择优取向,(002) 衍射峰分别位于 $2\theta = 34.4°, 34.4°, 34.38°, 34.36°$。这些值与标准的 ZnO 晶体衍射峰位置(34.45°)非常接近,这表明淀积的氧化锌薄膜是具有六角纤锌矿结构的多晶膜。Al 在六角晶格中占据了氧化锌中 Zn 的位置,或者 Al 原子分布在晶粒间界区域,或者 Al 原子作为填隙原子存在于六角晶格中。随着溅射功率的增加,衍射峰的强度增加,衍射峰的半高宽减小,这说明薄膜的晶化程度随着溅射功率的增加而提高,晶粒增大。

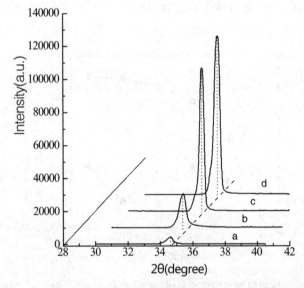

图 7-50 室温下蓝宝石衬底制备 ZnO:Al 的 X—ray 随溅射功率变化

7.3.3.2 AZO 薄膜电学和光学性质

图 7-51 给出了 ZnO:Al 薄膜的电阻率和生长速率随溅射功率变化的试验曲线,图中两条曲线对应相同的样品。由图可以看出,薄膜的电阻率都较大,且随着溅射功率的增加薄膜的电阻率逐渐减小,而生长速率增加。这表明溅射功率的增加会使轰击到靶上的氩离子数量更多、能量更大,导致溅射速率和被溅射原子的能量增加;溅射速率的增加,使薄膜的厚度增加,导致薄膜的载流子浓度增加,从而使电阻率降低。被溅射粒子的能量增加,有利于被溅射的粒子在衬底表面的扩散和迁移,再加上我们的试验中通入了氧气,减少了氧空位,使薄膜的结晶质量提高,因此导致薄膜的电阻率数值较大。这与图

7-50 所给出的 X 射线谱结果是一致的。

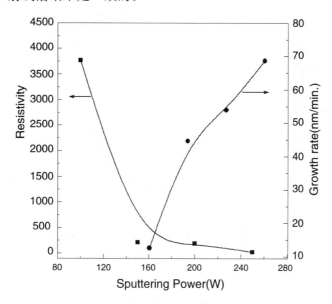

图 7-51 蓝宝石衬底上铝掺杂 ZnO 薄膜电阻率和生长速率随

溅射功率的变化关系(■) 电阻率　　　●　生长速率

图 7-51 已经给出不同功率下生长速率不同,在相同时间内生长的薄膜厚度不同。图 7-52 给出了溅射功率分别为 100W、150W、200W 和 250W 的 ZnO:Al 薄膜在 320～800nm 范围内的透射谱。由图可知,随着溅射功率的增加,薄膜的平均透过率有所下降,这是由厚度效应造成的。

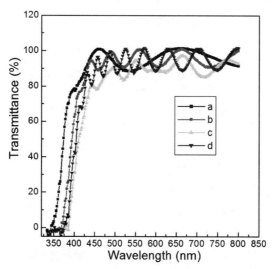

图 7-52 蓝宝石衬底上铝掺杂 ZnO 薄膜不同功率下的透过谱

a 100W, b 150W, c 200W, d 250W.

ZnO:Al 薄膜的光学带隙可由 $\alpha^2 \sim h\nu$(α 是吸收系数, $h\nu$ 是光子能量)曲线的直线部分外推到能量轴得到，如图 7-53。

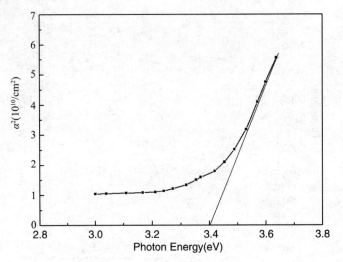

图 7-53　在蓝宝石衬底上制备的铝掺杂 ZnO 薄膜的带隙

可以看出制备铝掺杂的氧化锌薄膜的光学带隙为 3.4eV，该值大于制备的纯 ZnO 薄膜的带隙（约 3.2eV），也大于体材料 ZnO 的的光学带隙（约 3.3eV）。这种铝掺杂氧化锌薄膜光学带隙的展宽是由于 Burstein-Moss 移动造成的。因为铝掺杂 ZnO 薄膜属于直接禁带型半导体材料，载流子浓度高，费米能级已经进入或部分进入了导带，导带中费米能级以下的能级已被电子所占据，因而价带中的电子（与导带中未被电子占据的最低电子能态等波矢）只能跃迁到费米能级以上的、导带中未被电子占据的最低能态，这相当于 ZnO:Al 薄膜的有效光学带隙被展宽了 △Eg，如图 7-54 所示。Moss 给出了光学带隙的展宽数值 △Eg 与载流子浓度之间的关系如下：

$$\Delta E_g = (h^2/8m^{\cdot})(3n/\pi)^{\frac{2}{3}} \tag{7-3}$$

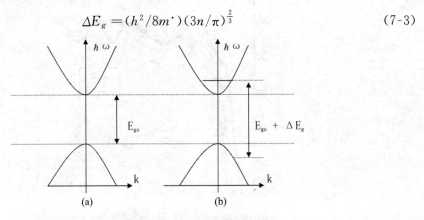

图 7-54　Burstein 移动引起光学带隙展宽示意图

对于微晶结构的半导体薄膜来说，薄膜越薄，其能隙越大，可以扩展短波长的透过率。所以溅射功率不同，导致薄膜的厚度不同，也影响了薄膜的光学带隙。

为了研究铝掺杂 ZnO 薄膜的发光特性，我们分别用 270nm、300nm、320nm、390nm

等波长的光作激发光,观察到只有用波长为 390nm 的光激发才有一 430 ~ 450nm 的蓝光带出现,用其他波长的光激发没有观察到发光现象,这与纯氧化锌薄膜的发光情况是不同的。图 7-55 给出了铝掺杂氧化锌薄膜的光致发光谱,该蓝光发光带与第四章中提到的纯 ZnO 薄膜的蓝色发光峰值大体相同,而且该发光峰的强度随着溅射功率的增加超线性降低,如图 7-56 所示。我们认为该蓝光发射峰仍然是由于氧空位缺陷造成的,它来自于电子从氧空位浅施主能级到价带的跃迁。随着溅射功率的增加,一方面电压的增大会使氩离子的动能增大,导致溅射出的锌、氧原子动能增加,沉积到衬底上后将会转化为热能使衬底温度升高;另一方面电流的增大又使得打到氧化锌靶上的氩离子束流增加,使得淀积速率增加。两方面的共同作用会使薄膜的结晶质量提高,氧空位减少,所以发光强度随溅射功率的增加而减弱。

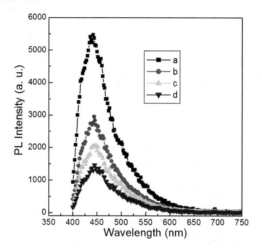

图 7-55　不同功率下在蓝宝石衬底上铝掺杂 ZnO 薄膜的 PL 谱(390nm 光激发)

a **100**W, b **150**W, c **200**W, d **250**W.

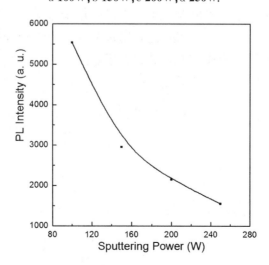

图 7-56　在蓝宝石衬底上制备铝掺杂 ZnO 薄膜的 PL 谱(390nm 光激发)强度随溅射功率的变化

7.3.4 MZO 薄膜的特性

MZO 薄膜是指镁掺杂的氧化锌薄膜(ZnO:Mg),采用低温射频磁控溅射在硅、石英和蓝宝石衬底上制备出不同镁含量的 MgZnO 薄膜。薄膜生长时本底真空度为 2×10^{-3} Pa,衬底温度为 80 ℃,溅射功率为 200W,氩气和氧气分压强均保持在 1 Pa,溅射时间为 30 min。采用 X-射线衍射(XRD)、拉曼光谱、原子力显微镜(AFM)、透射电镜(TEM)、X-射线光电子能谱(XPS)和卢瑟福背散射(RBS)研究其结构、组分和表面形貌。

7.3.4.1 MgZnO 薄膜的结构特性

• X-射线衍射(XRD)

根据热动力学理论,由平衡条件下的 ZnO-MgO 准二元相图知道,Mg 含量超过 4 mol.% 时,MgZnO 薄膜处于亚稳态。然而,一些研究结果表明,在非平衡条件下 ZnO 中 Mg 的溶解度依赖于生长条件和生长机理,Mg 含量高达 33~49 mol% 的 MgZnO 薄膜仍然可以保持单相六角纤锌矿结构。射频磁控溅射法可以制备亚稳相薄膜,因为溅射离子经电场加速后具有极高的能量,使轰击出的靶材粒子在到达衬底表面时同样具有高的能量,到达衬底表面后靶材粒子被迅速冷却,结晶成膜。这种生长过程的非平衡特性使我们可以制备热力学溶解度以上的固溶体薄膜。

图 7-57 为石英衬底上生长的不同 Mg 含量 MgZnO 薄膜的 XRD 谱。所有样品的衍射谱中都只出现了一个衍射峰,说明所有样品都具有非常高的择优取向。当 $0 \leqslant x \leqslant 0.38$ 时,XRD 衍射谱中只观察到 MgZnO(002) 衍射峰,表明得到的 MgZnO 薄膜都是单相六角纤锌矿结构,MgZnO 薄膜的择优取向平行于与衬底垂直的 c 轴。随 Mg 含量的增加 MgZnO 薄膜(002) 衍射峰有向大衍射角方向移动的趋势,表明由于 Mg 的掺入 c 轴晶格常数略有减小。由于 Mg^{2+}(0.57Å) 半径与 Zn^{2+}(0.60Å) 半径相似,Mg 替代六角晶格中 Zn 的位置后不会引起晶格常数显著改变,有利于 ZnO/MgZnO 异质结的制备。当 $x = 0.56$ 时,(002) 衍射峰消失,出现 MgO(111) 衍射峰,说明薄膜已经由六角结构变为立方结构。此时的晶格常数与 MgO 相近,适合制备 MgO/MgZnO 异质结。如图 7-58 和图 7-59 分别为六角 ZnO 和立方 MgO 的晶格结构示意图。

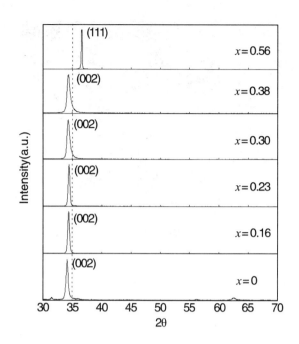

图 7-57　石英衬底上不同镁含量 MgZnO 薄膜的 XRD 谱

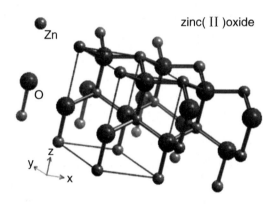

图 7-58　ZnO 晶格结构示意图(六角纤锌矿结构)

当 Mg 含量由 $x=0$ 增加到 $x=0.23$ 过程中,薄膜衍射峰半高宽减小,结晶质量逐渐提高。这是由于 Mg 的加入使薄膜中的氧空位缺陷明显减少,这在拉曼光谱测试中也得到了证明。当 Mg 含量继续增加时,薄膜衍射峰半高宽逐渐展宽,薄膜结晶质量开始下降。因为这时薄膜中的 Mg 含量接近非平衡态的溶解度极限,Mg 分布的不均匀以及离子半径的差异引起的应变越来越显著。在 $x=0.38$ 和 $x=0.56$ 之间完成结构转变。由于溅射法中靶的限制,无法确定相变时的 Mg 含量,我们推测中间应该有一个六角-立方两相共存的状态。在 $x=0.56$ 时我们已经可以得到高结晶质量的立方结构 MgZnO 薄膜。

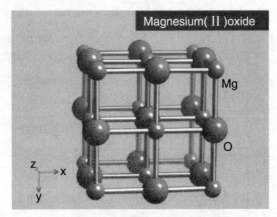

图 7-59 MgO 晶格结构示意图(立方结构)

如图 7-60 所示硅衬底上 MgZnO 薄膜的 XRD 谱显示的结果与石英衬底上薄膜的 XRD 谱结果基本类似,在 $0 \leqslant x \leqslant 0.38$ 时,衍射谱中只出现(002)衍射峰,薄膜为六角结构,并且薄膜结晶质量先变好,后劣化,$x = 0.23$ 的薄膜结晶质量最好。当 $x = 0.56$ 时(002)衍射峰消逝,出现 MgO(111)衍射峰,薄膜转变为立方结构,并且结晶质量好于 $x = 0.30$ 和 $x = 0.38$ 的薄膜。与图 7-57 比较可以发现,同样 Mg 含量的薄膜,硅衬底上薄膜的结晶质量明显低于石英衬底上薄膜的结晶质量,衍射峰强度也显著降低,以至于当 $0.30 \leqslant x \leqslant 0.56$ 时,可以观测到衬底硅(201)衍射峰。

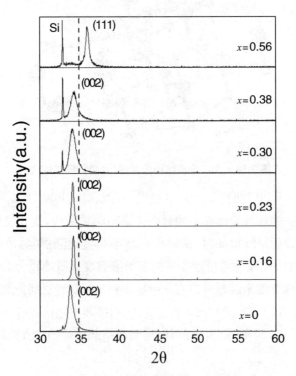

图 7-60 硅衬底上不同镁含量 MgZnO 薄膜的 XRD 谱

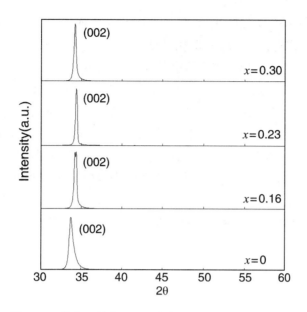

图7-61 蓝宝石衬底上不同镁含量 MgZnO 薄膜的 XRD 谱

蓝宝石衬底上 MgZnO 薄膜的 XRD 谱显示出同样的结果,如图7-61所示。六角结构 MgZnO 薄膜的 c 轴晶格常数可由公式

$$c = \frac{\lambda}{2\sin\theta} \sqrt{\frac{4}{3(a/c)^2}(h^2 + hk + k^2) + l^2}$$ (7-4)

计算出,式中 h, k 和 l 为密勒指数,λ 为 X 射线的波长,θ 为布拉格衍射角。与纯 ZnO 薄膜相比,MgZnO($x = 0.30$)薄膜的 c 轴晶格常数减小 1.9%,这与用 MOVPE 法生长的 MgZnO($x = 0.49$)薄膜减小 1.34% 相比拟。

立方结构 MgZnO($x = 0.56$)薄膜的晶格常数可由公式

$$a = \frac{\lambda}{2\sin\theta}\sqrt{h^2 + k^2 + l^2}$$ (7-5)

计算出。石英衬底上立方 MgZnO($x = 0.56$)的晶格常数为 0.425nm,硅衬底上的为 0.430nm,与纯 MgO 比较变化在 3% 左右。

分析不同衬底上薄膜的 XRD 谱后可以发现,硅、石英和蓝宝石衬底上生长的薄膜都具有很高的择优取向,Mg 含量小于 0.38 的薄膜为六角结构,Mg 含量为 0.56 的薄膜变为立方结构,当镁含量小于 0.23 时三种衬底上的薄膜都具有很高的结晶质量,镁含量高于 0.30 后,石英和蓝宝石衬底上生长的薄膜质量明显高于硅衬底上生长的薄膜。由于蓝宝石衬底价格昂贵,所以石英衬底是较理想的衬底材料。但是以硅为衬底的 MgZnO 薄膜的制备工艺与传统的硅平面工艺兼容,对光电子集成与微电子集成的有机结合具有重要意义。

• 拉曼(Raman)散射

Raman 谱是一个极好的晶格振动结构探针,也是一个定性探测固体内缺陷存在的有用工具。ZnO 属于六方晶系纤锌矿结构晶体,空间点群为 C_{6v}($P6_3$ mc)。在典型 ZnO 的

Raman 谱中,存在两个明显的特征峰,位于 437cm^{-1} 最强的一个峰是众所周知的六角 ZnO 的 E$_2$ 振动模,相应于六角纤锌矿相特征;位于 579cm^{-1} 的峰对应于六角 ZnO 的 E$_1$(LO) 振动模,它的出现可以归因于氧空位和／或锌间隙。

图 7-62 为生长在硅衬底上的 ZnO 和 MgZnO 薄膜的 Raman 谱,与 PLD 法生长的 ZnO Raman 谱相似。为了避开硅衬底位于 520cm^{-1} 的本征 Raman 峰,Raman 谱被分成两个区域(360 ～ 500,550 ～ 1600cm^{-1})。位于 1000cm^{-1} 的宽峰是硅衬底的另一个本征 Raman 峰。ZnO 和 MgZnO($x = 0.23$) 的 Raman 谱中都出现 E$_2$ 振动模,说明 ZnO 和 MgZnO($x = 0.23$) 薄膜为纤锌矿结构。E$_1$ 振动模只出现在 ZnO 薄膜的 Raman 光谱中,说明 MgZnO 具有比 ZnO 薄膜更少的氧空位缺陷,更好的结晶质量,与 XRD 分析结果相符。$x = 0.56$ 薄膜的拉曼谱中 E$_2$ 振动模消逝,说明薄膜已经不是六角结构,也与 XRD 分析相符。

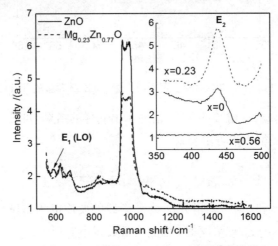

图 7-62　硅衬底上 ZnO(实线) 和 MgZnO(虚线) 薄膜的 Raman 谱

• 透射电子显微镜(TEM)

图 7-63 是 MgZnO($x = 0.23$) 薄膜的 TEM 照片,从薄膜边缘的 TEM 照片可以看出 MgZnO 薄膜有层状生长的趋势。

图 7-63　MgZnO 薄膜的 TEM 照片

　　图 7-64 是高分辨率下 MgZnO 的透射电镜图像,左上角的插图为对应区域的选区电子衍射图像。透射电镜的入射电子束平行于 MgZnO 薄膜的(0001)晶向。图 7-64 中清晰的条纹图案说明在观测区域内没有缺陷。由图还可以看出 MgZnO 薄膜是六角纤锌矿结构,与 XRD 分析结果相符。晶格面间距 d(图中白色箭头所示)为 0.281nm。考虑到薄膜为六角纤锌矿结构,由 $a = d/\cos(30°)$ 可以计算出 a 轴晶格常数为 0.324nm,与 ZnO 晶体的 a 轴晶格常数相近(0.325nm)。

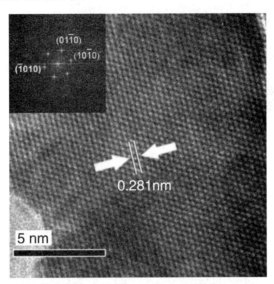

图 7-64　MgZnO 薄膜的 HRTEM 图像和相应的 SAED 图样

・原子力显微镜(AFM)

　　由于 $x = 0.23$ 的 MgZnO 薄膜具有最好的结晶质量,所以我们进一步研究了 $x = 0.23$ 薄膜的表面形貌及其组分。

　　图 7-65、图 7-66 和图 7-67 分别是蓝宝石衬底上样品的二维平面图、三维立体图和切面分析图(切面的取法已经在切面分析图下方示出)。薄膜表面颗粒分布均匀,均方根粗糙度为 1.902 nm,远好于报道的 PLD 法制备的薄膜(RMS=10 nm),与加入缓冲层后生长的薄膜质量相近(RMS=1 nm)

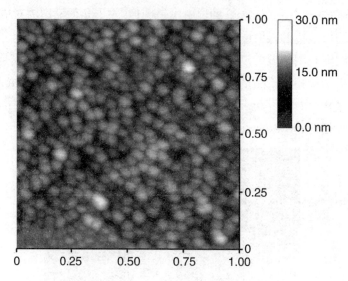

图 7-65　蓝宝石衬底 MgZnO($x = 0.23$) 薄膜的 AFM 照片(二维平面图)

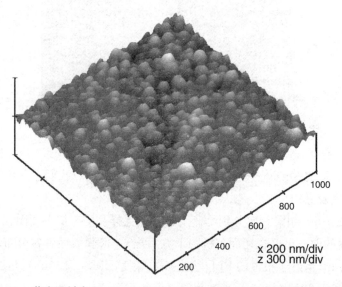

图 7-66　蓝宝石衬底 MgZnO($x = 0.23$) 薄膜的 AFM 照片(三维立体图)

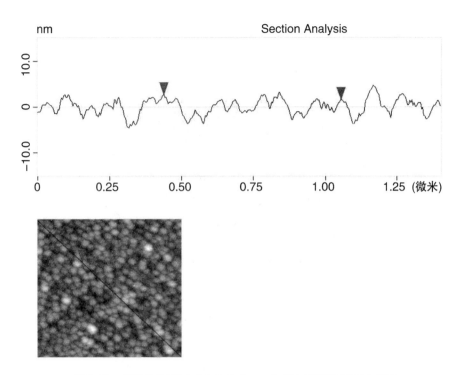

图 7-67 蓝宝石衬底上 MgZnO ($x = 0.23$) 薄膜的切面分析图

图 7-68、图 7-69 和图 7-70 分别是硅衬底上样品的二维平面图、三维立体图和切面分析图(切面的取法已经在切面分析图下方示出)。表面形貌与蓝宝石衬底上的样品类似,只是表面起伏更大,均方根粗糙度为 2.702nm。可见蓝宝石衬底上的薄膜比硅衬底上的薄膜更平滑。

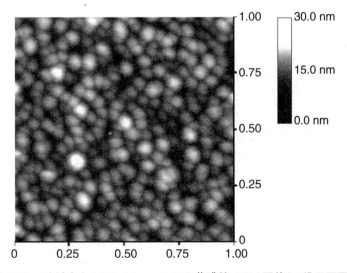

图 7-68 硅衬底上 MgZnO($x = 0.23$) 薄膜的 AFM 照片(二维平面图)

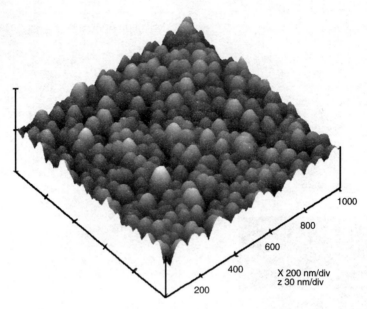

图 7-69　硅衬底上 MgZnO$(x = 0.23)$ 薄膜的 AFM 照片(三维立体图)

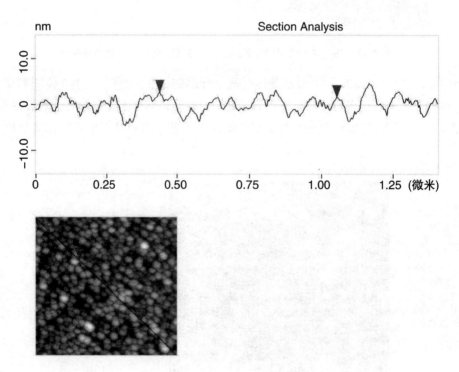

图 7-70　硅衬底上 MgZnO $(x = 0.23)$ 薄膜的切面分析图

· X－射线光电子能谱(XPS)

　　X 射线光电子能谱显示出 MgZnO 薄膜的组分和化学键状态。测试采用 VG ESCALAB MKII 多功能电子能谱仪,激发源为 AlKa (1486.6eV) 射线,功率 12kV × 12mA,真空度 5×10^{-9} mbar,荷电校准 C1s 284.8eV。样品表面用 Ar 离子刻蚀 3 分钟,离

子束流 $30\mu A/cm^{-2}$，能量 3keV。XPS 检测样品表面的 C、O、Mg 和 Zn。图 7-71 是 $Mg_{0.23}Zn_{0.77}O$ 薄膜的 XPS 谱。其中（a）图为 $Mg_{0.23}Zn_{0.77}O$ 薄膜的 XPS 全谱图，谱中存在 Mg、Zn、O 和 C 峰，其中 C 峰应该来源于吸附的 CO_2。由于表面电荷积累引起的谱图移动已经采用 C 1s(284.6eV) 峰修正。图（b）是 Mg 2p 峰，束缚能为 49.3eV。图（c）是 Zn $2p_{3/2}$ 和 Zn $2p_{1/2}$ 峰，束缚能分别是 1021.2eV 和 1044.2eV。图（d）是 O 1s 峰。我们采用了高斯双峰拟合（图中虚线）。显然 531.7eV 的峰对应 C—O 健，530eV 的峰对于 Zn—O 和 Mg—O 健。

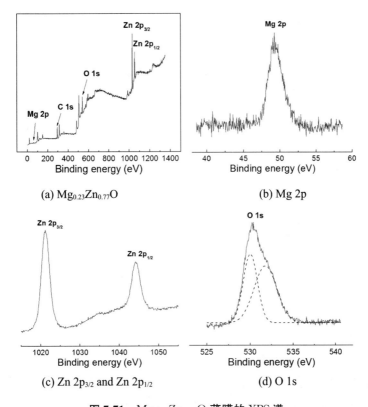

(a) $Mg_{0.23}Zn_{0.77}O$

(b) Mg 2p

(c) Zn $2p_{3/2}$ and Zn $2p_{1/2}$

(d) O 1s

图 7-71 $Mg_{0.23}Zn_{0.77}O$ **薄膜的 XPS 谱**

• 卢瑟福背散射（RBS）

卢瑟福背散射是固体表面层元素成分、杂质含量和浓度分布分析，以及薄膜厚度、界面特性分析不可缺少的手段，与弹性反冲分析结合，能分析从轻到重的各种元素；与沟道技术的组合应用还能给出晶体的微观结构、缺陷、损伤及其深度分布等信息。我们主要采用卢瑟福背散射确定制备的 MgZnO 薄膜中各元素的摩尔比例，其测试和数据分析由山东大学物理学院粒子束物理实验室协助完成。测试结果如图 7-72（$x = 0.23$）和图 7-73（$x = 0.56$）所示。

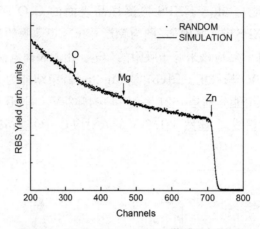

图 7-72 MgZnO ($x = 0.23$) 薄膜的 RBS 谱

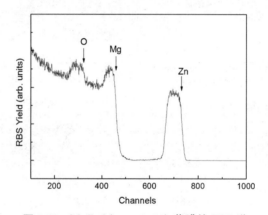

图 7-73 MgZnO($x = 0.56$) 薄膜的 RBS 谱

7.3.4.2 MgZnO 薄膜的光学特性

• MgZnO 薄膜的透射谱研究

我们用 200W 功率淀积 30min，在石英和蓝宝石衬底上生长出不同镁含量的 MgZnO 薄膜，测试样品的室温透射谱，结果如图 7-74 和 7-75 所示。

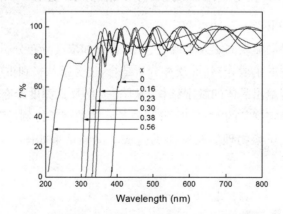

图 7-74 石英衬底上不同 Mg 含量 MgZnO 薄膜的透射谱

  图 7-74 为石英衬底上生长的不同镁含量 MgZnO 薄膜的室温透射谱。可以看出,所有 MgZnO 薄膜的透射谱都与纯 ZnO 薄膜相似,即在 $400 \sim 800nm$ 的可见光区具有 80% 以上的高透过率,在紫外区都具有一个锐利的吸收边。吸收边的存在表明 ZnO 与 MgO 形成固溶体以后还保持着基本带隙跃迁的特性。随着 Mg 含量的增加,吸收边向短波长方向移动,表明 Mg 含量的增加引起带隙宽度的变化。通过改变薄膜中的 Mg 含量,可控的改变带隙宽度,对实现能带工程是十分有利的。

  图 7-75 为蓝宝石衬底上生长的不同镁含量 MgZnO 薄膜的室温透射谱,与图 7-74 的结果极其类似,即在 $400 \sim 800nm$ 的可见光区具有 80% 以上的高透过率,在紫外区具有一个锐利的吸收边,显示出我们制备的薄膜具有很高的结晶质量。

  图 7-76 给出了 7059 玻璃衬底、石英衬底和蓝宝石衬底上 MgZnO($x = 0.16$)

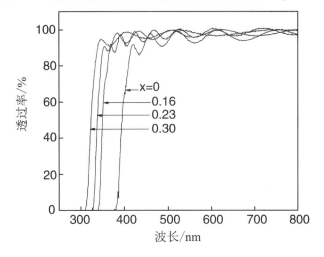

图 7-75   蓝宝石衬底上不同 Mg 含量 MgZnO 薄膜的透射谱

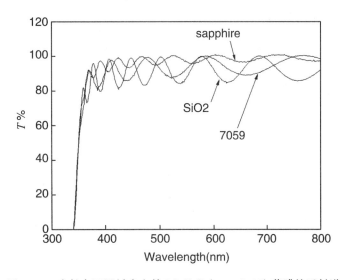

图 7-76   生长在不同衬底上的 MgZnO ($x = 0.16$) 薄膜的透射谱

薄膜的室温透射谱。三种不同衬底样品的吸收边重合,即带宽相同。由此可见,在我们制备的样品中衬底材料对禁带宽度的影响不明显。

由图7-74所示的透射谱计算得到 MgZnO 薄膜的吸收系数 α,示于图7-77中。由于 $x=0.56$ 样品的吸收系数较大,所以单独列出。图 7-78 给出 MgZnO 薄膜的 $(\alpha h\upsilon)^2$ 与 $h\upsilon$ 的关系,延长其线性部分与 x 轴相交可确定 MgZnO $(0 \leqslant x \leqslant 0.56)$ 薄膜的光学带隙宽度。图 7-79 给出 MgZnO 薄膜的带隙宽度对 Mg 含量的依赖关系。可以看出,在保持薄膜六角结构范围内 $(0 \leqslant x \leqslant 0.38)$,MgZnO 薄膜的基本带隙宽度随着 Mg 含量的增加由 $3.22\text{eV}(x=0)$ 几乎线性地增加到 $4.1\text{eV}(x=0.38)$,其线性拟合公式为 $E_g = 3.217 + 2.297x\,(0 \leqslant x \leqslant 0.38)$。当 Mg 含量为 0.56 时薄膜变为立方结构,禁带宽度增加到 5.85eV。

为了统一六角－立方两相中带宽 E_g 与镁含量的函数关系,我们采用最小二乘法对数据进行多项式拟合,得到拟合公式

$$E_g = 83.63 \times x^4 - 59.79 \times x^3 + 13.19 \times x^2 + 1.37 \times x + 3.22 \qquad (7\text{-}6)$$

图 7-80 为拟合结果,图中虚线为拟合曲线。在所得数据中,拟合效果是很好的。

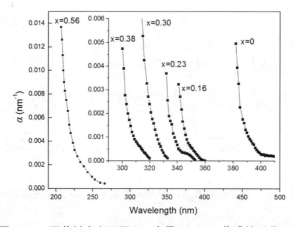

图 7-77 石英衬底上不同 Mg 含量 MgZnO 薄膜的吸收系数

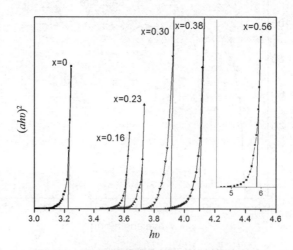

图 7-78 MgZnO 薄膜的 $(\alpha h\upsilon)^2$ 与 $h\upsilon$ 的关系

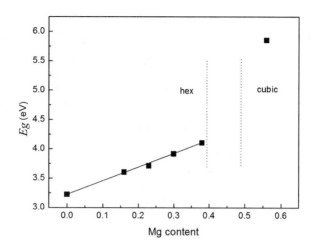

图 7-79　MgZnO 薄膜的基本带隙宽度与 Mg 含量的关系

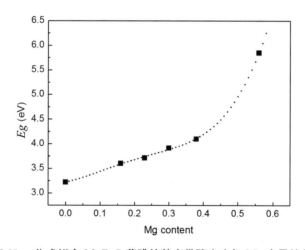

图 7-80　公式拟合 MgZnO 薄膜的基本带隙宽度与 Mg 含量的关系

· 光学带隙的简化计算

薄膜光学吸收系数的计算公式为

$$\alpha = \frac{1}{t\ln\left[\dfrac{T}{(1-R)^2}\right]} \tag{7-7}$$

其中 T 为薄膜透过率，R 为反射率，t 为薄膜厚度。为简化计算可认为 R 在吸收边附近是常数，所以有

$$\alpha = \frac{A}{t\ln T} \tag{7-8}$$

对于直接跃迁有

$$\alpha = A'(h\nu - E_g)^{1/2} \tag{7-9}$$

由 (7-8) 式和 (7-9) 式可得

$$(\ln T)^{-2} = A''(h\nu - E_g) \tag{7-10}$$

上面式子中的 A, A', A'' 都是比例常数。因此可以通过外延 $(\ln T)^{-2} \propto h\nu$ 曲线的直线部分取 $(\ln T)^{-2} = 0$ 而得到薄膜光学禁带宽度,图 7-81 即为采用此方法根据透过率作图的结果图。此简化计算方法简单,由透过率与光子能量对应关系直接作图,省却中间计算过程。表 7-3 列出常规计算与简化计算所得 E_g,比较后可以看出简化计算所得结果误差极小,所以此方法适合由透射谱快速估算薄膜的禁带宽度。

表 7-3 常规计算与简化计算所得 E_g 比较

镁含量	0	0.16	0.23	0.30	0.38	0.56
常规计算 E_g(eV)	3.22	3.60	3.71	3.91	4.10	5.85
简化计算 E_g(eV)	3.24	3.60	3.72	3.93	4.11	5.88

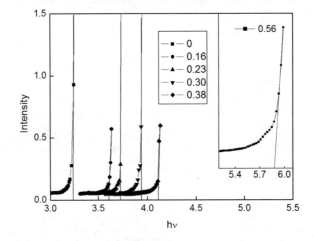

图 7-81　MgZnO 薄膜的 $(\ln T)^{-2}$ 与 $h\nu$ 的关系

· MgZnO 薄膜的折射率

(1) 椭圆偏振法测量薄膜折射率

在众多的光学测量方法中,椭偏法(SE)具有在测量过程中无需参比样品、对样品无损伤的优点而成为研究薄膜材料微结构的重要手段。SE 方法是通过对薄膜的近表面区域作分层处理,相对于每一层建立相应模型,然后对实验数据进行理论拟合,再通过计算机技术得到最终拟合结果,从而得到如介电函数(折射率 n 以及消光系数 k)、微结构以及膜厚等薄膜材料的基本信息。

在椭圆偏振法测量薄膜光学性质时,需要测最菲涅尔反射率

$$\rho(\lambda) = R_p(\lambda)/R_s(\lambda) = \tan(\psi)e^{i\Delta} \tag{7-11}$$

其中 $R_p(\lambda)$ 和 $R_s(\lambda)$ 分别为偏振光的 p 分量和 s 分量复振幅反射率。$\psi(\lambda)$ 和 $\Delta(\lambda)$ 是两个参数,$\psi(\lambda)$ 是反射过程中偏振光平行入射分量与垂直入射分量振幅比,$\Delta(\lambda)$ 是其相位。使用 J. A. Woollam Inc. 分析软件(WVASE32)拟合椭偏参数 $\psi(\lambda)$ 和 $\Delta(\lambda)$ 就可

以得到薄膜折射率。图 7-82 就是采用 SE 技术得到的不同镁含量薄膜的折射率。可以
看出：

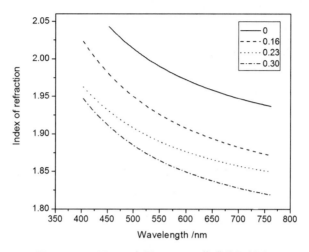

图 7-82   不同 Mg 含量 MgZnO 薄膜的折射率

ⓐ 对所有样品，折射率随波长增加减小。

ⓑ 在波长一定时，折射率也随镁含量增加减小。

我们使用最小二乘法拟合不同 Mg 含量薄膜的测试数据，发现折射率满足一阶
Sellmeier 色散方程（A 和 B 是拟合参数）

$$n(\lambda)^2 = 1 + \frac{A\lambda^2}{\lambda^2 - B^2} \tag{7-12}$$

表 7-4 给出拟合参数 A 和 B。

表 7-4   一阶 Sellmeier 色散方程中的拟合参数 A 和 B

Mg content (x)	0	0.16	0.23	0.30
A	2.57	2.34	2.29	2.17
B	199	202	181	193

（2）由透射谱计算获得薄膜折射率

图 7-83 给出了石英衬底上 MgZnO（$x = 0.23$）薄膜（实线）和石英衬底（虚线）的透
射谱。

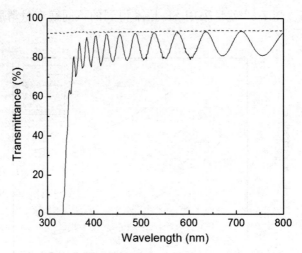

图 7-83　石英衬底上 MgZnO ($x = 0.23$) 薄膜(实线) 和
石英衬底(虚线) 的透射谱

薄膜折射率也可以图 7-83 透射谱计算获得,这种方法由 Swanepoel 提出。对于干涉条纹的基本方程是

$$n = m\lambda_m / 2d \tag{7-13}$$

级数 m 在峰位是整数,在谷位是半整数。λ_m 是级数 m 对应的波长,d 是薄膜厚度。折射率的初始估计值(n_1)(列于表 3.3 中) 由下面公式计算

$$n_1 = \sqrt{N + \sqrt{N^2 - s^2}} \tag{7-14}$$

其中 s 是石英衬底的折射率,由下式计算

$$s = \frac{1}{T} + \sqrt{\frac{1}{T^2} - 1} \tag{7-15}$$

(7-14) 式中的 N 由下式(7-16) 给出

$$N = 2s \frac{T_M - T_m}{T_M T_m} + \frac{s^2 + 1}{2} \tag{7-16}$$

T 是石英衬底的透过率,T_M 和 T_m 分别是衍射条纹外廓对于的最大和最小透过率。

表 7-5　MgZnO ($x = 0.23$) 薄膜的数据

λ_m (nm)	T_M	T_m	s	n_1	m	d (nm)	n
636	0.9326	0.8026	1.44	1.8649	9	1535	1.866
603	0.9312	0.7980	1.45	1.8841	9.5	1520	1.867
576	0.9300	0.7974	1.45	1.8833	10	1529	1.877
551	0.9292	0.7956	1.45	1.8868	10.5	1533	1.886
528	0.9284	0.7919	1.45	1.8959	11	1532	1.893

续表

λ_m(nm)	T_M	T_m	s	n_1	m	d(nm)	n
506	0.9267	0.7880	1.45	1.9037	11.5	1528	1.897
488	0.9251	0.7864	1.45	1.9050	12	1537	1.909
471	0.9233	0.7846	1.46	1.9154	12.5	1537	1.919
455	0.9213	0.7817	1.46	1.9197	13	1541	1.928
440	0.9197	0.7785	1.46	1.9258	13.5	1542	1.936
427	0.9181	0.7723	1.46	1.9408	14	1540	1.949

m 可以由 Swanepoel 建议的几何方法得到。膜厚就可以由下式计算出

$$d = \frac{m\lambda_m}{2n_1}$$ (7-17)

平均厚度 $<d>$ 是1534nm。使用这个平均厚度和干涉条纹的级数 m 就可以计算折射率

$$n = \frac{m\lambda_m}{2<d>}$$ (7-18)

使用上面的方法，$Mg_x Zn_{1-x} O(x=0.23)$ 薄膜的折射率示于表 7-5 中，不同 Mg 含量薄膜的折射率示于图 7-84 中，其中 Stephens 和 Malitson 测量的立方 MgO 的折射率列于图中作为参考。图 7-84 中的实线是用最小二乘法按一阶 Sellmeir 色散方程拟合的。

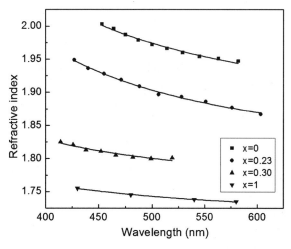

图 7-84 $x=0$、0.23、0.30 和 1 的 MgZnO 薄膜的计算折射率

$$n(\lambda)^2 = 1 + \frac{a\lambda^2}{\lambda^2 - b^2}$$ (7-19)

a 和 b 是拟合参数，列于表 7-6 中。

表 7-6　*a* 和 *b* 的数据

Mg content（%）	*a*	*b*
00	2.49	187.59
23	2.25	188.49
30	2.08	134.21

我们也通过棱镜耦合技术测量了 MgZnO 薄膜在 632.8nm 的折射率。结果列于表 7-7 中，可以看出，计算值与实验测量值的差别在 4% 之内。

表 7-7　由计算和测量得到的波长为 632.8nm 的折射率

Mg content（%）	n_{cal}	n_{exp}	$\triangle n/n_{exp}$
00	1.99	1.93	3%
23	1.90	1.86	2%
30	1.86	1.78	4%

· MgZnO 薄膜的光致发光谱（PL）

图 7-85 是硅和蓝宝石衬底上样品的室温光致发光（PL）谱，激发波长为 325nm。可以看到硅衬底上样品的四个光致发光峰，分别位于 344nm(3.60eV)、378nm(3.28eV)、406nm(3.05eV) 和 443nm(2.80eV)，其中 344nm 发光峰应来源于近带边发射。而蓝宝石衬底上样品只有比较明显的 344nm 近带边光致发光峰。已报道的 MgZnO 薄膜的光致发光谱多为单峰的带边发射，但如图 7-85 所示，溅射法生长的薄膜为多晶膜，存在诸如氧空位、晶粒间界等缺陷能级，晶粒平均尺寸在 20nm 左右，并不足以产生量子限制效应。比较硅和蓝宝石衬底上样品的 PL 谱，样品低能量光致发光应来源于晶粒间界的缺陷能级，多缺陷能级导致了多发射峰的光致发光谱。

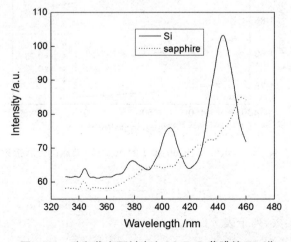

图 7-85　硅和蓝宝石衬底上 MgZnO 薄膜的 PL 谱

7.3.5　IGZO 薄膜特性

近年来,可穿戴、便携式智能电子迎来爆发式地成长,被认为是成为继智能手机之后未来移动智能产品发展的一大热点。可穿戴、便携式电子对轻柔、低功耗以及低成本的需求,给半导体材料和器件提出了更高的要求。传统的硅基薄膜晶体管(Thin Film Transistor,简称 TFT)技术因无法折叠和高价格已无法满足需求,而基于以铟镓锌氧化物(InGaZnO,简称 IGZO)为代表的氧化物半导体与传统非晶硅以及有机半导体相比,具有高迁移率($\sim 10cm^2/V \cdot s$)、带隙大、对可见光透明且关态电流低($\sim 10pA$)、可低温甚至室温制备(因此可生长在柔性衬底上)、工艺成本低(如溅射、溶液法)、可大面积均匀成膜等优点,可同时实现低功耗、柔性与低成本,被认为是制备可穿戴及便携式电子的最佳半导体材料之一。

7.3.5.1　IGZO 结构与制备

IGZO是由In_2O_3、Ga_2O_3、ZnO三种氧化物掺杂而成。单晶IGZO禁带宽度为 3.5 eV,属于 n 型宽禁带半导体,其晶体结构如图 7-86 所示,具有菱形六面体结构,属于 R－3m 空间群,晶格常数为 $a=b=0.3295nm$,$c=2.607nm$,$\alpha=\beta=90°$,$\gamma=120°$,In－O 层和 Ga－O 层沿着 $<0001>$ 轴交替堆积成层状结构。

在IGZO材料被发现之前,ZnO材料已被大量研究。ZnO薄膜通常是多晶态,其多晶界和氧空位的存在使得其器件电学性能不稳定,迁移率较低,且通常需要掺杂将载流子浓度控制在 $10^{17} cm^{-3}$ 以下,但 Zn^{2+} 有助于形成稳定的四面体结构。Ga^{3+} 与 O^{2-} 可以形成很强的 Ga－O 离子键,可抑制材料内部过多氧空位缺陷的产生,从而将电子浓度控制在较为合适的范围。In^{3+} 离子的 5s 能带对电子载流子的传输十分有利,因而可以提升载流子迁移率。

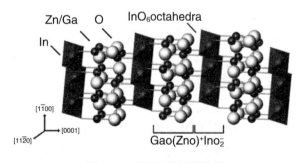

图 7-86　IGZO 的晶体结构

2003 年,日本东京科技大学的 Hosono 教授团队基于高温($\sim 1400℃$)工艺制备出了多元氧化物半导体 $InGaO_3(ZnO)_5$(简称 IGZO)单晶薄膜,并在此基础上研制了性能极高的 TFT 器件,器件电子迁移率高达 $80cm^2/V \cdot s$,开关比达到 10^6,证实了多元氧化物可以实现优异的电学性能,成为氧化物半导体领域的一个重要突破。2004 年,Hosono 教授团队基于近室温的脉冲激光沉积工艺在塑料衬底 PET 上成功研制了首个柔性的高性能非晶 IGZO TFT,如图 7-87 所示,器件电子迁移率高达 $6 \sim 9\mathrm{cm}^2/\mathrm{V \cdot s}$,显著高于 a — Si$(0.5 \sim 1\mathrm{cm}^2/\mathrm{V \cdot s})$,开关比达 10^3,成为氧化物半导体器件领域一个重要的里程碑,掀起了以 IGZO 为代表的非晶多元氧化物半导体及其薄膜器件的研究热潮。目前,取决于组分配比及器件构型,柔性 IGZO TFTs 的迁移率已可高达 $30 \sim 100\mathrm{cm}^2/\mathrm{V \cdot s}$,开关比可以高达 10^{10}。

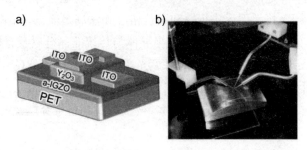

图 7-87　2004 年报道首个非晶 IGZO TFT 的器件结构(a) 与照片(b)[4]

相比于传统的二元氧化物半导体如 ZnO、SnO$_2$ 等,多元氧化物半导体 IGZO 容易保持非晶状态,因此大面积量产制备中薄膜电学性能的均匀性和稳定性显著优于多晶氧化物。非晶 IGZO 的一个重要优势是它具有机械柔韧性,2012 年 IGZO 薄膜曲率半径在 40mm 以下时,其电学性能几乎不变,证明薄膜弯曲状态下的电性能稳定;而且,非晶 IGZO 可以在低温甚至室温下大面积均匀成膜,这使其成为柔性电子电路的理想材料之一。

目前 IGZO 可由多种低温甚至室温方法成膜生长,包括脉冲激光沉积(PLD)、磁控溅射、溶液法(旋涂、印刷)、化学气相沉积等生长。PLD 有望得到期望的化学计量比组分的薄膜,沉积速率高,但不易制备大面积薄膜。溶胶凝胶法成本低通常需要较高温度的热处理。相比之下,磁控溅射法具有沉积速率较快,可室温制备,可以卷轴式柔性工艺生产,工艺成本低等优点,成为目前 IGZO TFT 产业界的主流技术。

7.3.5.2　IGZO 薄膜的光电特性

氧化物半导体与传统 Si 基半导体不同,其非晶态可以实现与其结晶相接近的较高的迁移率,这是由于其与传统半导体显著不同的能带特性。如图 7-88 所示,传统半导体 Si 的导带底由空间各向异性(纺锤形)、局域性较强(共价性)的 Si sp3 杂化轨道组成,这导致其在三维周期性有序排布的单晶结构中能够实现相邻原子之间电子云很好地交叠,从而单晶 Si 具有较小的电子有效质量以及很高的电子迁移率($\sim 1000\mathrm{cm}^2/\mathrm{V \cdot s}$)。然而一旦打破这种有序结构,相邻原子间的空间各向异性、局域的电子云便无法再保持很好的交叠,而且无序的排列会导致其内部产生俘获电子的悬挂键,因而导致迁移率严重下降 [如多晶硅降至 $\sim 50 \sim 100\mathrm{cm}^2/\mathrm{V \cdot s}$,非晶硅降至 $\sim 0.5 \sim 1.0\mathrm{cm}^2/\mathrm{V \cdot s}$)]。然而,IGZO 中含有 In、Ga、Zn 过渡金属阳离子,其导带底主要由空间各向同性(球形)、离域性较强(离子性)的 In 离子外层未被占据的 5s 轨道电子组成,因此,这种球形离域性电子云使得氧化物半导体不仅在有序的单晶结构中可实现相邻原子间很好的电子云交叠,而且在打破的有序的多晶或非晶中,仍可实现较好的电子云交叠,因此非晶或多晶氧化物半导体的电子迁移率较单晶状态下迁移率降低并不显著,即使是非晶氧化物也仍可保持相对较高的电子迁移率。

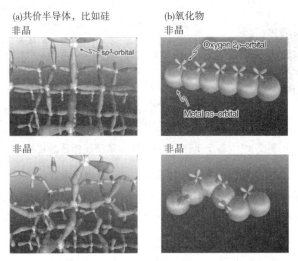

图 7-88　(a) 传统半导体 Si 及 (b) 氧化物半导体在晶态及非晶态状态下,
相邻原子间的电子云的交叠情况

IGZO 具有大的禁带宽度(~ 3.5eV),对应的吸收截止边落在紫外区域,在可见光区(380 ~ 780nm) 具有高透过率(通常 80% 以上),在可见光照射下具有很好的电学稳定性,但在紫外波段吸收非常强烈,紫外光照射下 IGZO TFT 等器件的电流漂移显著。因此,IGZO 在透明电子、紫外光电探测等领域具有非常高的应用价值。

7.3.5.3　IGZO 薄膜的器件及应用

与传统非晶硅 TFT 显示面板驱动技术相比,IGZO TFT 技术可以提升分辨率(像素密度),提升刷新速率,降低功耗,适于柔性(如 OLED) 等。非晶 IGZO TFT 自 2004 年研制成功以来,发展十分迅速,在不足十年的相对较短的时间内已经实现了在显示领域的商业应用,其应用范围涉及 AMLCD、AMOLED、E — Paer 等多个平板显示技术。2012年,IGZO TFT 实现了在 LCD 显示驱动背板领域商业应用,从 2013 年开始,IGZO TFT 开始用于 OLED 的背板驱动。夏普、三星、中电熊猫等公司都已实现了 IGZO TFT 技术的量产,产品已广泛用于显示市场。目前,非晶 IGZO TFT 技术趋于成熟,并成为当前三种主流 TFT 技术(非晶硅、低温多晶硅、非晶 IGZO) 中极具竞争力的一种技术,应用前景十分广阔。

IGZO 半导体器件在光电探测领域也具有很大的潜力,其本身可作为紫外光电探测器,具有光响应度高等优点。此外,使用窄禁带材料如量子点修饰宽禁带的 IGZO、异质结等方法,通过能级工程也可以实现从紫外光到可见光的光电响应探测。

近年来,基于 IGZO TFT 得单极型薄膜集成电路如 RFID 等以及基于 IGZO 与 p 型氧化物(如 SnO) 的 CMOS 薄膜电路如反相器(如图 7-89)、多种逻辑门电路(NAND、NOR、transmission gate 等)、静态随机存储器、环形振荡器、D — Latch、1 bit 全加器等也被研制出来,显示出了很好的应用价值。

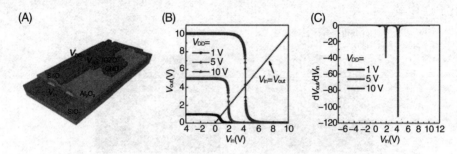

图 7-89 基于 IGZO 的 CMOS 薄膜反相器的结构

(a) 输入－输出电压曲线 (b) 及电压增益(c)

近年来,随着可穿戴传感电子、物联网、能源电子等的发展,IGZO TFT 在各种生物传感器如 pH 传感器与温度传感器等、DNA 探测、人工神经突触、类脑计算、存储电子、功率器件等新的应用不断涌现,展示了其巨大的应用潜力。除此之外,IGZO 肖特基二极管(SBD)近些年也已被研制出来,2015 年,英国曼彻斯特大学与山东大学合作在 PET 塑料衬底上制备的柔性 IGZO SBD 的开关频率高达 6.3GHz,基本满足了目前手机通讯、GPS 定位、蓝牙、WIFI 等的频率需求,2016 年该合作团队又实现了超过 1GHz 的薄膜 IGZO TFT。这两种 IGZO 薄膜高频器件充分揭示了以 IGZO 为代表的氧化物在柔性／薄膜通讯电子领域的应用价值。

综上所述,与传统非晶硅相比,IGZO 具有高迁移率、大的禁带宽度、可见光透明、可低温甚至室温大面积制备等优势,近年来已经成为柔性电子和透明电子器件领域的研究热点。开发具有迁移率更高、漏电流更低、对水氧和偏压更稳定的 IGZO 技术,以及开发其在柔性可穿戴电子、物联网等新兴领域的应用价值成为其未来重要的发展方向。

第8章

PN 结中的光电过程

8.1 PN 结的性质

PN 结常采用不同的扩散掺杂工艺,将 P 型半导体与 N 型半导体制作在同一块基片上,不同浓度的载流子扩散在它们的交界面就形成了一个空间电荷区即 PN 结,如图 8-1(a);它并不是两种材料简单的串联,这种 PN 结具有单向导电性的特殊性质,因此,PN 结是绝大多数半导体器件必不可少的核心组成部分。在半导体达到平衡状态时,半导体中的费米能级处处相等,因此 P 型和 N 型区域连接起来形成 PN 结时,原来分别处于价带顶和导带底附近的费米能级将趋于一致,使得载流子重新分布,如图 8-1(b)、(c)。

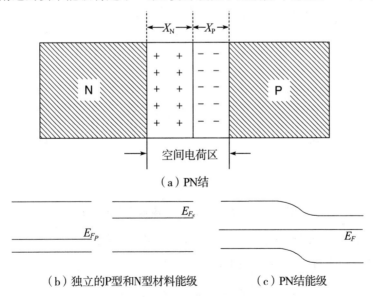

（a）PN结

（b）独立的P型和N型材料能级　　（c）PN结能级

图 8-1　半导体 PN 结能级

在 PN 结界面处,由于载流子的相互扩散,会形成一个空间电荷区和自建电场。P 型区由于空穴的扩散形成负的空间电荷区,N 型区由于电子向对方扩散形成正的空间电荷区,正、负电荷区之间将形成内建电场,该电场又会驱使电荷区的电子向 N 型区运动,驱使空穴向 P 型区运动(内建电场由 N 区指向 P 区,N 区电势比 P 区电势高,但电子的势能却是 P 区的高,N 区的低,P 区电子的能量在原来能级的基础上,又叠加了一个由电场引起的附加势能,因为能带图是按电子能量的高低来画的),从而使得 N 型区的能带连同费米能级 E_F 相对于 P 型区而下降,载流子的转移过程要持续到各处的费米能级都一样,最后结果使得 PN 结双方的费米能级处于带隙中的同一位置,如图 8-1(b)。E_F 相同意味着在 PN 结界面处能带发生了弯曲,形成了势垒。在界面附近这个区域,由于载流子的扩散与内建电场达到平衡,使得该空间电荷区厚度到微米量级,这种空间电荷区的宽度又称"耗尽层"或者"结的宽度"。

8.1.1 PN 耗尽层

PN 结正负空间电荷区可看作正负电荷相等,设耗尽层 N 型和 P 型区的电荷扩散深度为 X_N 和 X_P。(PN 结面积相等为 S)。两边杂质浓度为 N_D 和 N_A。则有:

$$X_N \cdot S \cdot N_D = X_P \cdot S \cdot N_A \Rightarrow X_N \cdot N_D = X_P \cdot N_A \tag{8-1}$$

根据泊松方程,其电势能的变化为:

$$\begin{cases} \dfrac{d^2 V_N}{dx^2} = -\dfrac{qN_D}{\varepsilon}, (-X_N < X < 0), \varepsilon \text{ 是半导体介电常数。} \\[3mm] \dfrac{d^2 V_P}{dx^2} = -\dfrac{qN_A}{\varepsilon}, (0 < X < X_P) \end{cases} \tag{8-2}$$

由以上泊松方程描述的空间电荷区的电场和电势分布如下图 8-2 所示:

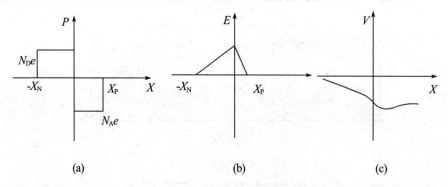

图 8-2 PN 结区电荷密度、电场和电势分布

这是对于 P 型和 N 型区均匀掺杂情况,在界面处掺杂突变。

对前面两泊松方程(8-1)(8-2) 积分求解得:

$$V_N = -\frac{eN_D}{2\varepsilon}(x + x_N)^2, (-x_N < x < 0) \tag{8-3}$$

$$V_P = \frac{eN_A}{2\varepsilon}(x + x_P)^2, (0 < x < x_P) \tag{8-4}$$

在界面处,$x = 0$,则

$$V_N = -\frac{eN_D}{2\varepsilon}x_N^2 \tag{8-5}$$

电场

$$E_M = \frac{dV}{dx} = \frac{eN_D}{\varepsilon}x_N \quad V_P = \frac{eN_A}{2\varepsilon}x_P^2 \tag{8-6}$$

耗尽层的总宽度由(8-5)(8-6)两式可推出

$$x_N + x_P = \left(\frac{2\varepsilon}{e}\right)^{\frac{1}{2}} \cdot \left[\left(\frac{V_N}{N_D}\right)^{\frac{1}{2}} + \left(\frac{V_P}{N_A}\right)^{\frac{1}{2}}\right] \tag{8-7}$$

由导带和价带边电势能的总变化量为:

$$\Delta E = e(|V_N| + V_P) = \frac{e^2}{2\varepsilon}(N_D x_N^2 + N_A x_P^2) \tag{8-8}$$

再根据(8-5)(8-6)两式相除得

$$\frac{V_P}{V_N} = \frac{x_P^2}{x_N^2} \cdot \frac{N_A}{N_D} \tag{8-9}$$

$$N_D x_N = N_A x_P \tag{8-10}$$

可推出

$$\frac{V_P}{V_N} = \left(\frac{N_D}{N_A}\right)^2 \cdot \frac{N_A}{N_D}, \text{所以} \frac{V_P}{V_N} = \frac{N_D}{N_A} \tag{8-11}$$

由(8-8)(8-11)两式可得出

$$\begin{cases} V_N = \dfrac{N_N}{N_A + N_D} \cdot \dfrac{\Delta E}{e} \\ V_P = \dfrac{N_P}{N_A + N_D} \cdot \dfrac{\Delta E}{e} \end{cases} \tag{8-12}$$

代入(8-7)式可以求得

$$x_N + x_P = \left(\frac{2\varepsilon}{e}\right)^{\frac{1}{2}}\left(\frac{\Delta E}{e}\right)^{\frac{1}{2}}\left\{\left[\frac{N_A}{N_D(N_A + N_D)}\right]^{\frac{1}{2}} + \left[\frac{N_D}{N_A(N_A + N_D)}\right]^{\frac{1}{2}}\right\}$$

$$= \frac{(2\varepsilon\,\Delta E)^{\frac{1}{2}}}{e(N_A + N_D)^{\frac{1}{2}}}\left[\left(\frac{N_A}{N_D}\right)^{\frac{1}{2}} + \left(\frac{N_D}{N_A}\right)^{\frac{1}{2}}\right] \tag{8-13}$$

讨论:

(1) 若 P 型区掺杂浓度大大高于 N 型区,即 $N_A \gg N_D$。

根据 $x_N N_D = x_P N_A$,可推出 $x_N \gg x_P$,说明大部分耗尽区在 N 型区,则有

$$x_N + x_P \approx x_N \approx \frac{(2\varepsilon\,\Delta E)^{1/2}}{eN_D^{1/2}}, x_N \propto \frac{1}{N_D^{1/2}} \tag{8-14}$$

所以耗尽区的宽度随掺杂浓度的增加而变窄。

(2) 若 N 型区掺杂浓度大大高于 P 型区,即: $N_D \gg N_A$。

同样可以得出: $x_P \gg x_N$,大部分耗尽区在 P 型区,则有

$$x_N + x_P \approx x_P \approx \frac{(2\varepsilon \Delta E)^{1/2}}{eN_A^{1/2}} \tag{8-15}$$

上述讨论的问题,是针对均匀掺杂的(P型区和N型区)突变结。(即在P型区和N型区均匀掺杂,在界面处发生突变)。

若不是均匀掺杂的突变结,而是渐变的,则上述结论就不正确、不适用了,就需要利用泊松方程求解来获得。

8.1.2　PN结电场

假设在PN结界面两边施主和受主的浓度分布是均匀的。那么在耗尽层空间电荷区,电场在界面处会发生突变。PN结中的平均电场 E 可由静电势推出。若突变结为 $N_A > N_D$ 的PN结,则 $\bar{E} \approx \frac{V_N}{X_N}$。根据 $V_N \frac{e \cdot N_D}{2\varepsilon} \cdot x_N$ 和 $x_N \approx \frac{(2\varepsilon E)^{3/2}}{e(N_D)^{3/2}}$,可得

$$\bar{E} = +(\frac{\Delta E \cdot N_D}{2\varepsilon})^{1/2}$$

若根据泊松方程 $\dfrac{\mathrm{d}^2 V_N}{\mathrm{d}x^2} = -\dfrac{eN_D}{\varepsilon}(-x_N < x < 0)$,积分求解可得

$$E(x) = \frac{eN_D}{\varepsilon}\int_{-x_N}^{x}\mathrm{d}x = \frac{eN_D}{\varepsilon}(x + x_N) \tag{8-16}$$

当 $x = -x_N$ 时,$E(-x_N) = 0$ 所以

$$E(x) = \frac{eN_D}{\varepsilon}(x + x_N) = \frac{eN_D}{\varepsilon}x_N(1 + \frac{x}{x_N}) \tag{8-17}$$

令 $E_M = \dfrac{eN_D}{\varepsilon}x_N$ 可得

$$E(x) = E_M(1 + \frac{x}{x_N})(-x_N < x < 0) \tag{8-11}$$

由此可知,当 $x = -x_N$ 时,$E(x) = 0$;当 $x = 0$ 时,$E(x) = E_M$。即当 x 由 $-x_N$ 到 $x = 0$ 变化时,电场强度 E 达到最大值。

同理可得,当 $0 < x < x_P$ 时,$E(x)$ 表示为

$$E(x_P) - E(x) = +\frac{eN_D}{\varepsilon}(x_P - x)(0 < x < x_P) \tag{8-19}$$

$E(0) = E_M, E(x_P) = 0$

所以

$$E(x) - \frac{eN_D}{\varepsilon}(x_P - x) = \frac{eN_D}{\varepsilon}x_P(1 - \frac{x}{x_P})$$

$$= E_M(1 - \frac{x}{x_P}),(0 < x < x_P) \tag{8-20}$$

8.1.3 PN 结电容

PN 结空间电荷区中的正负电荷构成两个导电区,形成一个平行板电容,考虑空间电荷层里没有可移动的净载流子,可认为耗尽区是绝缘的,这是一种近似(对于缓变结不可如此考虑)。

根据平行板电容器的电容公式 $C=\dfrac{\varepsilon s}{d}$,可得到突变结单位面积上的电容为

$$C=\frac{\varepsilon}{x_N+x_P} \tag{8-21}$$

若是均匀掺杂的情况,当 $x_N>x_P$ 时,$N_A>N_D$,所以 $x_N=\dfrac{(2\varepsilon\,\Delta E)^{1/2}}{e\,(N_D)^{1/2}}$,代入式 (8-21) 可得

$$C=\frac{\varepsilon}{x_N}=\frac{e\,(\varepsilon N_D)^{1/2}}{(2\Delta E)^{1/2}}=e\sqrt{\frac{\varepsilon N_D}{2\Delta E}} \tag{8-22}$$

当 PN 结加电压时,式 (8-22) 变成为(主要是电势差变化)

$$C=e\sqrt{\frac{\varepsilon N_D}{2(\Delta E-V)}}=\sqrt{\frac{e\varepsilon N_D}{2(\dfrac{\Delta E}{e}-V)}} \tag{8-23}$$

当所加电压 V 为正时,电容 C 增大;当所加电压 V 为负时,C 减小。

式 (8-23) 可以改写成 $\dfrac{1}{C^2}=\dfrac{2}{e\varepsilon N_D}(\dfrac{\Delta E}{e}-V)$,变化关系如图 8-3。这是突变结电容与电压的关系描述,可以看出 $1/C^2$ 与电压 V 的关系是线性关系。

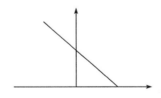

图 8-3 结电容与偏压的关系曲线

若是缓变结,则可推出 $\dfrac{1}{C^3}=\dfrac{12}{\varepsilon^2 ea}(\dfrac{\Delta E}{e}-V)$,其中 $a=\dfrac{d(N_A-N_D)}{dx}\Big|_{x=x_j}$。

PN 结的电容量随外加电压而改变,主要包括势垒电容(C_B)和扩散电容(C_D)两部分。势垒电容和扩散电容均是非线性电容。

势垒电容是由空间电荷区的离子薄层形成的。当外加电压使 PN 结上压降发生变化时,离子薄层的厚度也相应地随之改变,这相当 PN 结中存储的电荷量也随之变化。势垒区类似平板电容器,势垒电容用 C_B 表示,其值为:$C_B=-\dfrac{dQ}{dT}$

在 PN 结加反向偏置电压时结电阻较大,势垒电容 C_B 的作用不能忽视,特别是在高

频时,它对电路有较大的影响。势垒电容 C_B 不是恒值,而是随电压 V 而变化,利用该特性可制作变容二极管。

在 PN 结正向导通时,多子扩散到对方区域后,在 PN 结边界上积累,并有一定的浓度分布。积累的电荷量随外加电压的变化而变化,当 PN 结正向电压加大时,使 PN 结势垒降低、正向电流加大;当正向电压减小时,使 PN 结势垒降低减小、正向电流减小,积累在 P 区的电子或 N 区的空穴就要相对减小。所以当外加电压变化时,有载流子向 PN 结"注入"和"流出"。 PN 结的扩散电容 C_D 描述了积累在 P 区或 N 区的少数载流子随外加电压变化的电容效应。

8.2　PN 结正向偏压与效应

对于重掺杂半导体材料形成的 PN 结,其表现出来的现象丰富多彩。在这种情况下的 PN 结,重掺杂的 N 型区和 P 型区费米能级 E_f 都进入了能带(见图 8-4)。

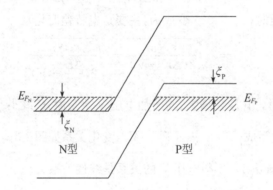

图 8-4　重掺杂(简并)PN 结平衡态下的能带示意图

在 PN 结上加偏置电压后,会出现一些载流子的隧穿效应,引起载流子跃迁辐射(正向偏压电场与自建电场方向相反,使 PN 结势垒降低,结宽变小,使载流子的扩散大于漂移,形成 PN 结正向电流)。

8.2.1　能带间的隧穿效应

8.2.1.1　PN 结加正向偏压情况

当 PN 结加上正向偏置电压 V_1 后,空间电荷区就会变窄,势垒降低,N 型和 P 型两区在平衡状态下的费米能级 E_F 则分裂开来,分别变成 E_{F_N} 和 E_{F_P},$E_{F_N} > E_{F_P}$,如下图 8-5 所示。

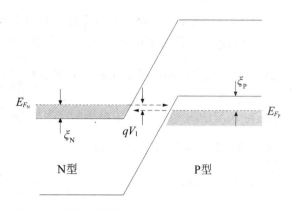

图 8-5   重掺杂(简并)PN 结正偏压 V_1 下的能带结构图

如果 PN 结很窄,则导带电子的波函数和价带空穴的波函数会发生交叠,因此存在 PN 结两边能量相等的状态,这样 N 区导带中的电子就能够穿过隧道来到 P 区的价带中。当然,能够隧穿的电子其能量是有限制的,即只有能量在 E_{F_P} 到 $E_{F_P} - qV_1$ 范围内的电子可隧穿到 E_{F_P} 与 $E_{F_P} + qV_1$ 之间相应的空态上,其他能量状态电子不可隧穿。如果 N 型区导带中的电子填充区和价带中空态区之间的交叠部分增大,则隧穿电子数就增加,电流就变大,结区厚度很小。电流有一个最大值,当 $V_1 = \rho$ 时,隧穿电流最大,说明导带和价带交叠最多。

8.2.1.2   PN 结加反向偏压情况

当 PN 结加反向偏压 V_2 时,空间电荷区就会变厚,势垒会升高,P 区价带填充态与 N 区的导带空态发生重叠,费米能级 E_{F_N} 发生反转,$E_{F_P} > E_{F_N}$,电流隧穿方向与加正向偏压时相反(如下图 8-6)。以上隧穿现象其动量也是守恒的,这需要声子的协助。因为载流子可以在 P 区和 N 区的相同能态之间运动,当导带能谷与价带能谷的动量不同时,就需要在外加偏压作用下发射声子,借助声子实现遂穿的动量守恒;当导带能谷与价带能谷的动量横向分量相同时,载流子就不需要声子协助来实现遂穿。因此,载流子在偏压下的遂穿是在相同能态之间进行的,不涉及能量守恒问题。

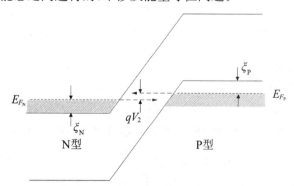

图 8-6   重掺杂(简并)PN 结反向偏压 V_2 下的能带结构图

当 PN 结的 N 型区和 P 型区都是重掺杂情况,给其加一个反向偏压能使得电子从 P

型一侧隧穿到 N 型一侧的导带空能带上。如果 N 区和 P 区都没有重掺杂,且加上的反向偏压过小,则会因耗尽区太宽而电子不能发生隧穿。此时穿过 PN 结的电流仅为少数载流子向 PN 结的扩散。在 N 型区热产生的少子空穴的产生速率为 $\frac{P_N}{\tau_h}$,P_N 是 N 区中的空穴浓度,τ_h 是空穴的寿命;在 N 型区内,热产生少子电子的产生率为 $\frac{n_P}{\tau_e}$,n_P 为 P 型区中的电子浓度,τ_e 是 P 型区电子的寿命。则 N 型区空穴从离 PN 结大约为 L_h(空穴扩散长度)的长度内向 PN 结扩散。故空穴电流密度表示为 $J_1 = \frac{qL_hP_N}{\tau_h}$,则 P 型区电子电流密度可表示为 $J_2 = \frac{qL_en_P}{\tau_e}$。

用 D/L 取代 $\frac{L}{\tau}$,这里的 D_h 是 N 区空穴的扩散系数,它与 P_N 和 τ_h 的关系为扩散长度 L_h,则有 $L_h = \sqrt{D_h\tau_h}$;

对于 P 型区的电子,D_P 是 P 区电子的扩散系数,扩散长度 $L_e = \sqrt{D_e\tau_e}$,所以加反向偏压时流过 PN 结的总电流密度为

$$J_s = J_1 + J_2 = \frac{qD_hP_N}{L_h} + \frac{qD_en_P}{L_e} \tag{8-24}$$

在外加反向偏压某一范围内,电压的大小一般只影响耗尽层的宽度,而在大多数半导体中,耗尽区远小于扩散长度。由于只有离耗尽区边缘近的(一个扩散长度之内)少数载流子才对反向漏电流有明显的贡献,若每个区内少数载流子的浓度是均匀的,那么改变偏压并不会引起电流的变化,故反向电流在一定电压范围内是饱和的。如下图 8-7 给出了反向偏压下 PN 结中载流子的流动和 I-V 特性。

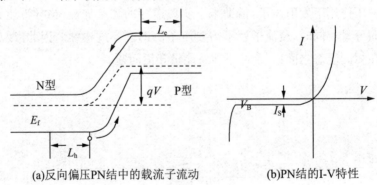

(a)反向偏压PN结中的载流子流动　　　　(b)PN结的I-V特性

图 8-7　反向偏压下 PN 结中载流子的运动和 I-V 特性

但是实际上的反向电流并不很稳定,而是随着偏压的增加而略有增大。该反向电流的增加量来源有两部分:一是 PN 结与半导体表面相交处表面产生的少子,二是耗尽层内产生的少子。提高少数载流子浓度还可用其他方法,如用光激励方法来产生载流子浓度。光激励可产生电子空穴对,若在一定的扩散长度内进行光激发,饱和电流就增加,这

叫做"光电导性"。因为光的作用，产生过剩载流子而引起电阻变化，这种光电导性是光学激发和输运现象的结合，光生载流子被外电场所输运，这部分内容在此不详尽介绍。

8.2.2 光子协助隧穿效应

8.2.2.1 光子协助隧穿效应的定义

当 PN 结加上正向偏置电压 V_1 足够大时，PN 结宽度减小，因 PN 结形成的势垒降低，使 PN 结两边的导带底与价带顶不再交叠时，出现 $E_{F_N} > E_{F_P}$，则 N 区导带电子能够通过一个两步过程——隧穿和光子发射，来实现遂穿转变，越过 PN 结到达 P 区的价带。载流子的这种遂穿转变称光子协助隧穿效应，如下图 8-8。

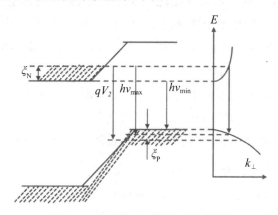

图 8-8 正向偏压下的光子协助遂穿

8.2.2.2 隧穿效应分析

给 PN 结加上偏压 V_2，由于载流子的隧穿效应，导带底和价带顶的带间跃迁发射出最小光子能量为 $h\nu_{min} = qV_2 - \xi_N - \xi_P$。

若考虑导带边延伸效应造成的指数尾部，发射谱能量较低部分就不会突然截止，则其在 0K 时发射出的最小光子能量为 $h\nu_{min} = qV_2 - \xi_N + \frac{m_c^*}{m_\nu^*}\xi_P$，而最大发射光子能量为 $h\nu_{max} = qV_2$。另外，考虑到间接能隙半导体中，由于声子的参与，使动量守恒。所以对间接能隙半导体材料，带间最大发射能量为 $h\nu_{max} = qV_2 - E_P$（E_P 为声子能量）。

当正向偏压增大时，PN 结的宽度变小，势垒高度降低，载流子隧穿几率增大，导致发射强度增加。因此，PN 结的发光强度、电流强度都与 PN 结的外加电压有指数依赖关系，如式(8-25)所示。

$$L \propto I \propto \exp(\frac{-a}{E}) \qquad (8\text{-}25)$$

其中 a 是常数，电场强度 $E = (E_g - V)/X(V)$，在突变结中，E 与 $(E_g - V)^{1/2}$ 成正比；在线性缓变结中，E 与 $(E_g - V)^{2/3}$ 成正比。

因此，随着 PN 结正向偏压的增加，所有的各种跃迁也都随着增强，也包括带尾态之间的跃迁。

8.2.3 少数载流子注入效应

8.2.3.1 少数载流子注入效应的定义

PN结在外加正向电压的作用下,空穴从P区扩散到N区,在N区边界 x_N 处积累,称为N区的非平衡少数载流子,电子从N区扩散到P区,在P区边界 x_P 处积累,称为P区的非平衡少子,这种少数载流子在边界积累的现象称为非平衡少子的注入。

8.2.3.2 注入效应分析

随着PN结正向电压的增加,PN结耗尽区最终变得足够薄以至于其内建电场不足以反作用抑制多数载流子跨PN结的扩散运动,因而降低了PN结的电阻,使得跨过PN结注入P区的电子将扩散到附近的电中性区,注入N区的空穴也将扩散到附近的电中性区。所以PN结附近的电中性区的少数载流子的扩散量确定了二极管的正向电流。

当正向偏压足够大,可使得电子能够在PN结外的导带中传输时,注入少数载流子,使电子或空穴处于激发状态,然后复合跃迁。当正向偏压升高时,可提高N型区中电子的势能。从而降低了电子注入P区的势垒高度,也降低了空穴注入N区的势垒高度。注入电流和偏压存在指数关系为 $I = I_0 e^{\frac{eV}{k_B T}} - 1$。当 $qV > E_g + \xi_P$ 时,注入电流随电压迅速上升。在注入模式中,除了带带复合外,还可能产生多种复合(辐射的或非辐射的),例如,导带到受主、施主到价带、自由激子与束缚激子等。

8.2.4 深能级隧穿效应

如果半导体能隙中存在深杂质能态或能级,当PN结加上一个小的正向偏压(该偏压必须大于出现带-带隧穿时的偏压)时,则电子就能够从导带隧穿到PN结里的杂质能级或能带,然后再阶梯式地从一个杂质态降到另一个能量较低的杂质态,通过深能级过渡,最后完成隧穿到达P区的价带。同时,电子也可以从杂质态垂直跃迁到价带。

根据前面讨论,在PN结加正向偏压 V 时(该电压导致导带和杂质带互不交叠),载流子在PN结中运动可能同时会出现两个过程:一是光子协助带-带隧穿;二是光子协助隧穿到杂质能级。这两种遂穿都需要光子协助才能实现,对于光子协助隧穿到杂质能级的过程,电流随电压的变化而变化。因为载流子遂穿到杂质能级,会出现一个凸峰,在高峰位置说明遂穿的载流子量最大,因此对应其发射光的强度也就最强,也形成一个凸峰。

如果杂质深能级的能量相对于价带顶为 E_T,则发光谱的能量范围应该从 $qV - E_T - \xi_N - \xi_P$ 到 qV,即最小能量的发射光是电子从导带底到杂质深能级跃迁发光;最大能量的发射光是导带中费米能级处电子到价带中费米能级处空穴的跃迁发光。当然,载流子还可能通过非辐射跃迁到达深能级中心,这种情况对于高速粒子辐射半导体引起的深能级中心特别适用,由于是非辐射跃迁所以观察不到跃迁引起的光发射。

8.2.5 施主—受主间隧穿效应

许多半导体材料,如 CaAs,CaP,ZnO,CaN 等,在低温、室温下存在的辐射跃迁主要是从材料中的施主到受主的跃迁。为了提高辐射复合的效率,人们常常在 PN 结中同时掺杂施主和受主,使二者交叠。

8.2.5.1 隧穿效应

如果在 CaAs 中同时掺杂施主和受主,那么净杂质的束缚能为 $E_D + E_A \approx 30 \sim 50\mathrm{meV}$,它主要取决于掺杂施主和受主的能级大小。

图 8-9 给出了在 PN 结加上正向偏压 V 时的能带图。

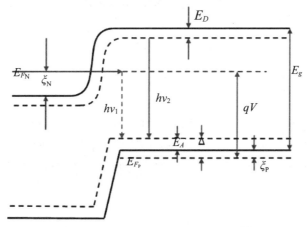

图 8-9 PN 结加上正向偏压 V 时的能带图

在温度为 0K 时,受主终态的最高密度在价带顶上面 E_A 处,受主束缚能为 E_A,价带费米能级 E_{F_P} 进入价带与价带顶的距离为 ξ_P,(忽略施主与受主之间的库仑作用,忽略 PN 结耗尽层内部跃迁) 辐射复合大多数发生在 PN 结的 P 型一侧,在 N 区内费米能级 E_{F_N} 处的电子遂穿到 P 区的几率最高(这里的电场高,势垒最低)。则有施主到受主的隧穿跃迁发射光子能量为

$$h\nu_1 = qV - E_A - \xi_P = qV - \Delta \tag{8-26}$$

这一现象可在低温下的实验中观察到。

当然,平常情况下人们是给二极管两端加电压 V_a,而不仅仅是 PN 结两端的电压 V,电压 V_a 和电压 V 的区别是二极管内部的电阻压降 Ir,有以下关系 $V = V_a - Ir$,将此式带入 $h\nu_1 = qV - E_A - \xi_P = qV - \Delta$ 中,可得下式

$$qV_a - h\nu_1 - \Delta = qIr \tag{8-27}$$

该式反映出它与二极管电流之间的关系是线性关系,其斜率就是二极管内部的体电阻。

8.2.5.2 温度对施主-受主间光发射的影响

当温度上升时,处于费米能级 E_{F_N} 之上的高能态中的电子,其隧穿几率高于费米能级 E_{F_N} 处的电子。这是因为处在高于 E_{F_N} 能级的高能态处势垒高度较低,更易于隧穿。

在偏压相同的情况下,温度上升可使发射峰向高能方向移动。因为温度升高导致Δ降低,由 $h\nu_1 = qV - E_A - \xi_P = qV - \Delta$ 可知,发射峰能量 $h\nu_1$ 增大,发射峰会出现在高于 qV 的能级处。若温度继续升高,则公式 $h\nu_1 = qV - E_A - \xi_P = qV - \Delta$ 可坚持到的值为 $qV = E_g + \xi$（其中 ξ 为 ξ_N、ξ_P 中较小的一个,$E_g + \xi_N$ 是空穴注入 N 区所必须克服的势垒大小）,当 $qV > E_g + \xi$ 时,电流迅速上升,直到出现注入的条件为止。从此施主-受主之间的跃迁占主导,施主与受主之间的跃迁发射峰能量($h\nu_2$)固定不变。

8.2.5.3 杂质浓度梯度对隧穿的影响

PN 结中的电场强度随着杂质浓度梯度的增加而增强,电场强度的增强会导致载流子隧穿概率的增加,因而发射峰能量增加,向高能量方向移动。杂质浓度梯度可由电容与偏压关系的测量来确定

$$\frac{1}{C^3} = \frac{12}{\varepsilon^2 ea}\left(\frac{\Delta E}{e} - V\right) \tag{8-28}$$

其中 $a = \dfrac{\mathrm{d}(N_A - N_D)}{\mathrm{d}x}\bigg|_{x = x_j}$。

如果 PN 结均匀掺杂,存在均匀电场,光子协助隧穿理论分析很成功;如果 PN 结为非均匀掺杂,其内部电场是非均匀的,若电场为抛物线,则实验与理论也吻合的很好。如果 PN 结为突变结,P 区是重掺杂,那么耗尽层的宽度仅取决于 N 区轻掺杂的杂质浓度,具体如式(8-29)所示

$$x_N = \frac{(2\varepsilon\,\Delta E)^{1/2}}{e(N_D)^{1/2}} \tag{8-29}$$

可以看出耗尽区宽度与掺杂浓度之间存在二次方抛物线关系。

8.2.6 注入模式下的光子协助隧穿

在 PN 结外加正向电压作用下,当载流子输运过程接近注入模式时,相应的光发射按照"二极管电流-电压方程"随偏压迅速增大,出现带-带复合,光子协助隧穿的发射率、漂移率就会变慢。随着 PN 结所加电压增加,会导致载流子的大量激发,使得准费米能级进入到导带中。因为导带中的电子有较小的有效质量和较小的态密度,所以激发出的电子比较容易将导带底部填充,而此后激发的电子则需要填充到导带中更高的能量状态位置。由于价带有较大的空穴有效质量,电子态密度较大,所以价带的准费米能级在激发下通常移动较小的位置。PN 结的结电流与发射峰能量之间的关系仍是指数关系,具体描述为 $I = I_0 \mathrm{e}^{\frac{h\nu_2}{E_0}}$,$h\nu_2$ 是 PN 结导带尾到价带的跃迁发射。

PN 结的上述能带填充是基于一个假设:在一个临界偏压以上,电子会从 N 区扩散或隧穿到 P 区导带的带尾态中去,随即发生从带尾到带尾,或从带尾到价带顶(或带尾到受主)的直接跃迁的结果。因此,决定发射谱形状的主要因素是带尾态的填充情况,而不是隧穿概率。由于带尾态的分布与 $\mathrm{e}^{\frac{h\nu}{E_0}}$ 成正比,因此,从 PN 结导带尾跃迁到价带的发射峰

$h\nu_2$ 的位置漂移将取决于电子的准费米能级移动位置。表示式如下关系式

$$h\nu_2 = E_{F_P} - E_{F_N} \qquad\qquad (8\text{-}30)$$

发射峰有一个低能量边，其形状也与 $e^{\frac{h\nu}{E_0}}$ 成正比。

根据前面的内容，我们知道尾态的起源于能带边所受到的扰动，它使得各处的能隙皆保持一定值，但不同位置导带底的能量各不相同。N 区中费米能级附近的电子向 P 区导带尾不同态隧穿的几率取决于态到 PN 结的距离，一旦这些态全部被填满，辐射复合过程就不是局部的直接跃迁，而是隧穿协助的光子发射，这是一个比较复杂的过程。在这个过程中，局域态一方面被遂穿过来的电子所填满，另一方面又被光子协助的遂穿所空出。只要给 PN 结加偏压，就会发生结内的光子协助隧穿，但在低电压时它可能被直接隧穿和红外区的辐射所掩盖。但体内的光子协助隧穿只有当 E_{F_N} 能够达到的体内带尾态和施主态的数目超过在 E_{F_N} 处结内施主的数量时才容易观察到。

对以上论述另有一种理论观点：该理论认为既然光发射是出现在 P 区，那么激活区厚度的延伸量就应为电子扩散长度的数量级，即大约是一个微米。这种数量级在注入方式中当发射峰位置不变时方可实现，而在发射峰位置漂移的同时，激活区宽度会变小，小于 60 nm。由前面内容可知，能带填充过程是由体内光子协助隧穿形成的，它不是发生在 PN 结内本身，而是在距离 PN 结大约 100 nm 的体内。

8.2.7　轻掺杂 PN 结的注入发光

前面讨论的所有 PN 结情况都是 P 区和 N 区重掺杂的情况，在轻掺杂情况下很少用于制作发光二极管。因为轻掺杂电阻率高，高阻材料的功率损耗太大，而且高阻使得严重发热会导致其他问题。现在已经可在重掺杂的低阻衬底上外延纯净的薄膜，如 GaAs，GaN 等。这些薄膜是突变结，加上正向偏压可以实现辐射复合，这些辐射可能是深能级复合形成的，也可能是施主 - 受主之间跃迁复合，还可能是束缚激子的辐射。

8.2.8　PN 结发光致冷

在 8.2.6 节中我们知道，PN 结光发射的光子能量分布的峰值实质上可大于加在结两端的电压所对应的能量值 qV。得到的这种辐射的这个能量差 $\Delta = h\nu - qV$ 来自于何处？这是人们所关心的。它可能来自于晶格放热而不是俄歇效应！

设用 Q 代表电子 — 空穴对复合时从晶格中吸取的热量，在外加电压为 V 时，则有 $h\nu < qV + Q$，当电子—空穴复合时，100% 吸取晶格放热，则有：$\Delta = h\nu - qV = Q$，Q 可用熵的变化来估算出。

当温度为 T 的载流子从晶格上吸收热量 Q 后，则晶格的熵变为 $-\dfrac{Q}{T}$，即 $\Delta S_1 = -\dfrac{Q}{T}$（高温热源的熵变定义），低温热源从高温热源吸热后的熵变 $\Delta S_2 = \dfrac{Q}{T^*}$，光子可看作是低温热

源。光子发射过程使熵增加,用 T^* 代表辐射场的有效温度。则 $\Delta S_2 = \dfrac{h\nu}{T^*}$,所以晶格将热量转移给光子。系统总熵变为 $\Delta S_1 + \Delta S_2 = 0$,即

$$-\frac{Q}{T} + \frac{h\nu}{T^*} = 0 \tag{8-31}$$

由此可得 $0 = T \cdot \dfrac{h\nu}{T^*}$。

在电磁辐射中,光子数为 $\rho(h\nu) = \dfrac{1}{e^{\frac{h\nu}{k_B T^*}} - 1}$,由此可得 $e^{\frac{h\nu}{k_B T^*}} = 1 + \dfrac{1}{\rho(h\nu)}$,两边取对数

可得 $\dfrac{h\nu}{k_B T^*} = \ln[1 + \dfrac{1}{\rho(h\nu)}]$,对于自发辐射,$\rho(h\nu) = 1$,所以

$$\frac{h\upsilon}{k_B T^*} \approx \ln[\frac{1}{\rho(h\nu)}] \tag{8-32}$$

$$Q = k_B T \cdot \ln[\frac{1}{\rho(h\nu)}] \tag{8-33}$$

在低电压、低电流情况下,$\rho(h\nu)$ 很小,晶格热量应为最大,当电压电流上升时,自发发射光子数 $\rho(h\nu)$ 增加,则晶格的热量下降,趋于零,则晶格温度 T 降低,T^* 变大。

为了估计光学致冷过程的效率,必须把 Q 与电源输出功率 P 联系起来。对于高频的二极管来说,光发射强度与电流 I 成正比,即

$$\int_0^\infty \rho(h\nu)\mathrm{d}\nu = \eta I \quad (\eta \text{ 为量子效率}) \tag{8-34}$$

由于在较大的电流范围内,光子发射谱形状不变,即发射光子能量不变。故式(8-34)可以写成

$$\rho(h\nu) = a\eta I \tag{8-35}$$

则 $Q = k_B T \cdot \ln[\dfrac{1}{\rho(h\nu)}] = k_B T \cdot \ln[\dfrac{1}{a\eta I}]$,因此

$$\mathrm{d}Q = k_B T \cdot a\eta I \cdot \mathrm{d}(\frac{1}{a\eta I})$$

$$= k_B T a \cdot \frac{1}{\alpha} \left(-\frac{I \cdot \mathrm{d}\eta + \eta \cdot \mathrm{d}I}{\eta^2 I^2} \right) \tag{8-36}$$

$$= k_B T \left(-\frac{\mathrm{d}\eta}{\eta} - \frac{\mathrm{d}I}{I} \right)$$

$$\frac{\mathrm{d}Q}{\mathrm{d}I} = -\frac{k_B T}{I} - \frac{k_B T}{\eta} \cdot \frac{\mathrm{d}\eta}{\mathrm{d}I} \tag{8-37}$$

由于发射强度与电流成正比,即电流越大,光子数越多,发光越强。但是量子效率 (η = 光子数 / 电子数) 与电流无关,因此式(8-37)最后一项可以忽略。

根据前面的内容我们知道,发射峰与电流之间的关系如式(8-38)所示

$$I = I_0 e^{\frac{h\nu}{E_0}} \qquad (8-38),$$

得出 $\rho(h\nu) = a\eta I_0 e^{\frac{h\nu}{E_0}}$,代入公式(8-33),可以推出

$$Q = k_B T \cdot \ln\left[\frac{1}{\rho(h\nu)}\right]$$

$$= k_B T \cdot \ln\left[\frac{1}{a\eta I_0 e^{\frac{h\nu}{E_0}}}\right] \qquad (8-39),$$

$$= k_B T\left[\ln\frac{1}{a\eta I_0} - \frac{h\nu}{E_0}\right]$$

将式(8-39)代入不等式 $h\nu \leqslant qV + Q$ 中,取极限情况,得到式(8-40)

$$h\nu = qV + k_B T\left[\ln\frac{1}{a\eta I_0} - \frac{h\nu}{E_0}\right] \qquad (8-40)$$

由此可以得出

$$V = \frac{k_B T}{q}\left[\frac{h\nu}{k_B T} + \frac{h\nu}{E_0} + \ln(a\eta I_0)\right] \qquad (8-41)$$

说明电压 V 与 $h\nu$ 之间是线性关系,所以

$$\frac{\mathrm{d}V}{\mathrm{d}(h\nu)} = \frac{1}{q}\left(1 + \frac{k_B T}{E_0}\right) \qquad (8-42)$$

此式说明在较高温度下, $V - h\nu$ 曲线的斜率较大。

制冷器的效率 ε 为所有载流子吸取的总热量与加在二极管上的电能之比,可以用式(8-43)表示

$$\varepsilon = \frac{\text{所有载流子吸取的总能量}}{\text{加在二极管上的电能}} = \frac{(I \cdot |Q|)/q}{IV} = \frac{|Q|}{qV} \qquad (8-43)$$

将公式(8-39)中的 Q 和公式(8-41)中的 V 代入到式(8-43),可得式(8-44)

$$\varepsilon = \frac{\ln(a\eta I_0) + \dfrac{h\nu}{E_0}}{\ln(a\eta I_0) + \dfrac{h\nu}{E_0} + \dfrac{h\nu}{k_B T}} \qquad (8-44)$$

由上式可知,当光子能量 $h\nu$ 变大时,致冷效率 ε 减小;当温度 T 降低时,致冷效率 ε 减小。如果 PN 结辐射效率低,那么它所加电能就有一部分用来转化成热量,这样就不可能得到净冷却效果;如果外加在 PN 结上电池的电能全部被辐射掉,有 95% 的发射能量,另外的 5% 能量就需要从晶格中吸收,达到制冷目的。如果 PN 结量子效率为 99%,则剩余的来自电池的 1% 电能产生了热量。

8.3 半导体异质结

对于半导体同质结人们讨论较多,而异质结在半导体光子学方面也有了广泛应用,采用异质结的主要目的是在不易得到的两性电导材料上获得高效率的发光,或者采用各种材料组合的多样性来制作多功能的发光器件。异质结是由两种不同材料组成,也可以是多层、更多层(几百层)异质材料组成的复杂的异质结构,这就不是单单指一个异质结的界面结构,而是更加广泛的含义。

8.3.1 异质结的分类方式

异质结按照不同的特点有四种分类方式:(1)按两种半导体材料的导电类型分为反型异质结和同型异质结。导电类型相反的两种半导体材料构成的 PN 结为反型异质结,如 P 型 Cu_2S 和 N 型 C_dS;导电类型相同的两种半导体材料则构成同型异质结,如 P-Si 和 P-GaP。(2)按材料区别分两种半导体材料之间组成的结为半导体与非半导体异质结,如金属肖特基势垒。(3)按内表面变化分为突变异质结和缓变异质结(有混合区)。(4)按晶格尺寸匹配分为匹配异质结和非匹配异质结。

当用两种不同的半导体材料组成 PN 结时,其过渡区就叫异质结。如果两种半导体材料可以相互融合而又是逐渐过渡时,所得到的结与同质结相比差别是很小的。这种过渡区称"准同质结"。异质结分为突变型异质结和缓变型异质结,如 N-ZnSe 和 P-ZnTe 之间、p-GaAs 和 n-GaP 之间的渐变过渡区就是准同质结。我们常把渐变和突变的过渡区叫异质结。使用异质结目的之一就是为了获得少子的高注入效率,即少子注入较小能隙半导体材料中。因为辐射复合发生在较低的能隙区,一般情况带隙较大的材料对较低能隙材料产生的辐射是透明的,因此常被用作辐射的发射窗口。在实际应用中,异质结因为表面态的存在,费米能级有可能被表面态钉扎在界面上,所以界面处的电场发生改变,容易形成肖特基势垒。由于肖特基势垒具有整流作用,在 PN 异质结中整流效应明显,后面有详细介绍。

8.3.2 异质结的基本特性

8.3.2.1 迁移率增大

半导体的自由电子主要是由掺杂杂质形成的,所以在一般的半导体材料中,由于杂质对自由电子的碰撞散射,导致自由电子降低了其行动能力,使得其迁移率减小。但在异质结构中,可利用"三明治"结构将杂质夹在两边的夹层中,中间层的带隙宽度小,杂质所提供的电子会局限在中间层。因此在空间上使得电子与杂质分开,电子的运动就不会因杂质的碰撞散射受到限制,使其迁移率可以大大增加。

8.3.2.2 二维量子阱效应

异质结的"三明治"结构因其中间层的能级较低,两侧自由电子很容易运动到中间层并被局限其中;而中间层的厚度可以很小(仅有几纳米),该电子只剩下一个二维空间,这就形成了一个二维量子阱结构,在如此小的阱空间内,电子的特性会受到量子效应的影响而改变。因此半导体异质结构提供了一个非常好的物理系统,可用于研究低维度下的电子物理特性,例如能级量子化、基态能量增加、能态密度改变等,其中能态密度与能级位置是决定电子特性的重要因素。低维度下的电子特性不同于三维情况下的电子特性,如电子束缚能的增加、电子与空穴的复合率变大,出现量子霍尔效应和分数霍尔效应等。利用这种低维度的电子特性,科学家们已经做出了各式各样的组件,其中就包含光纤通讯中的高速光电组件,而量子与分数霍尔效应分别获得诺贝尔物理奖。

8.3.2.3 人造材料能带工程

半导体异质结构中间层或是两旁的夹层,可因需要不同而改变。例如砷化镓,镓可以被铝或铟取代,而砷可用磷、锑、或氮取代,所设计出来的材料特性因而变化多端,因此有人提出了人造材料能带工程。若将锰原子取代镓,则发现半导体具有铁磁性的现象,今后可利用半导体电子的自旋特性做成组件。此外,在半导体异质结构中,如果邻近两层的原子间距不相同,原子的排列会被迫与下层相同,那么在两层之间的界面处原子间就会存在应力,该应力会改变电子的能带结构与行为。目前薄膜材料的生长技术大力提高,薄膜间应力的大小已可由薄膜生长技术来调控。因此科学家们又多了一个调控改变半导体材料能隙的因素,可制备更多新颖的半导体器件,例如硅锗异质结构高速晶体管。

8.3.3 半导体异质结的能带

8.3.3.1 安德森能带模型

人们对异质结的研究越来越深,特别是利用能带理论和能带图,出现了多种能带理论模型,安德森能带模型就是其中之一。半导体异质结的能带取决于材料的多种因素,如,每种材料的禁带宽度、费米能级、电子亲和能、导电类型、掺杂浓度、界面态密度等,这也给异质结带来了多样性。安德森能带模型在简化的基础上,提出有关物理量之间的相互关系,能够表达所要研究的物理量的本质特性。安德森能带模型的三点假设:

一是在异质结界面处,不存在界面态和偶极态;

二是在异质结界面处的耗尽层(或空间电荷层)中,达到平衡以后空间电荷的符号相反、大小相等,总体呈现出电中性;

三是组成异质结的两种材料介电常数不相等,即 $\varepsilon_1 \neq \varepsilon_2$,但是异质结界面处两侧的电位移矢量 D 是连续的,电场强度 E 不连续,即 $\varepsilon_1 E_1 = \varepsilon_2 E_2$,$E_1 \neq E_2$

实际上安德森能带模型所描述的是理想的突变异质结,从异质结界面到两侧的两种体材料内部,都保持着各自材料的各种物理和化学特性,异质结界面处不存在界面态和偶极层,因此说安德森能带模型是一个理想的半导体异质结的能带模型。由于安德森能带模型过于理想化,完全没有考虑异质结界面存在的各类不利因素,所以在实际应用中它往往不能十分准确地解释问题。因此人们又提出对异质结能带结构的修正,主要是需要考虑异质结两边的本征费米能级在界面处发生了突变,突变的大小由两侧载流子的有效质量来决定,据此计算出的导带差与实验的结果比较符合。虽然安德森能带模型与异质结实际情况有差异,但是它的确是比较好地描述了异质结的主要特性,仍然被广泛采用。

8.3.3.2 异质结的能带图

界面态使异质结的能带结构有一定的不确定性,但一个好的异质结应该是界面态密度比较低的。界面态主要来自于两种材料晶格常数的不匹配、热膨胀系数不匹配和界面处的位错等因素。为了减少上述因素的影响获得高质量的异质结,人们常用 MBE、MOCD 等技术生长异质结材料。

半导体异质结能带可分为以下三类:类型-Ⅰ,类型-Ⅱ,和类型-Ⅲ,其能带图如图 8-10 所示。

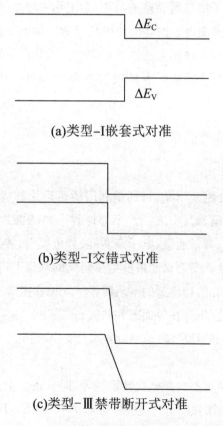

(a)类型-I嵌套式对准

(b)类型-I交错式对准

(c)类型-Ⅲ禁带断开式对准

图 8-10 半导体异质结能带匹配的三种类型

两种半导体组成异质结能带是否能对齐有重要意义。对于电子器件来说,在类型 -I 嵌套式对准图中,如果异质结导带的台阶大于价带的台阶,即 $\Delta E_c > \Delta E_v$(如 1eV),则电子 / 空穴才能更有效地被束缚,可以减小漏电流。在类型 -II 交错时对准图中,加正向偏压时把价带容易拉平,空穴就比较容易注入 N 区,而两侧的带隙差形成的势垒 $\Delta E = E_{g_1} - E_{g_2}$ 阻挡了电子从 N 区注入 P 区中,该异质结可以有效减小电子 — 空穴对的复合。一般来说带隙较大的材料对较小能隙材料产生的辐射是透明的,所以大带隙材料可以作为低能隙材料辐射的发射窗口,提高异质结发光效率,可提升在光催化分解水应用中的光催化效率。

异质结界面两侧的能带能否匹配对齐依赖于结两侧材料的电荷转移情况。当异质结两侧无电荷转移时,异质结两侧的导带差则是由异质结两侧材料的电子亲和势(E_A)决定的,安德森能带模型中认为异质结两侧的真空能级持平,根据两侧材料的电子亲和势不同,可得到两侧材料的导带位置,即导带台阶。根据材料的禁带宽度 E_g 的数值,可得到价带的相对位置关系,即价带台阶。在实际半导体材料中,异质结界面通常存在界面态,界面态对费米能级有影响,即费米能级被表面态定轧在界面上。在加正向偏压时异质结两侧价带拉平的带边不同,能带结构又不是理想的,会有一个肖特基势垒存在,该势垒有整流作用,肖特基势垒的反向电流由于镜像力的作用会上升而不饱和。如下图 8-11 所示。

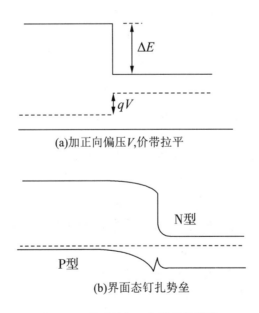

(a)加正向偏压V,价带拉平

N型

P型

(b)界面态钉扎势垒

图 8-11　异质结加正向偏压能带图

如图 8-11 异质结加正向偏压能带图和无偏压的界面态势垒在 PN 异质结中,载流子的输运是电子通过肖特基势垒的隧道穿透而形成的。电子从宽带隙 N 型材料向窄带隙 P 型材料隧穿的概率可以用下式表示。

$$J \approx \exp\{-\frac{2}{\hbar}(\frac{\varepsilon m^*}{qN_d})^{\frac{1}{2}} \cdot E_{b(\max)}\} \cdot \exp\{\frac{2}{\hbar}(\frac{\varepsilon m^*}{9N_d})^{\frac{1}{2}}\alpha \cdot V\} \tag{8-45}$$

其中 m^* 是有效质量，N_d 是宽带隙 n 型材料的杂质浓度，$E_{b(\max)}$ 是零偏压时相对于导带边的最大势垒高度，α 是所加电压的系数，它会引起宽带隙材料势能的变化。隧穿电流则是隧穿概率 J 和每秒钟到达势垒的电子数的乘积，即隧穿电流可写成 $I = J \cdot n$（n 是每秒钟到达势垒的电子数）。

如 CdS 材料，直接带隙（E_g 约为 2.5eV）可发射蓝 — 绿光。CdS 材料总是表现出呈现 N 型，难以做出 P 型，犹如 ZnO。CdS 和 SiC 可制成异质结，都可做成 N 型或 P 型，得到的 PN 结是异质结，CdS 材料的同质结生长制备很困难。CdS 材料的发射谱随偏压而漂移，光的颜色由红到绿逐渐变化。这个变化可能是到深能级的跃迁，或者一个为光子协助隧穿过程。

随着半导体器件等比缩小到纳米量级，众多负面效应的出现使得传统的 MOSFETs 无法满足进一步微缩要求，金属/高 k 技术以及 FinFET 技术的出现使得 MOS 器件延续摩尔定律成为了可能。虽然这些技术革新已得到成功应用，但是仍存在诸多问题需要进一步研究。其中新型 MOS 结构费米能级钉扎效应[见图 8-11(b)]的研究一直是一个研究热点，因其决定了 MOS 器件的阈值电压，也不断有人提出针对全栅 MOS 结构费米能级钉扎效应的新模型，并对金属栅极材料有效功函数作出预测。有研究表明费米能级钉扎效应除了受到金属栅极材料电子态密度影响之外，还受到界面态密度的影响，并且对于新材料和新结构的 MOS 器件此模型也同样适用。纵观 MOS 器件的发展趋势，虽然相关的技术革新已得到成功应用，但是仍然面临许多问题需要进一步的深入研究，这对于半导体器件延续摩尔定律向前发展具有重要的意义。

8.3.4　同型异质结和异型异质结

异型异质结是指组成异质结的半导体材料是不同导带类型的，即 n 型或者 p 型，异质结的界面两侧都是耗尽层，可以通过分析少数载流子的情况来分析认识耗尽层的厚度、能带的弯曲等变化情况。由于各种材料的功函数 Φ、电子亲和势 χ、禁带宽度 E_g 等参数各不相同，会导致它们的费米能级位置、导带差、价带差以及能带弯曲的方向各不相同，这也决定了它们的电学特性、光学特性各不相同，通过设计 PN 结带隙变化和势垒高度，就可调控电子和空穴的注入、限制等物理过程特性，极大地促进了 PN 结的发光利用。图 8-12 给出了四种异型异质结的能带结构示意图。

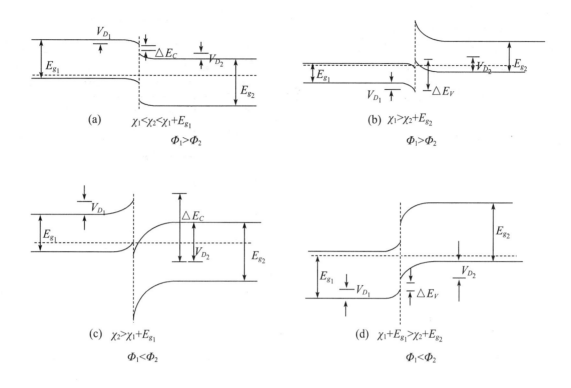

图 8-12　四种异型异质结的能带结构

同型异质结是指两种半导体材料的导电类型相同组成的异质结,如 N-N 型异质结、P-P 型异质结。虽然他们具有相同的导电类型,但是它们的功函数 Φ、电子亲和势 χ、禁带宽度 E_g 等参数各不相同,因此构成的同型异质结能带结构也不同,如图 8-13:

同型异质结从物理上分析要比异型异质结困难,因为异型异质结的界面两侧都是耗尽层,可以通过分析少数载流子的情况来分析认识耗尽层的厚度、能带的弯曲等变化情况。但是同型异质结界面两侧的载流子类型相同,决定它们性质的不再是少数载流子,而是多数载流子,异质结的两侧也不是出现正负电荷相反的耗尽层电偶极区。根据异质结两侧同型半导体材料的禁带宽度,宽带隙一侧的施主(N_N 结 N 侧)或者受主(P_P 结 P 侧)电离产生足够的空间电荷,窄带隙一侧就会出现多子的积累。所以,同型异质结是由宽带隙一侧的耗尽层和窄带隙一侧的载流子积累层构成的电偶极区。图 8-13 给出了四种同型异质结的能带结构示意图。

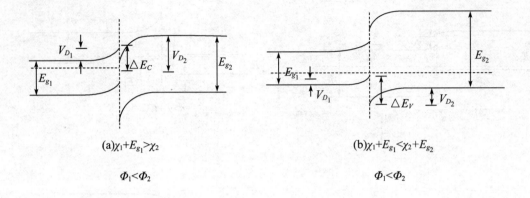

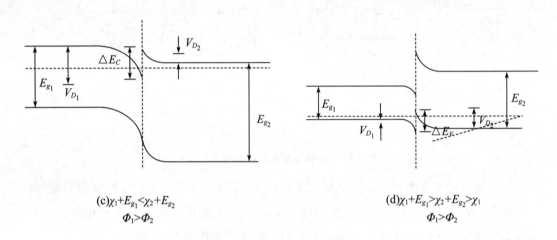

图 8-13　四种同型异质结的能带结构

图(C) 给出了当窄带隙一侧的功函数大于宽带隙一侧的功函数时,且窄带隙材料的电子亲合势与带隙之和小于宽带隙材料的电子亲合势与带隙之和,即有$:\Phi_1 > \Phi_2$, $\chi_1 + E_{g_1} < \chi_2 + E_{g_2}$, n 区的电子积累层厚度小于 N 区的耗尽层厚度,那么 N 侧区电子越过导带尖峰势垒到达窄带 N 区侧的电子浓度和速度分布类似于热阴极的热电子发射。

8.4　PN结的反向偏压与击穿

当 PN 结加上反向偏压时,反向电流会达到饱和,随着所加反向电压的增大,反向电流由初期的饱和状态会在某个电压下突然增大,这种现象就是击穿,PN 结的击穿有三种情况:热击穿,齐纳击穿(隧道击穿),雪崩击穿。

8.4.1　热击穿

当 PN 结加上反向电压时,对应于反向电流所损耗的功率也逐渐增大,产生的能量增加,引起结温上升,结温升高又引起反向电流增大;如果产生的热量不能及时发散出去,PN 结的温度就会升高,温度升高和反向电流增大则会不停地交替进行下去,最后导致电流无限增大直至出现永久性击穿损坏,这是由于热效应引起的,称为热击穿。

对于禁带宽度较窄的半导体(如锗)或反向漏电流较大的 PN 结,易发生热击穿。

8.4.2　齐纳击穿(隧道击穿)

在重掺杂半导体 PN 结内部,空间电荷区的电荷密度很大,结内部存在着强电场,PN 结宽度较窄,只要结上加一小的反向电压势垒区内就能建立起很强的电场,使得内建电场失衡,形成较大的反向电流,出现隧道击穿,即齐纳击穿。当 PN 结加反向偏压升高时,势垒升高,势垒区导带和价带的水平距离随反向偏压的增加而变窄,如图 8-14 所示。

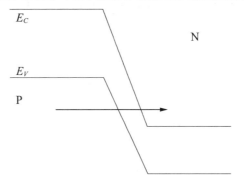

图 8-14　PN 结加反向偏压变窄

这时 P 区价带中的电子的能量可能等于甚至超过 N 区导带电子的能量,故 P 区的价电子将有一定几率穿过 PN 结带隙进入 N 区导带成为自由电子,如果电场很强,则隧穿过的电子数就很多,反向电流很大,从而引起 PN 结击穿,称为齐纳击穿。

而在轻掺杂的半导体 PN 结中,PN 结的耗尽区较厚,结内的平衡自建电场太低以致不能产生齐纳击穿;当反向偏压上升时,PN 结厚度增大,结内电场增强;当 PN 结内部电场增加到 10^{-7} V/cm 时,内部反向电流随偏压突然增大,发生齐纳击穿。其电流 — 电压特性请见前图 8-7 中的(b)。

8.4.3　雪崩击穿

8.4.3.1　雪崩击穿定义

在低掺杂 PN 结中,当反向电压较高时,势垒区电场很强,空间电荷区的载流子在电场作用下可获得很大的动能,在晶体中运行的电子和空穴将不断地与晶格原子发生碰撞,把晶格原子外层价电子激发出来,电离产生电子 — 空穴对,电子空穴对又在电场作用下,与晶格原子碰撞后再产生第三代电子 — 空穴对,使得耗尽层中的载流子的数量雪崩式地增加,载流子数目急剧上升,出现"雪崩倍增",流过 PN 结的电流就急剧增大击穿 PN 结。这种由雪崩倍增效应引起的反向电流剧增的击穿称为雪崩击穿。

8.4.3.2 雪崩击穿与齐纳击穿相比,其机理是不同的

(1)齐纳击穿取决于穿透隧道的几率,它依赖于禁带的水平距离大小,故齐纳击穿一般只发生在重掺杂的 PN 结中。

(2)雪崩击穿是碰撞电离的结果,如外加作用:光照,快速粒子轰击等,也会增加势垒区中电子－空穴对浓度,产生倍增效应,使得反向电流变大,上述外界作用对齐纳击穿影响不大,雪崩击穿一般发生在掺杂浓度较低、外加电压又较高的 PN 结中。

(3)齐纳击穿的击穿电压,其温度系数是负的,其击穿电压随温度升高而减小,这是由于温度升高,禁带宽度变窄的结果,由以下公式可知,$E_g = E_g(0) - \dfrac{\alpha T^2}{T + \beta}$。而雪崩击穿的击穿电压,其温度系数是正的,即击穿电压随温度升高而增加。齐纳击穿的击穿电压 V_B 比较稳定,过程比较可靠,击穿前后阻抗变化较大,因此,该击穿类型的二极管常用来保护精密电路,以防止电压的大幅度偏移而造成电路损坏。

(4)雪崩击穿的特点是 $I-V$ 特性中电流与电压的关系与幂次方成正比,其方向电流 I_R 有经验公式可表示为:$I_R = MI_S$,

I_S 是饱和电流,M 是倍增因子。

若 V_R 为反向偏压,V_B 为 PN 结击穿电压,则有:

$$M = \frac{1}{1 - (\dfrac{V_R}{V_B})^n}, [(3 \leqslant n \leqslant 6)], \tag{8-46}$$

其中 PN 结的击穿电压 V_B 与轻掺杂一侧的载流子浓度成反比,即轻掺杂一侧的载流子浓度越高,请对应的击穿电压就越低。

8.4.4 雪崩击穿二极管及发光机理

8.4.4.1 雪崩击穿二极管

雪崩击穿二极管是一种具有内部增益和光电流放大的有源器件,它利用半导体结构中载流子的碰撞电离和渡越时间两种物理效应而产生负阻的固体微波器件。雪崩击穿二极管可以认为是一个 PN 光电二极管和场效应晶体管的集成。图 8-15 给出了雪崩击穿二极管的断面结构、电荷和电场分布示意图。

从图 8-15 可知,二极管由 n⁺ 区、p 区、吸收区、p⁺ 区等组成,其中 p 区是轻掺杂的薄层,构成雪崩区,吸收区为非常请掺杂的 p 型,几乎可认为是本征的,用 π 区表示,整个二极管的结构表示为 n⁺ pπp⁺。雪崩击穿二极管的电荷分布可看出,n⁺ 区电荷密度最高,p⁺ 区次之,p 区电荷密度较低,吸收区 π 区电荷密度最低,近于本征状态。

当给雪崩击穿二极管加上足够大的反向偏压后,n⁺ 区和 p 区电压降较多,虽然没有击穿,但是形成了高电场的雪崩区,最高电场出现在 n⁺ 区和 p 区的界面处,其后面逐渐降低,并在 p 区和 π 区界面处发生转折,在整个吸收区 π 区电场变化很小,电场略有下降,总的来看基本保持不变。

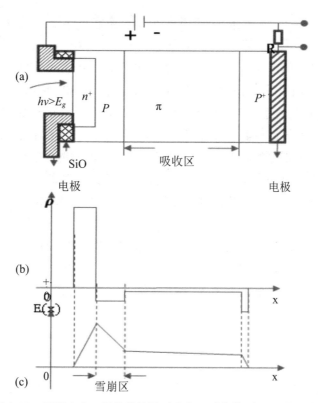

图 8-15 雪崩击穿二极管结构及对应各区域电荷、电场分布示意图

(a) 器件结构　　(b) 电荷分布　　(c) 电场分布

8.4.4.2　雪崩击穿二极管的发光。雪崩击穿是 PN 结在反向电场作用下,载流子能量增大,不断与晶体原子发生相碰,使共价键中的电子激发形成自由电子－空穴对。新产生的载流子又通过与晶格原子碰撞产生新的自由电子－空穴对,由此 1 生 2,2 生 4,4 生 8 等等,像雪崩一样大量增加载流子,即出现载流子倍增现象,是没有增益时的 M 倍。如图 8-16。

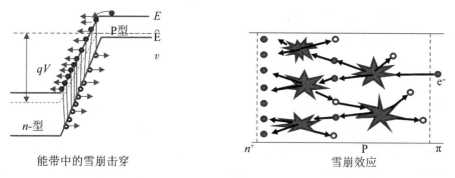

图 8-16　PN 结在反向偏压下的雪崩效应和在能带中的表现

在 PN 结工作条件下,虽然 π 区电场比 p 区电场低一些,但是仍然可以使载流子保持一定的漂移速度快速通过 π 区,需要的渡越时间短,这样就可使雪崩二极管获得快的响应

速度,又有一定的增益。π区电场可使产生的电子－空穴对分开,最终在外面电路上产生光电流,在外负载上产生电压降。

雪崩击穿时,产生的电子－空穴对会复合发光由于电子－空穴对都会被电场"加热",热载流子之间的辐射跃迁所发射出的光子能量大于带隙能量,故雪崩击穿时其发光的特征是有一个宽的发射谱。该谱最大能量位置在 $3E_g = h\nu$,它相当于把最热的电子和空穴分开需要的能量,该谱在低能量边,其能量低于带隙 $E_g > h\nu$,这是由于隧穿协助的光子发射,其能量低于带隙的原因。若要准确描述雪崩的发光,还必须考虑热载流子引起碰撞损耗的细节,在电场作用下获得足够的能量的电子,碰撞激发价带或杂质的其他电子,连续碰撞可使得自由电子数目倍增,同样空穴也出现倍增,结果使得器件击穿。

在雪崩击穿结构中,材料保持电中性,并且倾向于维持一个均匀分布的高场。由于电子与空穴运动方向相反,空穴的碰撞电离在靠近阴极处产生的自由电子更多。故雪崩击穿增加了载流子的浓度,使得电流饱和。这需要某些条件限制倍增速率。碰撞而使价带电子跃迁到导带,激发形成的电子－空穴对,所需的动能与禁带宽度 E_g 和载流子有效质量 m_e^*、m_h^* 有关,保持动量与能量守恒[9]。

其阈值能量为:$E = \dfrac{m_h^* + 2m_e^*}{m_e^* + m_h^*} E_g$

若设 $m_e^* = m_h^*$,则:有 $E = \dfrac{3}{2} E_g$,对于深发光中心的碰撞激发来说,由于其初态在动量空间的分布比较弥散,它所需要的动能也较少。

发射光谱的高能部分很容易被半导体材料再吸收,因此必须进行特殊的制备。使击穿发生在表面或非常接近表面的区域,这样才能观察到雪崩击穿发光。在半导体中,观察击穿发光最有利的结构是在浅的、无位错的 PN 结中才可以。浅的 PN 结加反向偏压,由于它们的耗尽层很薄(小于 10^{-4} cm),在低压下就可获得击穿所需要的高电场(2×10^5 V/cm)。

反向偏压下发射谱包含与间接跃迁相对应的基本近带边发射(在正偏下也能观察到)和正偏压下没有看到过的较高能量的发射。发射谱的高能量边在能量对应于直接跃迁的地方突然截止。这种突然截止也是由强烈的自吸收造成的(直接跃迁吸收系数较高)。

8.4.4.3　雪崩二极管光电探测

雪崩二极管可以用来进行光电探测,用光照射二极管能增大 PN 结饱和电流 I_S,当反向电压 V_R 接近击穿电压 V_B 时,光电流得到放大,因此为了得到灵敏度高的 PN 结,就必须把 PN 结的倍增因子 M 做到尽可能地大,尽可能地减小 PN 结中的缺陷(如位错,沉淀物等),还要尽量减小"边缘效应",克服 PN 结暴露在表面的情况,尽量减小漏电流。雪崩二极管可采用保护环的结构,可把边缘效应减到最小。将有源区 p^+ n 被轻掺杂的 p 型区所形成的 PN 结给包围,这样周围区域内的电场比有源区低,雪崩击穿将发生在中心区而不是外围,见图 8-17。

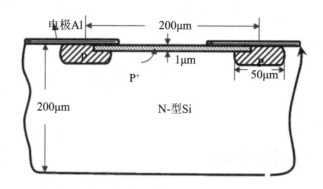

图 8-17   有保护环结构的雪崩二极管剖面图

对于均匀掺杂的材料要达到阈能,可以由调整外加电压 V 或适当调节两级间的距离 d,使 $\dfrac{V_i^2}{d^2}=\dfrac{2E}{m\mu^2}$,μ 是迁移率,$qV\geqslant E$ 材料不能太薄。

若材料太薄则由于电子隧穿效应使碰撞激发不能有效产生,雪崩击穿发光谱可用下式精确描述:$I(\nu)=A[1-erf(\dfrac{h\nu}{C})]$(误差函数)。$I(\nu)$ 发光强度,A 常数,

$$C=(\dfrac{3\pi}{8})^{\frac{1}{2}}\dfrac{\mu\vec{E}k_\mathrm{B}T_e}{v_s},k_\mathrm{B}T$$ 是热电子能量,v_s 声速,$\vec{E}$ 电场。

第9章

半导体光生伏特效应

近年来,随着全球化石能源的枯竭以及环境的日益恶化,对可再生能源的研究引起了世界各国的重视。太阳能电池是一种清洁能源,也是一种能够大规模应用的现实能源,可被用来进行独立和并网发电,因其具有能量转换效率高、使用寿命长、维护较为方便等诸多优点,被人们广泛应用于航天、通讯、交通、军事、光伏电站等诸多领域。太阳能电池也被称为光伏电池。它是利用光生伏特效应将太阳能转换为电能的器件。所谓光生伏特效应是指当满足一定波长要求的光照射到电池上时,电池吸收光能后在其两端产生电动势的现象。光生伏特效应是太阳能电池实现光电转换的理论基础,因此本章将重点对不同半导体结构和系统的光生伏特效应进行介绍。在此基础上,我们还将对太阳能电池发展的现状及未来趋势进行概括性地梳理和讨论。

9.1 PN 结的光生伏特效应

9.1.1 PN 结的电学特性

传统的太阳能电池比如晶体硅电池都是基于 PN 结的光伏效应而制作的。为了能更好地理解该类电池的工作原理,我们很有必要简要回顾一下在没有光照时 PN 结的电学特性。根据半导体的相关理论可知,当 n 型和 p 型半导体结合在一起形成 PN 结时,由于它们在界面附近载流子浓度梯度的存在导致了空穴和电子分别发生从 p 区到 n 区和从 n 区到 p 区的扩散运动。在 p 区一侧,由于空穴的离开,导致形成了由电离受主构成的负电荷区。在 n 区一侧则类似地出现了由电离施主所形成的正电荷区。这两个区域共同构成了空间电荷区。由于空间电荷区的存在,使得在 PN 结两侧附近形成了从 n 区指向 p 区的电场,即内建电场。在该电场的作用下,电子和空穴做与扩散运动方向相反的漂移运动。这意味着内建电场起到了阻碍载流子扩散的作用。最终,在无外加偏压的情况下,扩散电流和漂移电流达到动态平衡,即二者的大小相等、方向相反,彼此抵消。

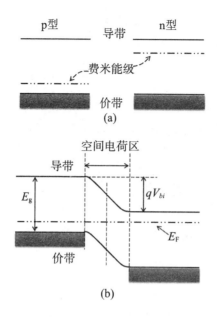

图 9-1 PN 结结构及能带示意图

如果我们从能带的角度进行考虑,如图 9-1 所示,当 p 型半导体和 n 型半导体由图(a)中的分离状态变为图(b) 中的接触状态时,PN 结两侧的电势能将发生变化同时空间电荷区的能带会发生弯曲。由于能带弯曲的存在,电子由 n 区向 p 区以及空穴从 p 区向 n 区运动时,都必须克服一个大小为 qV_{bi} 的势能高坡即 PN 结的势垒,因此空间电荷区也被称为势垒区。

当在 PN 结的两端加上偏压 V 后,由于空间电荷区内载流子浓度极小而呈现高阻状态,所以外加电压将基本落在 PN 结的空间电荷区上。当给 p 区施加与内建电场方向相反的正电压时,将会导致势垒高度由 qV_{bi} 减小为 $q(V_{bi}-V)$,从而使得电子从 n 区向 p 区以及空穴从 p 区向 n 区的移动变得容易,在两个区产生非平衡少数载流子的注入,形成正向电流。与之相反,当给 n 区施加与内建电场方向相同的正电压 V 时,将会导致势垒高度由 qV_{bi} 增大为 $q(V_{bi}+V)$,在 p 区和 n 区产生少数载流子的抽取,形成很小的反向电流。当在 PN 结两侧施加偏压 V 时(正向偏压时 $V>0$,反向偏压时 $V<0$),在空间电荷区的 n 区和 p 区边界的少数载流子浓度 p_n 及 n_p 分别如下:

$$p_n = p_{n_0} e^{\frac{qV}{k_B T}}$$

$$n_p = n_{p_0} e^{\frac{qV}{k_B T}}$$

$$(9\text{-}1)$$

其中,p_{n0} 及 n_{p0} 分别为热平衡状态下 n 区及 p 区的空穴和电子浓度,k 为玻尔兹曼常数,T 是绝对温度。PN 结中由空穴形成的电流是由其浓度梯度导致的扩散电流,其电流密度 J_p 为:

$$J_p = qp_{n_0} \frac{D_p}{L_p} \left[e^{\frac{qV}{k_B T}} - 1 \right]$$

$$(9\text{-}2)$$

在该式中，D_p 和 L_p 分别是空穴的扩散系数和扩散长度。

同样，结中由电子形成的扩散电流密度 J_n 为：

$$J_n = q n_{p_0} \frac{D_n}{L_n} \left[e^{\frac{qV}{k_B T}} - 1 \right] \tag{9-3}$$

其中，Dn 和 Ln 分别是电子的扩散系数和扩散长度。

施加偏压 V 后 PN 结中总的电流密度 J 为上述空穴与电子扩散电流之和，即：

$$J = J_p + J_n = J_0 \left[e^{\frac{qV}{k_B T}} - 1 \right] \tag{9-4}$$

其中

$$J_0 = q p_{n_0} \frac{D_p}{L_p} + q n_{p_0} \frac{D_n}{L_n} \tag{9-5}$$

9.1.2 PN 结的光照特性及太阳能电池

当 PN 结受到光子能量大于半导体带隙的光照后，半导体吸收光的能量产生光生载流子—空穴和电子。在 PN 结附近生成的载流子未被复合而到达空间电荷区，电子和空穴在内建电场的作用下分别朝着 n 型和 p 型半导体运动，形成了由 n 区指向 p 区的光生电流 I_L 和一个与内建电场具有相反方向的光生电动势。光生电动势的存在就相当于在 PN 结的两端施加了正向偏压 V，导致结区势垒高度降为 $q(V_{bi} - V)$，并形成正向电流 I_F。在 PN 结处于开路的状态下，光生电流与正向电流大小相等、方向相反，PN 结的两端将形成稳定的电势差，即太阳能电池的开路电压 V_{OC}。而如果我们将 PN 结与外电路接通，在光照下 PN 结就会像电源一样提供源源不断的电流。这就是太阳能电池的基本工作原理。

如上所述，在太阳能电池工作时共涉及三种不同的电流：由半导体光吸收所产生的光生电流 I_L，PN 结在光生电压 V 的作用下所产生的正向电流 I_F 以及流经外电路的净电流 I。其中，I_L 和 I_F 的方向相反。根据前文所给出的 PN 结的整流方程（9-1-4）可得在正向偏压 V（即光生电压）的作用下，通过结区的正向电流大小为：

$$IF = I_0 \left[e^{\frac{qV}{k_B T}} - 1 \right] \tag{9-6}$$

其中 I_0 为 PN 结的反向饱和电流。

如果将太阳能电池与外加的负载形成通路，那么通过负载的电流大小应为：

$$I = IF - IL = I_0 \left[e^{\frac{qV}{k_B T}} - 1 \right] - IL \tag{9-7}$$

这就是外加负载上的电压与电流的关系，也就是太阳能电池在光照下的伏安特性方程。其特性曲线如图 9-1-2 所示，从中我们还可以得到太阳能电池的基本特性参数。

关于太阳能电池的特性参数，人们一般使用短路电流 I_{SC}、开路电压 V_{OC} 以及填充因子 FF 作为太阳能电池的基础技术指标，并采用由上述指标计算得出的光电转换效率来判断电池整体性能的优劣。下面我们逐一对上述参数的计算方法进行一下简单的介绍。

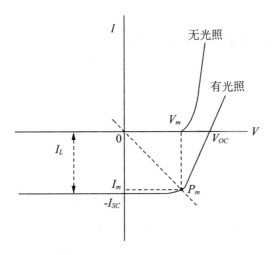

图 9-2 太阳能电池的伏安特性

短路电流 I_{SC}：

在光照条件下，如果令 PN 结短路即式(9-7)中的 $V=0$，则此时 $I_F=0$，这时所得的电流即为短路电流 I_{SC}。显然由式(9-7)可得短路电流的大小等于光生电流 I_L。

开路电压 V_{OC}：

当太阳能电池处于开路状态时，此时 PN 结两端的电压就是电池的开路电压 V_{OC}。在式(9-7)中，设 $I=0$（开路），即 $I_L=I_F$，则

$$V_{OC} = \frac{k_B T}{q} \ln\left[(I_L/I_0) + 1\right] \tag{9-8}$$

填充因子 FF：

如图 9-2 所示，在太阳能电池光照下的伏安特性曲线上存在一个输出功率最大的点，其对应的电压、电流和功率值分别为 V_m、I_m 和 P_m。则该点在图中所对应的矩形面积与由 V_{OC} 和 I_{SC} 所构成的矩形面积的比值即为填充因子 FF，即

$$FF = \frac{V_m I_m}{V_{OC} I_{SC}} \tag{9-9}$$

光电转换效率 η：

太阳能电池的光电转换效率被用来衡量入射的太阳光能量能够转换为电能的比例，也就是电池的最大输出功率与入射光功率的比值，其定义为：

$$\eta = \frac{P_m}{P_{in}} = \frac{I_m V_m}{P_{in}} = \frac{V_{OC} I_{SC} FF}{P_{in}} \tag{9-10}$$

由上式可以看出，想要获得具有高光电转换效率的太阳能电池就需要获得功率输出大的太阳能电池，即要使 V_{OC}、I_{SC} 和 FF 的乘积尽可能大。

9.2 肖特基势垒的光生伏特效应

9.2.1 肖特基势垒

除了我们在上一节中所介绍的传统的基于 PN 结的太阳能电池之外,人们还研制和开发了具有其他结构的太阳能电池。肖特基结太阳能电池便是其中的一种。肖特基结是以其发明人肖特基(Schottky) 博士的名字命名的。所谓的肖特基结太阳能电池是利用金属与半导体接触之后所形成的肖特基势垒和内建电场来对光生载流子进行分离,从而实现光能和电能之间的转换的。因其具有结构和制备工艺简单、成本较低等优点 ,近年来人们对它进行了较多的关注,并开展了大量相关的研究工作。在介绍该电池的工作原理之前,我们需要首先来了解一下肖特基势垒的相关基础理论。

众所周知,金属和半导体材料彼此之间有着截然不同的性质,而当这两种材料接触时,根据能带结构以及功函数的不同情况,金属和半导体之间可以形成欧姆接触和肖特基接触。其中,欧姆接触是非整流接触,即金属与半导体之间的接触电阻很小,不会在电路中产生明显附加阻抗,沿金属半导体结的两个不同方向都可以实现电流的有效导通。而肖特基接触则是一种整流接触,因其内部肖特基势垒的存在而有着与 PN 结类似的整流特性。对于 n 型半导体,上述两种接触的形成条件分别如下:当半导体和金属材料接触时,如果半导体的电子亲和能比金属功函数小,那么它们之间就会形成肖特基接触。相反,如果半导体的电子电子亲和能比金属的功函数大,则两者之间就会形成欧姆接触。而对于 p 型半导体而言,情况则恰恰相反。下面,就以 n 型半导体为例对其肖特基势垒的形成过程及相关特性进行一下简单的介绍。

如图 9-3 给出了在理想情况下金属与 n 型半导体形成肖特基接触的能带示意图。在该图中,$q\Phi_m$ 代表的是金属的功函数,$q\Phi_s$ 则是半导体材料的功函数(功函数指的是费米能级与真空能级之间的能量差值)。$q\chi$ 是半导体的电子亲和能,从能带图中对应的是半导体的导带底与真空能级之间的能量差值,表征的是使位于导带底的电子脱离半导体所需的最小能量值。在两种材料接触以前,金属与半导体各自的能级如图 9-3(a) 所示,其中半导体的费米能级 E_F 高于金属的费米能级。在金属与半导体紧密接触后,在热平衡状态下,两种不同材料的费米能级应相同,同时它们的真空能级也必须是连续的,这就导致了如图 9-3(b) 所示的能带图。

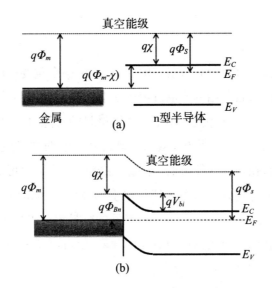

图 9-3　金属与 n 型半导体形成肖特基接触的能带示意图

在理想状态下,金属功函数与半导体电子亲和能之差即为肖特基势垒高度 $q\varphi_{Bn}$,它可以起到阻止电子从金属向半导体运动的作用,其大小为:

$$q\varphi_{Bn} = q\varphi_m - q\chi \tag{9-11}$$

而电子从半导体的导带进入金属时所遇到的内建电势 V_{bi} 为:

$$V_{bi} = \varphi_m - \varphi_s = \varphi_{Bn} - V_n \tag{9-12}$$

其中,qV_n 为半导体的导带底与费米能级之间的能量差。

下面我们来简单介绍一下肖特基结的整流特性。当在肖特基结的两端施加正向偏压 V 即将金属一端接正极,半导体一端接负极时,在半导体一侧的势垒高度将降低 qV,这会导致电子更容易从半导体流向金属,而由于从金属向半导体流入的电子数目保持不变,肖特基结的两端将产生从金属流向半导体的电流,这就是肖特基结的正向导通。相反,当在结两端施加负向偏压 V 时,半导体一侧的势垒高度将增加 qV,电子从半导体向金属的流入将更困难,而由于从金属流向半导体的电子数目依然不变,在肖特基结的两端将形成半导体流向金属的反向电流。然而因为金属一侧的电子要越过很高的势垒才能到达半导体一侧,这导致上述反向电流非常小,这对应的就是肖特基结的反向截止。

与 PN 结不同,在肖特基结中电流的传导主要是通过半导体多数载流子的热电子发射越过势垒进入金属来完成的,其电流－电压特性可表示为:

$$J = A^* T^2 e^{\frac{-q\varphi_{Bn}}{k_B T}} \left[e^{\frac{qV}{k_B T}} - 1 \right] \tag{9-13}$$

其中 A^* 是有效理查逊常数,T 是绝对温度,q 是电子电荷量,k_B 是玻尔兹曼常数。

9.2.2　光电效应

肖特基结在半导体器件领域有着很多的应用,其中一个重要的应用就是可以被用来制作太阳能电池。此时肖特基结的光电过程通常会涉及两种不同的情况。第一情况是,当入射光子的能量大于肖特基势垒而小于半导体材料的带隙时,金属中的电子吸收光能后可以越过肖特基势垒而进入半导体,从而在肖特基结的两端形成光生电压。但是,这种情况所对应的光电转换效率往往很低。注意,在此中情况下也可能会同时发生半导体价带中电子吸收光子能量进入金属费米能级之上的过程。但是由于该过程需要隧穿协助,所以其概率极低。第二种情况是,当入射光子的能量大于半导体带隙时,半导体受激后产生的电子空穴对在内建电场的作用下发生分离,使得电子和空穴分别向着半导体与金属移动,从而在肖特基结的两侧形成光生电压。

基于肖特基二极管结构可以做成大面积的太阳能电池,但是其光生电压一般比较小,所以其光电转换效率往往也不高。在实际应用中,为了获得较好的光伏性能,金属层的厚度往往会做得很薄比如低于 10nm,以此来降低金属层的光吸收。此外,还可以通过在金属表面镀抗反射膜以及在金属与半导体材料之间插入很薄的绝缘层等方式来提高肖特基结太阳能电池的性能。虽然与传统的 PN 结型太阳能电池相比,肖特基结太阳能电池目前在性能方面还有待提高,但它同时也具有某些特殊的优点比如制备温度不是很高并且很少使用扩散、退火等高温工艺,有良好的工艺兼容性以及光谱响应特性。因此,该类电池未来在光伏市场上有望形成对传统 PN 结型太阳能电池的有益补充。

9.2.3　探测器

如前文所述,当满足一定功函数与能带要求的金属和半导体接触时,在两种材料的界面可以形成肖特基势垒以及内建电场。在光照下,其内建电场可以起到与 PN 结内建电场类似的将光生载流子分离的作用。与 PN 结不同的是,肖特基结的势垒区位于半导体表面附近,并且金属层的厚度很薄。因此,当光照射肖特基结时,大部分的光子都可以在势垒区被吸收掉。这样就减少了光子被势垒区之外的半导体吸收产生光生载流子,然后再扩散到势垒区的过程。因此,相比于 PN 结,肖特基结可以大幅减少光生载流子的扩散距离及其在扩散中的损失。利用这一优点,人们便使用肖特基结代替 PN 结或 p-i-n 结作为工作核心制作出了肖特基光电探测器。

基于肖特基结的光电特测器可以具有不同的结构,比如可以采用金属－半导体－金属的结构。该类探测器是从 20 世纪 80 年代中后期开始引起人们重视的。该结构相当于将两个肖特基结经由导电的衬底连接而成的两个背靠背的二极管,因此可以有效地双向抑制载流子的扩散与漂移,从而有利于减小暗电流,提高信噪比。除此以外,它还具有结构与工艺简单、电容小、响应速度快、容易集成等优点,因此在光纤通信、紫外探测器和高响应速度器件等领域有着广阔的应用前景。

通过上述分析,我们可以看出肖特基光电探测器最主要的优点就是具有很快的响应速度,同时它还具有制备工艺简单、功耗低等优点。但是应当注意的是,除上述优点外,该器件同时还存在反向耐压较低以及漏电流较大、响应速度受 RC 时间常数限制等问题,这极大地制约了肖特基光电探测器的广泛应用。

9.3 体光生伏特效应

9.3.1 丹倍效应

根据半导体物理中的能带相关理论可知,当满足一定频率即光子能量要求的光照射在厚度为 d 的半导体样品表面时,光子会被半导体吸收从而产生大量的电子和空穴对,这样在半导体表面的薄层内部就产生了非平衡的载流子,其非平衡电子和空穴的浓度相等即 $\Delta n = \Delta p$。由于表面层非平衡载流子的存在,就导致了由表面指向体内的浓度梯度,引起了载流子沿 x 方向的扩散,如图 9-4(a) 所示。由扩散定律可知,上述非平衡态电子和空穴所形成的扩散电流的密度可分别由下面两个方程得出:

$$J_n = -D_n(-q)\mathrm{d}\Delta n/\mathrm{d}x \tag{9-14}$$

$$J_p = -D_p q\mathrm{d}\Delta p/\mathrm{d}x \tag{9-15}$$

上面两式之和即为总扩散电流密度:

$$J_{\text{扩}} = (D_n - D_p)q\mathrm{d}\Delta p/\mathrm{d}x \tag{9-16}$$

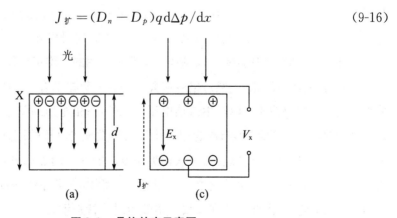

图 9-4 丹倍效应示意图

由于通常来说电子和空穴扩散系数的大小是不同的,且在一般情况下电子的扩散速度比空穴快即 $D_n > D_p$,因此由电子和空穴形成的总扩散电流将指向 x 的负方向。这一结果将导致电荷的局部积累而使得半导体被光照射的一面带正电,即形成了沿 x 正方向的电场 E_x,如图 9-4(b) 所示。而该电场的存在又将导致沿 x 方向载流子的漂移运动,从而形成漂移电流:

$$J_漂 = (nq\mu_n + pq\mu_p)E_x \tag{9-17}$$

因此沿 x 方向总的电流密度为:

$$J_x = J_扩 + J_漂 = (D_n - D_p)q\mathrm{d}\Delta p/\mathrm{d}x + (nq\mu_n + pq\mu_p)E_x \tag{9-18}$$

当达到稳定的状态后,沿 x 方向扩散电流与漂移电流大小相等且方向相反,即总电流密度 $J_x = 0$。由此可以求得此时半导体中电场强度 E_x 的大小为:

$$E_x = -(D_n - D_p)/(n\mu_n + p\mu_p) \cdot \mathrm{d}\Delta p/\mathrm{d}x \tag{9-19}$$

利用载流子扩散系数与迁移率所满足的爱因斯坦关系式 $D/\mu = kT/q$,对 E_x 进行进一步的推导可得:

$$E_x = -kT \frac{\mu_n - \mu_p}{q(n\mu_n + p\mu_p)} \frac{\mathrm{d}\Delta p}{\mathrm{d}x} \tag{9-20}$$

因此,我们通过上述的讨论可以看到,当符合能量要求的光照射在半导体表面时,由于在半导体表面所产生的非平衡电子和空穴存在扩散速度上的差异,导致在半导体内沿光照的方向出现了电场。将该电场对 x 进行积分,便可以得出相应的电势差 V_x。由于这一现象最早是由丹倍在 1931 年阐明的,因此被称为丹倍效应。我们需要注意的是,由于丹倍电势差的数值较小,很容易被其他的光生伏特效应所掩盖,所以很难被准确测量,一般只用于定性方面的研究。

在上面的讨论中,我们假设的前提是光均匀地照射在半导体的表面,此时丹倍电势差将会出现在光照的一面与其对面之间。而当光非均匀照射时,比如我们将一个光点照射在半导体的表面上,则由于在光点处由光吸收所产生的光生载流子会向光点的周围扩散,导致在光点的侧向也形成丹倍电势差,即产生侧向丹倍效应。如果通过一定的装置对侧向丹倍效应加以利用,便可以制作出来非常有用的二维定位器件。

同时,我们还应注意,虽然丹倍效应并不需要有势垒的存在,但半导体仍需具有其他某种形式的不均匀性才可以产生丹倍电压。此外,丹倍电压通常产生于半导体表面或金属－半导体接触处的附近,有时也可产生于丹倍发现光电压的地方即半导体的光照区和阴影区之间。丹倍电压可以看做是表面势垒效应的一个附加成分,它与表面势垒的其他效应无关,可与势垒所产生的光电压进行叠加。而由于半导体表面态的存在,将不可避免的产生表面势垒,因此我们在观察丹倍效应时要特别细心。

9.3.2 光磁电效应

在前文丹倍效应的讨论中,如果我们在与光照垂直的方向比如 9-5(a) 中所示的 z 方向再施加一个磁场,则由电磁学的相关理论可知,此时在半导体的两侧端面间即沿图中的 y 方向将会产生一定的电势差。这一效应被人们称为光磁电效应,它是在 1934 年被人们发现的。

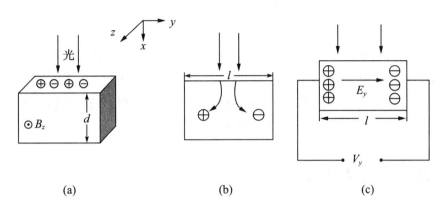

图 9-5　光磁电效应示意图

下面我们对光磁电效应的相关原理进行一下简单的说明。如在前文丹倍效应的相关介绍中所述,当一束光子能量足够高的光照射在半导体的表面时,光的吸收将会导致在其表面产生非平衡态的电子和空穴,如图 9-5(a) 所示。载流子浓度梯度的存在将导致电子和空穴同时出现沿 x 方向的定向扩散运动。在这种情况下,由磁场所产生的作用于运动载流子的洛仑兹力,将使电子和空穴沿 y 方向出现分离,如图 9-5(b) 所示,从而由于电荷的积累在半导体的两个侧面之间形成横向电场 E_y 和电势差 V_y,如图 9-5(c) 所示。电场 E_y 对载流子的作用力与洛伦兹力的方向相反。当二者的大小达到平衡状态时,电势差 V_y 将会达到并且维持在一个稳定值。由此可见,与丹倍效应不同,光磁电效应并不要求电子和空穴迁移率的大小存在差异。

通过上述分析我们可以看出,半导体的光磁电效应与霍尔效应有一定的相似之处,在 y 方向都涉及由洛仑兹力所导致的电流以及由电荷积累所形成的电场导致的电流。但它与霍尔效应有着一个非常重要的不同:在半导体的霍尔效应中,两种载流子沿 x 方向的定向运动都是由外加电场所引起的。两种不同的载流子电子和空穴的运动方向是相反的,它们所形成的电流方向是相同的。在垂直磁场的作用下,电子和空穴所受洛伦兹力的方向是相同的,因此它们是向同一个方向偏转的,这导致它们所产生的霍尔效应是彼此削弱的。与之相反,在光磁电效应中,电子和空穴沿 x 方向的定向运动都是由扩散引起的并且其扩散方向是相同的。在垂直磁场的作用下,电子和空穴在 y 方向的偏转方向相反,因此它们的效果是彼此增强的。

对于厚度为 d 且足够厚的 n 型半导体而言,在 y 方向由光磁电效应所引起的半导体两端间的开路电压大小为:

$$V_y = \frac{l}{d} \frac{B_z(\mu_n + \mu_p)}{n_0 \mu_n} D_p \Delta p_0 \tag{9-21}$$

在该式中 Δp_0 代表的是半导体表面处由光照所产生的非平衡空穴的浓度。如果将半导体的横向两端进行短路连接,则其所形成的短路电流大小为:

$$I_{sc} = -B_z D_p(\mu_n + \mu_p) b \Delta p_0 \tag{9-22}$$

许多常见的半导体材料比如 Ge、CdS 等都具有较为明显的光磁电效应,人们可以利用它们所具有的这种效应来制造基于半导体的红外探测器。此外,由于上述 Δp_0 的大小与载流子的寿命 τ 有关,因此当载流子的寿命很短而难于被其他方法直接测量时,光磁电效应也可以被用来测量半导体中载流子的寿命。

9.4　反常光生伏特效应

9.4.1　反常光生伏特效应的特性及产生条件

反常光生伏特效应(Anomalous photovoltaic effect)是在某些特定的半导体或绝缘体中发生的一种光伏效应。在这里,"反常"是指光生电压(即开路电压)比相应半导体的带隙所对应的电压大,有时甚至可以高达数千伏。然而,在这种情况下,虽然光生电压很高,短路电流通常却非常地小。因此,具有反常光伏效应的材料的光电转换效率非常低,故从来没有被实际应用于光伏发电系统中。

除了具有高的光生电压之外,反常光伏效应还有其他的一些特点。比如,对于半导体薄膜而言,它的 $I - V$ 特性通常是线性的,并具有很高的电阻。有些反常光伏效应的光生电压会随着温度的下降而上升,但是有些电池的开路电压会在特定温度时达到最小值,然后在其两侧随着温度的升高或降低电压都会上升。此外,反常光伏效应的光谱灵敏度还可以延伸至低于晶态半导体带隙的光子能量,这是由薄膜的无序性而导致的能带结构局部扰动所引起的。

产生反常光伏效应的情况主要有以下三种:

首先,对于多晶材料而言,从微观角度,每一个晶粒都可以作为一个光伏系统。大量的晶粒串联叠加将导致非常可观的样品总开路电压,甚至很有可能大于材料带隙所对应的电压。

其次,类似地,某些铁电材料含有很多由平行铁电畴构成的条纹。每一个铁电畴都可以被看做是一个光伏系统。相邻的铁电畴彼此串联,因此最终导致了材料具有很高的整体开路电压。

最后,具有非中心对称结构的完美单晶也可以产生巨大的光生电压。这种情况是由非中心对称性导致的,通常被称作体光伏效应。具体而言,当电子沿着正向和反向运动时,和电子相关的过程,比如光激发、散射和弛豫等,所发生的几率是不同的。

9.4.2 反常光生伏特效应的模型

多晶中的反常光伏效应是 Starkiewicz 等人于 1946 年首先在 Pbs 薄膜中发现的。后来人们在其他的半导体多晶薄膜包括 Si、Ge、CdTe、InP、ZnTe 以及非晶和纳米晶硅薄膜里也观察到了该效应。人们观察到的光伏电压可高达几百甚至几千伏。这种效应一般是在真空蒸发到加热的绝缘衬底上的半导体薄膜中被观测到。衬底一般放置在与入射蒸气的方向成某种夹角的位置。但是人们发现,光生电压对样品的制备条件及过程非常敏感。因而,很难得到可重复的结果。这也可能是为何直到现在尚无令人满意的模型来解析该效应的原因。尽管如此,人们依然提出了几种模型来试图解析这种反常的光伏效应。

Dember 效应:当光产生的电子和空穴有不同的迁移率时,在半导体板的光照和非光照面之间可以产生电势差。一般来说,无论是体半导体还是多晶薄膜,这种电势差是随光入射半导体平板的深度来变化的。然而不同之处在于,在后者中,每一个微晶都可以产生光生电压。正如上面所提到的,在倾斜的沉积过程中形成了斜晶。这些微晶的一个面比另一个面能吸收更多的光。这可能会同时产生沿薄膜表面及其纵向的光生电压。载流子在微晶表面的转移被一些具有不同性质的不确定层所阻碍,从而避免了 Dember 电压的消除。然而,为了解释与光照方向无关的光生电压的极性,我们必须假设在一个微晶的相反面复合速率存在很大的差异,这是该模型的一个弱点。

结构转变模型:该模型认为,当一种晶体材料内部同时存在立方和六角形结构时,在两个结构之间的界面处可以形成一个由剩余偶极子层导致的不对称势垒。因此,在材料中就形成了一个由带隙差异和界面处产生的电场所叠加的势垒。我们应该注意,该模型只能用于解释那些存在两种晶体结构的材料的反常光伏效应。

PN 结模型:Starkiewicz 认为反常光伏效应的产生是由于正负杂质离子在不同微晶间的分布存在梯度,该梯度存在特定的方向,因此能够导致一个非零的总光生电压。这等价于一个由 PN 结形成的阵列。然而,该模型并没有解释这些 PN 结的形成机制。

表面光生电压模型:微晶之间的界面可能包含载流子的陷阱。如果微晶足够小的话,这可能会导致在微晶中存在一个表面电荷区及一个与其反向的空间电荷区。当倾斜的微晶被光照射时,电子空穴对的产生将会补偿微晶表面和内部的电荷。如果假设光吸收的深度比微晶中的空间电荷区要小得多,那么,由于其倾斜的形状,微晶一侧吸收的光线比另一侧吸收的光线多。因此,在微晶的两侧就产生了电荷减少程度的差异。这样,在每个微晶中就都产生了一个平行于表面的光电压。

如前文所述,有非中心对称结构的完美单晶比如铁电材料中也可以产生巨大的光生电压,这一现象最早是在 20 世纪 60 年代被发现的,也被称为体光伏效应。在铁电晶体材料中所产生的反常光生伏特效应通常具有以下主要特点:当均匀的铁电晶体受到波长处于晶体本征吸收或杂质吸收谱区的光的均匀照射时会产生光伏效应。如果此时晶体处于开路状态,那么在其两端可产生远高于晶体禁带宽度对应值的光生电压,而如果此时晶体处于短路状态则在回路中可形成现稳态的光生电流;所产生的光生电压的值通常与所测方向上晶体的厚度成正比,因此是一种体效应;所产生的光生电流的符号及大小与入射光的偏振方向和频率有关。由此可见,这种铁电晶体的反常光生伏特效应既不同于普通的光伏效应,又不同于半导体多晶薄膜的反常光伏效应。

对于铁电晶体的反常光伏效应人们也提出了很多不同的模型来对其进行解析,比如可以从光致畸变的角度对它的微观机理进行如下分析。当铁电晶体受到光辐射时,将在晶体中沿一定方向产生结构畸变。畸变的大小和方向受到晶体结构的影响。例如对 $BaTiO_3$ 而言,畸变主要发生在以 Ti^{3+} 为中心的氧八面体离子基团中,最大畸变在自发极化的方向。由于实际晶体往往是不完美性的,相邻基团的畸变往往会有起伏。而离子基团的畸变将会导致自发极化的改变。由于畸变是起伏的,导致自发极化也是起伏的。另外,正比于自发极化的晶格场位能也将发生起伏,导致在相邻的基团间产生电场梯度,从而会对光生的自由电子起到一定的加速作用。如前所述,晶格畸变最大的方向是沿自发极化的方向。所以从宏观角度看,所有的晶格场位能将沿自发极化方向叠加起来。这样当晶体短路时,由光照所产生的自由电子将在起伏的晶格场的作用下定向移动,形成光生电流。由于铁电晶体是由许许多多的基团有规则累加起来的,因此晶格场位能的起伏也将沿晶体自发极化的方向叠加起来,形成开路光生电压。由于该开路电压就像是许多小电池彼此串联的结果并且不受电子带间跃迁的限制,所以它的值不受材料的禁带宽度所限且与材料厚度成正比。此外,由于光致畸变不仅正比于入射光强,而且还与入射光的频率有关同时具有有一定的方向性,所以光生电流与入射光的偏振方向以及频率都有着一定的关系。应当注意的是,当铁电晶体掺入杂质后,晶体的对称性将会受到影响,进而影响晶体的畸变,所以此时也应当考虑杂质对其反常光伏效应的影响。

人们近年来从宏观方面对铁电材料反常光生伏特效应的机理进行了更多的研究。目前人们所较为广泛认可的机理是:当铁电材料被一束与其带隙相对应的光照射时,铁电材料会吸收光子而产生电子和空穴,产生的电子和空穴在自发极化所形成的内建电场等作用下分别向不同电极移动,从而输出光伏信号。此外,人们还提出,某些材料比如 $BiFeO_3$ 薄膜的光生电压是由电畴畴壁所形成的。

由于反常光伏效应的光生电流一般很小,导致其光电转换效率非常低,所以很难满足光伏发电系统的基本要求。然而,由于其具有的独特性质,它依然可以被应用于很多技术领域,比如在光信息的可逆全息存贮、激光的倍频及光参量振荡、光调制、光开关以及小功率高压发生器等领域都有着一定的应用价值。

9.5 其他光生伏特效应

9.5.1 横向光伏效应

在之前的章节中我们已经介绍了垂直于某一界面比如 PN 结所产生的光生伏特效应，接下来我们简单地介绍一下平行于界面所产生的光生伏特效应，即横向光伏效应。

横向光伏效应最早是 1930 年由肖特基在 PN 结中发现的，后来人们又在金属半导体结、半导体异质结等其他结构中发现了该效应。接下来我们就以 p^+-n 结为例简单介绍一下该效应的原理。如图 9-6 所示，当光照射到结的 A 点时，将会产生电子空穴对，并且光生电子和空穴分别进入 n 区和 p^+ 区，平衡后形成纵向光电压 V_A。由于重掺杂的 p^+ 电导率远高于 n 区，p^+ 区可被认为是等电势区，空穴将在该区域内迅速重新进行均匀分布。在其他点，与平衡态的偏离将会导致空穴重新回到 n 区。由于这些重新注入的空穴在 n 区是少子，为了将照射点处的电子输运到空穴二次注入处以将它们中和掉，就产生了一个如图中 V 所示的横向电场。

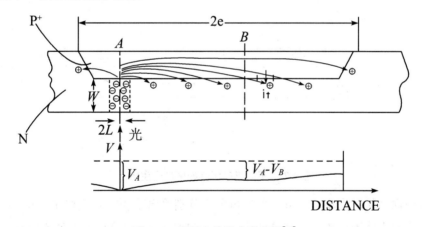

图 9-6　横向光伏效应示意图[14]

从上面的分析中，我们可以得出对于很多其他的情况比如 N^+ -P、N^+ -N、P^+ -P 结以及由 n 型、p 型半导体分别与 n^- 型、p^- 型半导体组合而成的结构也能产生横向光伏效应。换句话说由非均匀光照导致的横向光伏效应是所有由两种具有不同电导率的区域所形成的结的共同特征。图 9-7 给出了不同掺杂组合的横向光生电压示意图。

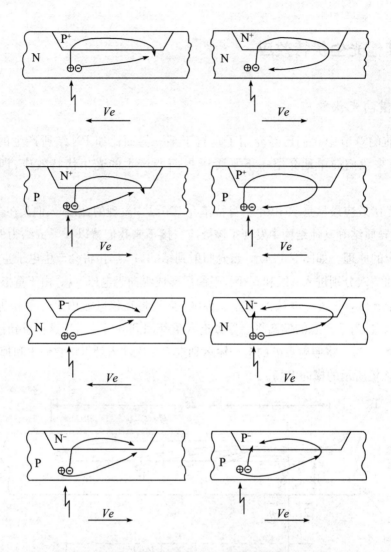

图 9-7　不同掺杂组合的横向光生电压

　　关于横向光伏的大小，Wallmark 通过分析分别给出了 p^+-n 结和 n^+-n 结两种不同情况下的横向光伏表达式。虽然这两个表达式的形式完全不同（关于公式中各量的物理意义，请参考文献 14），但它们却都基本与位置呈线性关系。

　　对于 p^+-n 结，其横向光伏表达式为：

$$V \approx \frac{\rho}{a} I x \tag{9-23}$$

　　对于 n^+-n 结，其横向光伏表达式为：

$$V = C_2 \sinh \frac{x}{(2\omega\delta)^{1/2}} \tag{9-24}$$

9.5.2 光致势垒效应[5]

接下来,我们简单介绍一下光致势垒效应。假设用光照射费米能级位于导带底和施主能级之间的 n 型半导体的一半区域时,在光照区域产生比暗区中的多数载流子(其浓度为 n_D)数量更多的电子空穴对,则被光照部分半导体的电子准费米能级将向导带底移动 ΔE,其大小为:

$$\Delta E = E_{Fn} - E_F = kT \ln\left(\frac{n_L}{n_D}\right) \tag{9-25}$$

其中 n_L 为半导体光照区的电子浓度,E_{F_N} 和 E_F 分别对应亮区和暗区的值。由于暗区费米能级 E_F 保持不变,因此在半导体的亮区和暗区之间就形成了一个势垒 ΔE。这种现象就叫做光致势垒效应。

9.6 太阳能电池的发展趋势

世界上第一块实用化的太阳能电池是 1954 年在美国贝尔实验室问世的单晶硅太阳能电池,其转换效率仅为 6%,最开始被应用于空间技术领域。从技术发展的先后顺序来看,太阳能电池主要经历了三个发展阶段:一是晶体硅太阳能电池,包括单晶硅和多晶硅电池;二是薄膜太阳能电池,主要包括硅基薄膜、化合物薄膜电池等;三是广泛采用新材料和新工艺,特别是纳米材料和纳米技术的新型太阳能电池,主要包括染料敏化、有机聚合物、钙钛矿太阳能电池等。接下来我们就对当前各种主流太阳能电池的发展现状和未来趋势分别进行一下介绍。

9.6.1 晶体硅太阳能电池

晶体硅太阳能电池即第一代太阳能电池,主要包括单晶硅和多晶硅太阳能电池。人们在太阳能电池的起步阶段选择晶体硅,这不仅和晶体硅优良的性质有关,而且和硅在地壳中极其丰富的储量有关。由于具有转换效率高、技术成熟等优点,发展至今,晶体硅太阳能电依然是目前光伏市场上的主流产品,占据了整个太阳电池市场的大部分份额。其中单晶硅电池是使用单晶硅锭块通过切片、掺杂和刻蚀等工艺制成的,在硅系列太阳能电池中具有最高的效率和最成熟的制备工艺,其实验室光电转换效率已经达到了 25.8%。然而单晶硅片的价格和相对繁琐的电池制备工艺,导致单晶硅电池的生产成本相对较高。多晶硅是晶体硅的另外一种形态,其与单晶硅的物理化学性质较为相似,但是晶体质量不如单晶硅高。多晶硅太阳能电池与单晶硅电池的主要制作方法类似,但对原材料的质量要求有所降低,因此制作成本比单晶硅太阳能电池也要低。然而,多晶硅太阳能电池的光电转换效率和寿命总体上没有单晶硅电池的高(多晶硅电池的转换效率达到了 22.3%)。虽然单晶硅和多晶硅电池的光电转换效率整体较高,但近几年却没有太大的进展。同时,它们的市场价格依然较高,需要继续降低生产成本。此外,虽然硅太阳能电池是清洁能源,但硅材料的生产却是一个高污染、高能耗的行业。因此,为了寻找晶体硅电池的替代产品,人们又开发出了各种各样的薄膜太阳能电池。

9.6.2　薄膜太阳能电池

由于具有材料、成本及工艺等方面的优势,第二代太阳能电池即薄膜太阳能电池近年来成为了人们研究的热点。当前主流的薄膜太阳能电池主要包括以多晶硅、非晶硅以及微晶硅为代表的硅基薄膜电池和以碲化镉(CdTe)、铜铟镓硒(CIGS)为代表的多元化合物薄膜电池等。

9.6.2.1　硅基薄膜太阳能电池

硅基薄膜太阳能电池将多晶硅、非晶硅等薄膜材料用一定的制备工艺生长在玻璃、陶瓷、不锈钢等低成本的衬底材料上,用作为太阳能电池的活性层,因此它能够大幅减少材料的用量,降低电池的生产成本。

为了节省硅材料,自上个世纪 70 年代人们就开始尝试在廉价衬底上沉积多晶硅薄膜并将其应用于太阳能电池,但由于生长的硅薄膜晶粒太小限制了所制备电池的性能。为了获得具有大尺寸晶粒的薄膜,人们逐步开发出了多种多晶硅薄膜的制备方法比如化学气相沉积法、区熔再结晶法、固相结晶法等,电池的效率因此也有了很大的提高。目前,多晶硅薄膜太阳能电池的转换效率已经达到了 21.2%。多晶硅薄膜太阳能电池的光电转换效率较高,且多晶硅薄膜电池所使用的硅材料远少于单晶硅,没有严重的效率衰退问题并且可以在廉价的衬底材料上进行制备,成本远低于单晶硅电池,因此具有一定的发展前景。然而,由于多晶硅薄膜的制备工艺比较复杂,制约了该类电池的广泛应用。

非晶硅薄膜太阳电池最早是在 1976 年由美国的 RCA 实验室制备出来的,它的制备工艺主要有等离子体增强化学气相沉积法、反应溅射法及低压化学气相沉积法等,其中等离子体增强化学气相沉积法是较为常用的一种方法。经过多年的发展,目前非晶硅薄膜太阳能电池的效率不断提高,在市场上的应用也在逐渐扩大。目前,非晶硅薄膜太阳能电池的光电转换效率已经达到了 14%。非晶硅薄膜太阳能电池具有很多的优点,比如制作工艺简单,制造成本以及能耗较低,适合进行大规模的批量生产,可以淀积在多种衬底上且淀积温度较低,并且容易实现大面积的沉积。此外,非晶硅比单晶硅对太阳辐射的吸收效率要高近 40 倍,并且耐高温。然而,该电池的光电转换效率会随着光照时间的延长而衰减,稳定性较差,这严重制约了它的发展和应用。因此,研究新型技术以进一步提高电池的稳定性以及光电转换效率,以及进一步提高非晶硅薄膜的生长速率是该电池下一步的主要发展趋势。

9.6.2.2　多元化合物薄膜太阳能电池

化合物薄膜太阳能电池是指电池中产生光生载流子的活性层为化合物半导体,比如

CdTe、CIGS 等。其中大多数化合物薄膜太阳能电池的吸光材料的禁带宽度都与太阳光谱有着良好的匹配。此外,这些材料大多数都为直接带隙材料,具有较高的光学吸收系数,只要几个微米厚的薄膜就可以吸收大部分的太阳光。因此,它们是目前人们制作薄膜太阳能电池的重要材料选择。

CdTe 太阳能电池的制备方法有近空间升华法、化学水浴法等。由于 CdTe 的禁带宽度约为 $1.4eV$,与太阳光谱非常匹配,所以可以获得主要化合物薄膜太阳能电池中最高的理论光电转换效率。同时,CdTe 薄膜太阳电池结构和工艺简单,容易制造,生产成本较低;CdTe 沉积速度快且容易大面积成膜;性能受温度影响较小,比较稳定。因此,CdTe 薄膜太阳能电池自问世以来就受到了人们的极大关注,取得了快速的发展。1982 年,Kodak 实验室采用化学沉积的方法在 p 型 CdTe 上生长出一层超薄的 n 型 CdS,制备出了光电转换效率超过 10% 的 CdTe/CdS 异质结薄膜太阳能电池,这便是 CdTe 薄膜太阳能电池的原型。目前,CdTe 薄膜太阳能电池的光电转换效率已经达到了 22.1%,并且已经取得了较大规模的商业化生产和应用。特别是美国的 First Solar 公司在 CdTe 薄膜太阳能电池方面拥有全球领先的研发、制造技术与成本控制,在薄膜太阳能电池领域占据了较大的市场份额,极大地推动了 CdTe 太阳能电池的商业化应用。但是,由于地球上 Te 资源非常有限,并且 Cd 有剧毒,会对环境造成潜在的污染,这制约了 CdTe 太阳能电池的大规模应用。因此,CdTe 薄膜太阳能电池很难成为硅电池的最佳替代者。

CIGS 薄膜太阳能电池是在 CIS 电池的基础上发展起来的。CIS 电池是一种以 Cu(铜)、In(铟)、Se(硒) 为主要原料的薄膜太阳电池。在上个世纪的 70 年代,波音公司采用真空蒸发的方法制备出了光电转换效率达 9% 的 CIS 薄膜太阳能电池。后来人们研究发现,往 CIS 薄膜太阳能电池里掺杂 Ga 元素后可以得到性能更加优异的铜铟镓硒电池。在 2014 年,德国的斯图加特太阳能和氢能研究中心研制出效率达到 21.7% 的 CIGS 电池。现在,CIGS 薄膜太阳能电池的光电转换效率已经达到了 22.6%。由于具有较高的光电转换效率和光学吸收系数、较好的稳定性和较长的使用寿命以及较为简单的制备工艺,CIGS 薄膜太阳能电池已经被商业化并获得了一定的市场份额。但是 CIGS 薄膜太阳能电池的组分较多、控制难度较高从而影响了器件的重复率,并且其原材料中铟、镓和硒元素的地球储量也较少,因此在大规模生产和应用方面受到了一定的制约。

9.6.3 新型太阳能电池

虽然相对于第一代的晶体硅太阳能电池,第二代薄膜太阳能电池在保持较高效率的同时可以有效地降低生产成本,同时还具有可柔性、透明度更高等潜在优点,因此近年来取得了较快的发展,并且在市场上也已得到了一定的应用。但是第二代电池都存在这样或那样的问题,比如有些电池的稳定性较差,有些电池的制备工艺较为复杂,有些电池的原材料稀缺或者有毒,从而导致其成本很难大幅下降并且在安全和环保方面也存在问题或隐患。因此,为了克服上述弊端,人们近年来又开发出来很多采用新材料、新工艺特别是纳米材料和纳米技术的新型太阳能电池。

9.6.3.1 染料敏化太阳能电池

染料敏化太阳能电池(DSSC)是近三十年来发展起来的一种基于纳米技术的新型低成本太阳能电池。传统的染料敏化电池在结构上主要是由工作电极、染料、电解质和对电极所组成的。其中,工作电极一般为涂覆在导电玻璃基底上的纳米 TiO_2 介孔薄膜,用来吸收太阳光的有机染料吸附在工作电极上。电解质可以是液态的,也可以是准固态或固态的,里面含有与染料的能级相匹配的氧化还原电对。对电极通常是含催化剂(一般为铂)的导电基底。染料敏化太阳能电池最早是由瑞士的 M. Grtzel 课题组于 1991 年采用具有高比表面积的纳米 TiO_2 介孔膜制备的,因此也被称为 Grtzel 电池,其光电转换效率为 7.1%。经过二十多年的发展,目前该类电池的转换效率已经超过了 13%。染料敏化太阳能电池可以说是一种光电化学电池,其制作工艺较为简单,不需要一般半导体工艺中常用的高真空、高温处理,对半导体晶体结构的完整性也没有很高的要求,并具有原材料丰富且成本低廉、无毒环保等优点,同时对光线的要求也相对没那么严格,有利于实现光伏和建筑的一体化,因此具有一定的市场应用前景。然而,要实现染料敏化太阳能电池的广泛应用还需要克服很多障碍,特别是在维持低成本的条件下实现大面积电池的高光电转换效率。

9.6.3.2 有机太阳能电池

1986 年,美籍华人邓青云博士报道了一种转换效率约 1% 的具有双层结构有机染料的光伏器件,使有机太阳能电池获得了人们的极大关注。根据有机半导体材料的不同,有机太阳能电池可主要分为有机小分子型和聚合物型两大类型。其中有机小分子型太阳能电池活性材料主要包括酞菁类、稠环芳香化合物、液晶、噻吩寡聚物、三苯胺及其衍生物。这些材料容易合成与提纯,但它们不易溶解于普通的溶剂,因此导致其具有相对较高的制作成本。聚合物型有机太阳能电池活性材料主要包括聚噻吩衍生物、PPV 及其衍生物以及 D−A 型共聚物材料。聚合物光伏材料一维扩展的共轭体系有利于激子和电荷载流子的转移,并且容易通过调控聚合物的结构来改变其物理性能,同时它们还具有较好的溶液成膜性。从结构上来说,有机太阳能电池中,有机光伏活性层一般同时含有电子给体和电子受体材料,它们被夹在两个电极之间,其中一个电极通常是透明导电薄膜,另一个则为金属电极。有时根据需要也可以在活性层和电极之间加入其他修饰层,比如 PEDOT、PSS、ZnO 等。在电池工作时,光伏活性层材料分子吸收光子至激发态,生成的激子传输到电子给体和受体材料的界面处,受到给体和受体不同电子亲和势的影响,发生电荷的分离,之后它们通过不同的传输路径到达相应的电极,形成电流。由于有机太阳能电池具有制备工艺简单、成本低、柔韧性好、原材料可进行化学设计与合成、可大面积成膜、环境友好等优点,近年来取得了较大的发展,其光电转换效率已超过了 11%。但是,有机太阳能电池特别是其商业化组件的光电转换效率依然偏低,同时在电池的稳定性、器件的寿命等方面还有待改进,因此距离大规模的商业化生产与应用仍有相当大的差距。

9.6.3.3 钙钛矿太阳能电池

　　钙钛矿太阳能电池是 2009 年被首次报道的一种新型薄膜太阳能电池。由于该类电池采用了具有钙钛矿结构的碘化铅甲胺作为光伏活性材料,因此而得名。从器件结构的角度,钙钛矿太阳能电池和染料敏化电池有很多相似之处,主要包括介观和平面结构两大类,其中每一类又都有正式、反式两种不同结构的器件。具有介观结构的钙钛矿太阳能电池一般是由透明导电玻璃、致密层、多孔支架层、钙钛矿光吸收层、空穴传输层和金属对电极构成。其中,作为钙钛矿的支撑结构的多孔支架层,一般是金属氧化物半导体材料或绝缘材料。钙钛矿吸光材料被吸附在多孔支架层上,而空穴传输材料则沉积在钙钛矿材料的表面。当多孔支架层为半导体时,它能够作为电子传输层传输钙钛矿层吸光后所产生的电子;当其为绝缘材料时,钙钛矿吸光层所产生的电子则是通过多孔支架层里面的钙钛矿材料进行输送。当前,绝大多数的高效钙钛矿太阳能电池都是采用基于电子传输材料的介孔正式结构,这也是该电池是最常见的结构。与介观结构钙钛矿电池不同,平面结构器件不含多孔支架层,因此一般是由透明导电玻璃、致密层、钙钛矿光吸收层、空穴传输层和金属对电极构成。其中,致密层可以起到电子传输层的作用。钙钛矿吸光材料被沉积在电子和空穴传输层之间,吸收光子后产生的电子和空穴分别被迅速注入电子和空穴传输层。钙钛矿材料拥有优越的光学以及电荷传输特性。同时,钙钛矿太阳能电池具有光电转换效率高、制备工艺简单且成本较低、可柔性、便于大规模生产等优点。因此,近年来引起了人们极大的关注。其光电转换效率自面世以来取得了迅速的提高,目前已经从 2009 年的 3.8% 提升至了超过 22.7%,显示出了潜在的商业化应用前景。然而,钙钛矿太阳能电池仍然存在很多的问题,比如在钙钛矿材料中被广泛使用的重金属铅可能会对环境造成污染,器件性能还不够稳定,常用的金属对电极和空穴传输材料的价格较为昂贵等。因此,进一步开发和设计新的钙钛矿、对电极以及空穴传输材料是未来钙钛矿太阳能电池的重点研究方向。

　　综上所述,近年来由于能源短缺和环境污染,太阳能光伏发电作为一种洁净的可再生能源得到了越来越多的重视。从上个世纪中叶第一块实用化的晶体硅太阳能电池问世以来,经过几十年的发展,光伏技术和产业取得了巨大的进步。虽然人们已经开发出来形形色色的太阳能电池,但是它们都存在各种各样的弊端。因此,具有转换效率高、技术成熟等优点的晶体硅太阳能电依然在目前的光伏市场上占据着主导位置。然而,晶硅电池的发电成本仍高于火电、水电等常规能源,而且晶体硅材料的生产是一个高污染、高能耗的行业,这在一定程度上限制了太阳能光伏发电产业的发展。因此通过研究和探索新材料、新工艺,进一步改善太阳能电池的性能,降低制造成本以及减少大规模生产对环境造成的影响,达到性能、成本、环保之间的平衡,最终实现光伏发电的大规模应用和可持续发展,是未来太阳能电池发展的主要方向。

第10章

半导体的自发辐射和受激辐射

10.1 半导体的自发辐射

10.1.1 过剩载流子浓度

半导体中的导带电子会自发的与价带空穴发生复合,这个过程如果同时产生一个光子,即是自发辐射复合。任何半导体材料中同时有两种自由载流子:电子和空穴。在无外场的平衡态条件下,电子和空穴的浓度符合以下规律 $n_0 p_0 = n_i^2$ (10-1)

其中 n_0 和 p_0 分别是平衡态下的电子浓度和空穴浓度,n_i 是本征载流子浓度。当半导体存在光吸收或者被注入电流时,就会产生过剩载流子。总的载流子浓度是平衡载流子浓度和过剩载流子浓度之和,即:

$$n = n_0 + \Delta n \tag{10-2}$$
$$p = p_0 + \Delta p \tag{10-3}$$

其中 Δn 和 Δp 分别是过剩电子浓度和空穴浓度。

图 $10-1$ 是半导体的能带示意图,导带上的电子(黑点)跃迁到价带上的空穴(黑圈)并辐射出一个光子,这个过程就是电子空穴的辐射重复合,重复合的速率定义为 R,它和电子及空穴的浓度有关。单位时间单位体积内的重复合速率可以写为:

$$R = Bnp \tag{10-4}$$

其中 B 为双分子复合系数,对于 Ⅲ－Ⅴ 族半导体,数值在 $10^{-11} \sim 10^{-9} \, \mathrm{cm^3/s}$。

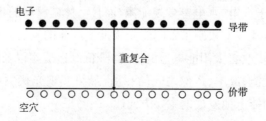

10-1　半导体能带图及复合重复合过程

假设半导体材料收到了光激发,产生的过剩电子和空穴浓度分别是 Δn 和 Δp,材料本身的平衡电子和空穴浓度分别是 n_0 和 p_0。电子和空穴总是同时成对产生,稳态时的过剩电子和空穴浓度也是相同的,即:

$$\Delta n(t) = \Delta p(t) \tag{10-5}$$

将带入公式(10 − 4)得到

$$R = B[n_+ \Delta n(t)][p_0 + \Delta p(t)] \tag{10-6}$$

弱激发时,光生载流子浓度远小于多子浓度,即 $\Delta n \ll (n_0 + p_0)$,从(10-5)和(10-6)可以得到:

$$R = Bn_i^2 + B(n_0 + p_0)\Delta n(t) = R_0 + R_{\text{excess}} \tag{10-7}$$

公式(10-7)第一项是平衡载流子重复合速率,第二项是过剩载流子重复合速率。

载流子浓度随时间的变化关系可以用速率方程表示:

$$\frac{\mathrm{d}n(t)}{\mathrm{d}t} = G - R = (G_0 + G_{\text{excess}}) \tag{10-8}$$

G_0 和 R_0 分别是平衡态下载流子的产生和复合速率,G_{excess} 和 R_{excess} 分别是过剩载流子的产生和复合速率。假设一束光子入射到半导体材料内,产生了过剩的电子和空穴,$t = 0$ 时刻,入射光束被关闭,此时 $G_{\text{excess}} = 0$,把(10-7)带入(10-8)并考虑 $G_0 = R_0$,有:

$$\frac{\mathrm{d}n(t)}{\mathrm{d}t} = -B(n_0 + p_0)\Delta n(t) \tag{10-9}$$

上式求解得到:

$$\Delta n(t) = \Delta n_0 \exp \tag{10-10}$$

其中 $\Delta n_0 = \Delta n(t = 0)$,上式可以重写为

$$\Delta n(t) = \Delta n_0 \exp[-t/\tau] \tag{10-11}$$

其中 $\tau = 1/B(n_0 + p_0)$,即为载流子寿命。

对于 N 型半导体,$n_0 \gg p_0$,空穴寿命可以写为:

$$\tau_p = \frac{1}{Bn_0} \tag{10-12}$$

对于 P 型半导体,$p_0 \gg n_0$,电子寿命可以写为:

$$\tau_n = \frac{1}{Bp_0} \tag{10-13}$$

10.1.2 复合系数

平衡态和非平衡态下的自发辐射重复合速率可以通过 van Roosbroeck-Shockley 模型计算。假设半导体中产生一个频率为 ν 的光子,在其产生到被吸收经过的时间即为光子的寿命,可以写为:

$$\tau(\nu) = \frac{1}{\alpha(\nu)v_{gr}} \tag{10-14}$$

其中 $\alpha(\nu)$ 为光子在半导体内的吸收系数, v_{gr} 是光子在半导体内传播的群速度,可以写为

$$v_{gr} = \frac{d\omega}{d\kappa} = \frac{dv}{d(1/\lambda)} = c\,\frac{dv}{d(nv)} \qquad (10\text{-}15)$$

其中 n 是折射率, λ 是光子波长,把(10-15)式带入(10-14),得到

$$\frac{1}{\tau(v)} = \alpha(v)c\,\frac{dv}{d(nv)} \qquad (10\text{-}16)$$

上述公式给出了单位时间光子被吸收的可能性。根据普朗克黑体辐射定律,单位体积的光子密度可以写为[4]

$$N(\lambda)d\lambda = \frac{8}{\lambda^4}\,\frac{1}{e^{h\nu/k_B T}-1}d\lambda \qquad (10\text{-}17)$$

根据 $\lambda = c/(nv)$,对其求导,可以得到频率为 v 到 $v+dv$ 的光子数为

$$d\lambda = -\frac{c}{(nv)^2}\,\frac{d(nv)}{dv}dv \qquad (10\text{-}18)$$

将上式代入(10-17),可以得到

$$N(v)dv = \frac{8\pi v^2 n^2}{c^3}\,\frac{d(nv)}{dv}\,\frac{1}{e^{h\nu/k_B T}-1}dv \qquad (10\text{-}19)$$

单位体积下频率为 v 到 $v+dv$ 的吸收率可以写为光子密度除以光子的平均寿命,

$$R_0(v) = \frac{N(v)}{\tau(v)} = \frac{8\pi v^2 n^2}{c^3}\,\frac{d(nv)}{dv}\,\frac{1}{e^{k\nu/k_B T}-1}\alpha(v)c\,dv/d(nv) \qquad (10\text{-}20)$$

上式对所有频率积分得到

$$R_0 = \int_0^\infty R_0(v)dv = \int_0^\infty \frac{8\pi v^2 n^2}{c^2}\,\frac{\alpha(v)}{e^{k\nu/k_B T}-1}dv \qquad (10\text{-}21)$$

上式即是著名的 van Roosbroeck—Shockley 方程。

吸收系数和能量的关系为 $\quad \alpha = \alpha_0\sqrt{(E-E_g)/E_g} \qquad (10\text{-}22)$

其中 α_0 是光子频率 $\nu = 2E_g/h$ 时的吸收率, E_g 为材料的禁带宽度, E 是光子能量。忽略频率对折射率的影响并使用带边的折射率,式(10-21)可以写为

$$R_0 = \frac{8\pi v^2 n^2}{c^2}\,\frac{k_B T}{E_g}\int_{x_g}^\infty \frac{x^2\sqrt{x-x_g}}{e^x-1}dx \qquad (10\text{-}23)$$

其中 $x = \dfrac{h\nu}{k_B T} = \dfrac{E}{k_B T}$, $x_g = E_g/k_B T$。根据公式(10-4),在平衡态下,复合系数 $R = R_0$ $= Bn_i^2$,因此,辐射复合的双分子复合系数 B 可以写为

$$B = \frac{R_0}{n_i^2} \qquad (10\text{-}24)$$

10.2　半导体的受激辐射

半导体激光和一般发光过程类似,都与电子跃迁过程相联系。与激光发射有关的跃

迁过程是吸收、自发辐射和受激辐射。图 10-2 显示了电子在能级 E_1 和 E_2 之间的跃迁和辐射过程，E_1 和 E_2 分别是基态和激发态。原子在这些能级之间的跃迁，必然同时吸收或者发射光子，其能量为 $\hbar\omega_{12} = E_1 - E_2$。常温下，大部分原子处于基态，如果能量为 $\hbar\omega_{12}$ 的光子与原子系统相互作用，处于基态的原子吸收光子的能量进入激发态，如图 10-2(a) 所示。处于激发态的原子是不稳定的，经过很短时间后，原子回跃迁到基态，同时发射出能量为 $\hbar\omega_{12}$ 的光子。这种不受外界条件影响，原子自发地从激发态回到基态并发射出光子的过程，称为自发辐射，如图 10-2(b) 所示。原子在激发态的平均时间称为半导体的自发辐射寿命，它受材料的禁带宽度、复合中心浓度及缺陷密度等参数影响，一般在 1ns ～ 1ms 之间。如果原子处于激发态，此时受到能量为 $\hbar\omega_{12}$ 的光子作用时，原子会立刻跃迁到基态，同时发射一个能量为 $\hbar\omega_{12}$ 的光子，如图 10-2(c) 所示这种在

光辐射刺激下，受激原子从激发态跃迁到基态并发射光子的过程，称之为受激辐射。

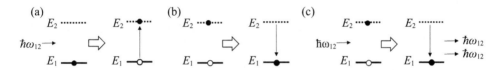

图 10-2 原子在能级 E_2 和 E_1 之间的跃迁和辐射过程

（a）光吸收；（b）自发辐射；（c）受激辐射

爱因斯坦提出了光子跃迁的基本理论。爱因斯坦模型包括自发和受激跃迁。自发辐射不需要外部激发，可以自发发生，而受激辐射需要外部光子激发。原子内部两个量子化能级之间的自发和受激跃迁系数分别为 A 和 B，爱因斯坦假定单位时间从能级 E_2 跃迁到 E_1 和从能级 E_2 跃迁到 E_1 的可能性分别是

$$W_{E_2 \to E_1} = B_{21}\rho(v) + A \tag{10-25}$$

$$W_{E_1 \to E_2} = B_{12}\rho(v) \tag{10-26}$$

（10-25）式的第一项为受激辐射，第二项为自发辐射。$\rho(v)$ 是辐射密度。原子内的自发跃迁系数对应半导体内的双分子复合系数。爱因斯坦证实从能级 E_1 到 E_2 的受激吸收系数和从能级 E_2 到 E_1 的受激辐射系数是相同的，即 $B_{12} = B_{21} = B$。他还证明了自发跃迁和受激跃迁系数的比值 $\dfrac{A}{B} = 8\pi n^3 h\nu^3 / c^3$。

10.3 半导体受激光辐射的条件

10.3.1 受激辐射条件

半导体激光器属于固体激光器，需要满足以下三个基本条件才能产生受激辐射：

（1）有源区粒子数分布反转：给异质结施加正向偏置，注入足够多的载流子，使在高能态导带底的电子数远大于低能态的空穴数，建立起有源区内的载流子反转；

（2）合适的谐振腔：利用晶体的自然解理面形成法布里－波罗腔，使受激辐射在谐振腔中多次反馈形成激光振荡；

（3）足够大的增益：通过大电流注入，超过其阈值电流，使光增益大于等于各种损耗之和，形成稳定振荡。

系统处于恒定的辐射场，注入一定角频率 ω_{12} 的光子束流时，能级 E_1 和 E_2 之间的光吸收和受激辐射是同时存在的，并且二者的跃迁概率是相同的，而能级 E_1 和 E_2 上的原子数则决定了哪一种过程占主导地位。如果处于激发态 E_2 的原子数量大于处于基态 E_1 的原子数量，那么在光子束流 $\hbar\omega_{12}$ 的照射下，受激辐射过程会超过光吸收过程，因此系统发射能量为 $\hbar\omega_{12}$ 的光子数目会大于进入系统的光子数目，这种现象就是光量子放大。处于高能级激发态 E_2 原子数大于处于低能级基态 E_1 原子数的反常状况称为"分布反转"或者"粒子数反转"。因此，系统中形成粒子数反转状态是形成激光的必要条件。

10.3.1.1　平衡态

在半导体中形成粒子数反转也需要一定条件，当温度为 0K 时，直接带隙半导体中态密度 $N(E)$ 和能量 E 的关系如图 10-3(a)。

图 10-3(a) 是温度为 0K 时平衡态的情况，阴影表述电子填充相应能带，从图中可以看出电子填满价带，而导带是空的。如果有能量大于 E_g 的光子进入半导体中，则会使价带的电子获取能量而跃迁到导带底，产生了非平衡载流子。假定电子和空穴的准费米能级分别是 E_{F_N} 和 E_{F_P}，价带中能量范围为 $E_v \sim E_{F_P}$ 的状态全部空出，导带 $E_c \sim E_{F_N}$ 全部被空出，而导带中从 E_c 到 E_{F_N} 的全部状态被电子填满。

10.3.1.2　粒子数反转

图 10-3(b) 所示。能量范围在 E_{F_N} 和 E_{F_P} 之间的状态，导带中占满电子，价带是空的，这就是温度为 0K 的粒子数反转。在这种情况下，若注入光子的能量满足公式 (10-27)，就会引起导带电子向价带跃迁，产生受激辐射，

$$E_{F_N} - E_{F_P} \geqslant h\nu \geqslant E_g \tag{10-27}$$

其中，其中，E_{F_N} 和 E_{F_P} 分别是导带中电子和价带空穴的准费米能级，ν 为受激光子的频率，h 为普朗克常数，E_g 为半导体材料的禁带宽度。

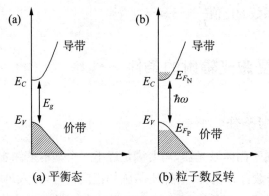

图 10-3　0K 时态密度与能量的关系

　　上式是伯纳德和杜拉福格于 1961 年推导出，也称为伯纳德 — 杜拉福格条件，该式表明电子和空穴的准费米能级差大于受激光子的能量是形成粒子数分布反转的条件，此时，经受激辐射速率大于零，光波通过处于此状态的半导体材料时将受到放大（即光增益），粒子数反转程度越大，增益也越大，其关系可以用下式表示：

$$F(z) = F_0 e^{gz} \tag{10-28}$$

　　其中 $F(z)$ 为位置 z 处单位面积的光通量，F_0 为粒子数反转区 $z = 0$ 位置的单位面积光通量，g 为增益系数。

10.3.2　谐振腔

　　谐振腔可以进行光放大和光振荡，法布里 — 波罗（F — P）谐振腔是最简单的谐振腔。水平谐振腔和垂直谐振腔是两种常见的谐振腔，光波导的两个平行的端面和表面分别是水平谐振腔和垂直谐振腔。图 10-4 是水平谐振腔的示意图，x 轴为反射镜的法线，谐振腔长度为 L，反射镜 1 和 2 的反射率分别为 R_1 和 R_2。光波在两个平面反射镜之间多次反射叠加，当光波满足谐振条件时，谐振腔积蓄的能量达到最大值，达到阈值条件后，出射激光。

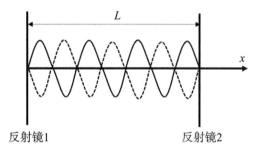

图 10-4　水平谐振腔示意图

　　假设图 10-4 的谐振腔内部半导体材料折射率为 n，腔内传播的平面波可以写为：

$$\Psi = e^{i\frac{2\pi n x}{\lambda}} e^{(g-\alpha)x} \tag{10-29}$$

　　其中 λ 为自由空间波长，α 为内损耗吸收，g 为增益系数。只有当波在两个腔面之间多次反射回到原位置时，波的振幅大于等于初始值，才能形成自持振荡，这个条件可以用下式表示：

$$R_1 R_2 e^{i\frac{4\pi n L}{\lambda}} e^{2(g-\alpha)L} = 1 \tag{10-30}$$

　　因此形成振荡的幅值条件可以写为：

$$R_1 R_2 e^{2(g-\alpha)L} = 1 \tag{10-31}$$

　　阈值增益为：

$$g_{th} = a + \frac{1}{2L} \ln \frac{1}{R_1 R_2} \tag{10-32}$$

当激光器达到阈值时,光子从介质获得的增益可以抵消介质的损耗和腔面损耗。通过减少光子在介质内部的损耗,提高增益介质的长度,提高非输出腔面的反射率可以降低激光器的阈值增益。

当谐振腔两个镜面的功率反射系数与半导体/空气界面的功率反射系数 R 相同时,公式(10-32)可以写为:

$$g_{th} = a + \frac{1}{L}\ln\frac{1}{R} \tag{10-33}$$

根据(10-30),要形成稳定振荡的驻波,需要满足

$$\frac{4\pi nL}{\lambda} = 2m\pi \tag{10-34}$$

其中 m 为整数,上式表面光子在谐振腔内来回一次所经历的光程必须是波长的整数倍。当谐振腔的腔长和增益介质的折射率一定时,每个 m 值对应一个波长(或者振荡频率),也就是说每个 m 值对应一种振荡模式。对(10-34)微分:

$$\lambda\,\mathrm{d}m + m\,\mathrm{d}\lambda = 2nL \tag{10-35}$$

对于相邻的模式间隔,$\mathrm{d}m = 1$,则有:

$$\mathrm{d}\lambda = \frac{\lambda^2}{2nL\left[1 - (\frac{\lambda}{n})(\frac{\mathrm{d}n}{\mathrm{d}\lambda})\right]} \tag{10-36}$$

上式中方括号的部分即材料色散,$\dfrac{\mathrm{d}n}{\mathrm{d}\lambda}$ 表示模式间隔不同,从中可以看出模式间隔随着腔长增加而减少。常规半导体激光器的腔长一般为二三百微米,其模式间隔比气体和固体激光器大很多。需要注意的是,激光器最终能出现哪些谐振腔允许模式,则和介质的增益谱宽及展宽等条件有关。只有那些增益达到阈值条件,同时与谐振腔匹配的波长才能形成激光振荡。

第 11 章
半导体激光器

11.1　半导体激光器的基本结构和工作原理

11.1.1　激光器的基本结构

以 PN 结激光二极管为例,介绍一下半导体激光器的基本结构和工作原理。半导体激光器的激射需要满足粒子数反转、合适的谐振腔以及净增益三个条件。根据 Bernard-Duraffourg 条件,半导体的非平衡的电子、空穴准费米能级的差值要大于受激发射的光子能量基材料的禁带宽度。另外足够长度的谐振器使受激辐射得到放大,并使放大增益抵消所有内部损耗,图 11-1 是长度为 L 的法布里－波罗谐振腔半导体激光器。

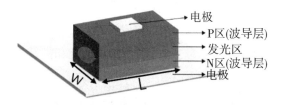

图 11-1　PN 结激光二极管结构示意图

腔内平面波函数如式(11－1):

$$\varepsilon_i = e^{\frac{2\pi n_r z}{\lambda}} e^{(\Gamma g - a_i)z} \tag{11-1}$$

其中 a_i 为总损耗,λ 为波长,Γ 为光学限制因子,g 为增益系数,n_r 为波导层折射率。半导体激光器自持振荡需要满足光波在腔内经过多次反射回到起始点时,振幅强度至少应该等于初始值,即:

$$R_f R_r e^{\frac{4\pi i n_r L}{\lambda}} e^{(\Gamma g - a_i)2L} = 1 \tag{11-2}$$

其中 R_f 和 R_r 分别为谐振腔的前后腔面的反射率。此振荡的振幅为 $R_f R_r e^{(\Gamma g - a_i)2L}$,因此得到阈值增益系数 g_{th} 条件为:

$$\Gamma g_{th} = a_i + \frac{1}{2L}\ln\frac{1}{R_f R_r} = a_i + a_m = \Gamma g_{\max}(N_{th}, T) \tag{11-3}$$

其中 a_m 为半导体激光器腔面光损耗，$g_{\max}(N_{th}, T)$ 为有源区在载流子密度 N_{th} 和温度 T 时的峰值光增益，其数值随着载流子密度的增加而增大。

11.1.2 激光器的工作原理

半导体激光器是一种电注入载流子复合产生激光的器件，(11-3) 将半导体激光器的阈值条件和载流子浓度联系到一起，如下式所示：

$$J_{th} = J_r + J_e + J_h + 2J_d = \frac{J_{tr}}{\eta_i}e^{\frac{a_i+a_m}{\Gamma g_{th}J_{tr}}} + J_e + J_h + 2J_d \tag{11-4}$$

其中 η_i 是半导体激光器的内量子效率，J_r 是激光器的辐射复合电流密度，J_e 和 J_h 分别为电子和空穴漏电流密度，J_d 为扩展电流密度，J_{tr} 为透明电流密度，其表达形式如下：

$$J_{tr} = \frac{q n_{tr} L_{tr}}{\tau_{sp}} \tag{11-5}$$

其中 n_{tr} 为材料本身的透明载流子密度，τ_{sp} 为自发辐射寿命，L_w 为量子阱宽度。对于分别限制结构半导体激光器，式(11-1) 中的内吸收系数可以如下表示：

$$\alpha_i = \Gamma_a \alpha_a + \Gamma_c \alpha_c + (1 - \Gamma_{qw} - \Gamma_c)\alpha_w + \alpha_s \tag{11-6}$$

其中 Γ_a 和 Γ_c 分别是有源区和限制层的光限制因子，α_a、α_c 和 α_w 分别对应载流子在有源区、限制层和波导层的吸收系数，α_s 是散射损耗系数。

对于多量子阱激光器，其阈值电流密度 J_{th} 可以写为

$$J_{th} = nJ_r + J_l + 2J_d \tag{11-7}$$

其中 n 为多量子阱数目。J_r 和 J_d 分别为复合电流和扩散电流，J_l 为漏电流。半导体激光器的电流分布如图 11-2 所示。

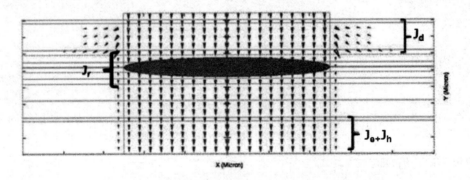

图 11-2　半导体激光器内部电流分布示意图

漏电流对发光没有贡献，并且会导致激光器效率下降甚至失效等问题。半导体激光器的漏电流主要有两种：有源区漏电流和限制层漏电流。(1) 当激光二极管加载偏压时，

电子(或者空穴)注入有源区,一部分溢出有源区,进入 P 型(或者 N 型)限制层,形成有源区泄露电流;(2)限制层内部的少子会漂移,形成限制层漏电流;对于掺杂半导体材料,这部分可以忽略。

载流子的热泄漏和俄歇复合是影响漏电的主要因素。俄歇复合只有在波长超过 1um 的半导体激光器才有明显影响,在短波长半导体激光器中可以忽略,根据载流子输运理论,电子漏电流可以写为:

$$J_l = eDn_p \left[\sqrt{\frac{1}{L^2} + \frac{1}{4Z^2}} \coth(\frac{1}{L^2} + \frac{1}{4Z^2} d_p) + \frac{1}{2Z} \right] \tag{11-8}$$

其中 D 为扩散系数,L 为扩散长度,Z 为电场漂移长度,d_P 和 n_P 分别为 P 型限制层厚度及限制层与波导层界面处的电子密度,e 为电子电量。

半导体激光器的阈值电流密度同时受材料特性和结构参数的影响。量子阱两侧的势垒厚度影响光学影响因子和透明载流子浓度等参数;势垒层越宽,光学限制因子越大,势垒层的自发复合增多,密度也增加。阈值电流随着光学限制因子和透明载流子密度的变化净值而变化;阈值电流随着波导层厚度的增加,先降低后增加,存在极小值;其他条件保持恒定时,阈值电流随着限制层厚度的增加而减小,变化率逐渐减小,这主要是由于限制层厚度增加会提高光学限制因子,提高串联电阻,增加消耗;腔长增加会使阈值电流密度迅速下降,其下降速率逐渐变缓,主要原因是腔长较短时,腔面损耗占主导,腔长较长时,内部损耗起主要作用。

11.2　半导体激光器的光电特性

半导体激光器的光输出功率用功率－电流($P-I$)曲线表示,电学特性用电流－电压($I-V$)曲线表示,通常将激光器的 $P-I$ 曲线和 $I-V$ 曲线画在一张图里,即为激光器的 $P-I-V$ 特性曲线,如图 11-3 所示。

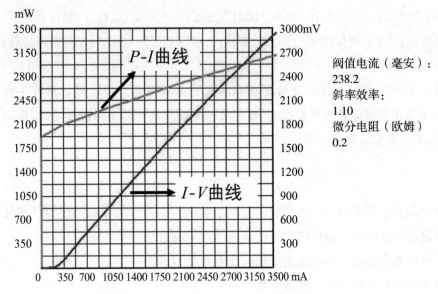

阀值电流（毫安）:
238.2
斜率效率:
1.10
微分电阻（欧姆）
0.2

图 11-3　激光器的 P－I－V 特性曲线

半导体激光器实际上是 PN 结二极管与光波导等结构的复合体,一般通过对限制层进行 P 型和 N 型掺杂来提高载流子注入效率。PN 结的电子和空穴分别向 P 型层和 N 型层扩散,在 PN 结中间形成空间电荷区,空间电荷区的内部和两侧形成内建电场和电势差;少数载流子在内建电场的作用下发生漂移,减弱了内建电场强度,最终达到平衡时,扩散运动和漂移运动相同,PN 结经电流为零,其内建电势差 V_D 如下所示:

$$V_D = \frac{1}{q}(E_{F_N} - E_{F_P}) = \frac{k_B T}{q}\ln(\frac{N_A N_D}{n_i^2}) \tag{11-9}$$

其中 E_{F_N} 和 E_{F_P} 分别为 N 型材料和 P 型材料的费米能级,N_A 和 N_D 分别为施主和受主浓度,n_i 为半导体材料的本征载流子浓度。理想 PN 结的电流密度 J 与外加电压 V 的关系可以写为:

$$J = q(\frac{D_n n_{p0}}{L_n} + \frac{D_p P_{n0}}{L_p})(\exp\frac{qV}{k_B T} - 1) \tag{11-10}$$

其中 D_n 和 D_p 分别为电子和空穴的扩散系数,L_n 和 L_p 分别是电子和空穴的扩散长度,n_{p0} 和 p_{n0} 分别是 N 型平衡电子浓度和 P 型平衡空穴浓度。

从式(11-9)可以看出,只有在半导体器件两端加入一定电压,克服 PN 结内建电场,实现载流子注入,才能使其正常工作。实际半导体激光器的工作电压 V 还受波导结构等异质结界面的影响,主要由三部分组成:

$$V = V_{th} + V_R + V_{junc} = \frac{E_g}{e} + \sum_i \sigma_i J + V_{junc} \tag{11-11}$$

其中 V_{th}、V_R 和 V_{junc} 分别为 PN 结电压、材料串联电阻压降和异质结界面电压,E_g 为有源区禁带宽度,σ_i 是体材料电阻及欧姆接触电阻。

半导体激光器的光输出功率也是其重要参数,与材料、结构参数有密切关系。内量

子效率 η_i 和外量子效率 η_{ex} 决定了半导体激光器的输出功率,其表达形式如下:

$$\eta_i = \frac{\mathrm{d}N_{ph}/\mathrm{d}t}{\mathrm{d}N_{n-h}/\mathrm{d}t} = \frac{\mathrm{d}N_{ph}}{\mathrm{d}N_{e-h}} \tag{11-12}$$

$$\eta_{ex} = \frac{\mathrm{d}N_{ex}/\mathrm{d}t}{\mathrm{d}N_{e-h}/\mathrm{d}t} = \frac{\mathrm{d}N_{ex}}{\mathrm{d}N_{e-h}} = \frac{P_{out}/h\nu}{I/e} \tag{11-13}$$

其中 $\mathrm{d}N_{ph}/\mathrm{d}t$ 为激光器有源区内单位时间内产生的光子数量,$\mathrm{d}N_{e-h}/\mathrm{d}t$ 是有源区内单位时间内产生的电子－空穴对数目,$\mathrm{d}N_{ex}/\mathrm{d}t$ 为单位时间内激光器发射的光子数,P_{out} 是激光器端面的输出功率,I 为激光器的注入电流。外微分量子效率 η_d 也是表征半导体激光器功率输出特性的重要参数,其表达形式如下:

$$\eta_d = \frac{(P_{out} - P_{th})/h\nu}{\eta_{inj}(I - I_{th})/e} = \eta_i \frac{a_m}{a_i + a_m} \tag{11-14}$$

其中 η_{inj} 是电子－空穴注入效率,I_{th} 是激光器的阈值电流,P_{th} 是阈值电流下激光器的光功率。通常情况,阈值电流下的光功率远小于激光器实际工作时的功率,可以忽略,因此上式可以简化为

$$\eta_d \approx \frac{P_{out}/h\nu}{\eta_{inj}(I - I_{th})/e} \tag{11-15}$$

在激光器输出功率－电流曲线(图 11-3 绿色曲线)中线性部分的斜率近似等于外微分量子效率。

11.3　半导体异质结激光器的分类及特性

半导体激光器的分类方法有很多。按激射波长可以分为:远红外激光器、中红外激光器、近红外激光器、可见光激光器、紫外激光器等;按结构可以分为双异质结激光器、量子阱激光器、垂直腔面激光器等;按应用领域可以分为光纤通信激光器、光存储激光器、大功率泵浦激光器、引信用脉冲激光器等;按工作方式分为脉冲激光器、连续激光器和准连续激光器等;下面对双异质结激光器、量子阱激光器和垂直腔面发射激光器的性质进行详细讨论。

11.3.1　双异质结激光器

双异质结激光器的核心是双异质结半导体芯片,在衬底上通过外延技术生长出薄膜,通过电极蒸镀、增透膜和增反膜沉积等技术制备出芯片,之后通过倒装焊技术将双异质结芯片焊接到热沉上,最后通过焊线等封装工艺将芯片封装在管壳内,得到双异质结(DH)激光器,如图 11-4 所示。

P电极
P接触层
P限制层
有源区
N限制层
N电极

图 11-4　双异质结半导体激光器芯片结构示意图

有源区材料的禁带宽度决定了半导体激光器的发射波长,如下所示:

$$\lambda_e \approx \frac{2\pi\hbar c}{E_g} = \frac{1240}{E_g} \tag{11-16}$$

为了提高辐射效率,有源区一般选择直接带隙材料,同时最好与衬底晶格匹配,减小失配位错的影响。对于 GaAs 材料,其本征的发光波长为 870nm 左右,通过掺入 In 和 Al 可以修改有源区的禁带宽度,进而得到 1310nm、1550nm 等不同波长的激光器。为了得到更长波长的激光器,可以选用 InGaAsSb 材料作为有源区。GaN 材料是一种直接带隙的宽禁带半导体材料,通过适当掺入 In 和 Al,可以将波长修改为 530nm、450nm 等蓝绿光激光器甚至紫外激光器。

11.3.2　量子阱激光器

如果双异质结半导体激光器有源区窄带隙材料薄到可以和电子平均自由程(即德布罗意波长 $\lambda = h/p$)相比拟时,载流子沿垂直有源区方向的能量发生量子化,形成一系列分离能级,这就是量子尺度效应,其载流子传输过程类似量子力学的一维有限深势阱问题,这种激光器就是量子阱激光器。量子阱激光器具有阈值电流密度低、输出功率高及调制带宽大等优点。

假定量子阱的生长方向(芯片的法线方向)为 z 方向,载流子只有在此方向的能量发生量子化,在 x 和 y 方向上能量仍然是连续的,能量与波矢分量的关系为

$$E_x = \frac{\hbar^2}{2m_i^*} k_x^2 \tag{11-17}$$

$$E_y = \frac{\hbar^2}{2m_i^*} k_y^2 \tag{11-18}$$

其中 $i = C$(导带),V(价带),k_x 和 k_y 是波矢沿 x 和 y 方向的分量。

量子阱内载流子的总能量为

$$E(n, k_x, k_y) = E_{xn} + \frac{\hbar^2}{2m_i^*}(k_x^2 + k_y^2) \tag{11-19}$$

图 11-5 给出了量子阱内导带和价带的能级分布示意图,载流子在垂直 PN 结方向上的运动能量被量子化,只能取分离的数值 $E_i(i = 1, 2, 3, \cdots)$,这也决定了电子的态密度在量子阱中的分布对应分立的能量状态,即电子的态密度呈台阶分布。

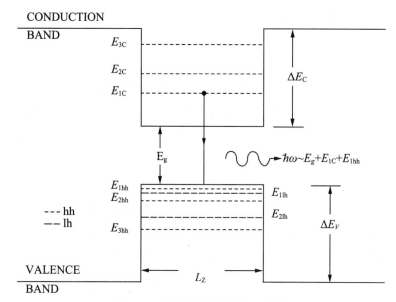

图 11-5　量子阱的能带分布示意图

11.3.3　垂直腔面发射激光器

　　上述的双异质结激光器和量子阱激光器均为水平端面发射激光器,其出射光束平行于芯片表面。近年来,垂直腔面发射激光器(VCSEL)引起了科研工作者的研究兴趣。VCSEL 激光器的出射光束垂直于芯片表面,其腔长很小,能够产生稳定的单模振荡,阈值电流很低。VCSEL 激光器的出射光斑呈圆形,光束发散角非常小,特别适合于单片集成、二维阵列领域。如图 11-6。

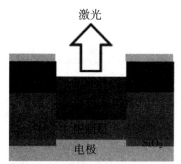

图 11-6　VCSEL 激光器的结构示意图

　　图 11-6 给出了 VCSEL 激光器的剖面结构示意图,圆形的双异质结掩埋在带隙稍大同时折射率略低的半导体材料内,形成了圆柱光波导。在 P 型材料表面制备圆形电极,电极材料选择高反射率的金属,同时作为全反射镜;在 N 型材料表面制备环形电极,环内的表面蒸镀介质膜,作为出光窗口。VCSEL 激光器的阈值条件可以写为:

$$dg_{th}\Gamma_t = da_a\Gamma_t + (L-d)a_c\Gamma_t - La_b(1-\Gamma_t) + \ln\frac{1}{\sqrt{R}} \qquad (11-20)$$

其中 a_a、a_b 和 a_c 分别是有源区、限制层和掩埋层材料的光吸收系数，R 是出光表面的反射率，Γ_t 是横向光限制因子。上式的左边和右边分别是增益和损耗，右边四项分别是有源区损耗、限制层损耗、衍射损耗和表面损耗。

为了进一步改善 VCSEL 激光器的光电性能，对器件结构进行了改进，使用多量子阱（MQW）结构代替体材料有源区，采用分布布拉格反射镜（DBR）代替平面反射镜，同时将谐振腔的长度设定为半波长或者全波长。这些改进可以有效降低激光器的阈值电流，同时还会产生微腔效应。改进的 VCSEL 激光器结构如图 11-7 所示。

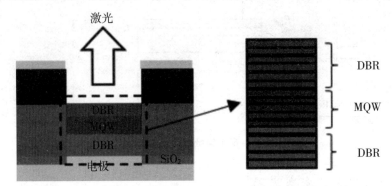

图 11-7   改进的 VCSEL 激光器的结构示意图

11.4   半导体激光器的制备工艺

脊波导宽面接触结构是现代应用最广泛的边发射半导体激光器芯片结构，这种结构的激光器 P 面有一个非常宽的电流注入区，其覆盖范围为 $100-800um$，其芯片制备工艺流程图如 $11-8$ 所示。

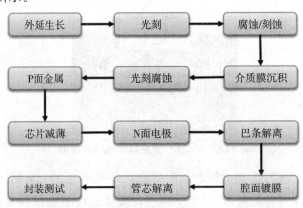

图 11-8   量子阱激光器管芯制备工艺流程图

半导体激光器的外延生长一般采用金属有机化学气相沉积（MOCVD）设备进行，这种生长方法由 Ruhrwein 于 1968 年首次提出，他指出通过在一定温度下使气相的金属有机物混合并发生反应，即可得到相应的化合物。Manasvit 等人随后对 MOCVD 技术进行了实验研究,在半导体及绝缘体衬底上生长并研究了多种 Ⅲ－Ⅴ 族化合物半导体薄膜。图 11-9 给出了半导体激光器生长过程示意图。Ⅲ 族金属有机源(MO)和 Ⅴ 族氢化物与载气(氮气或者氢气等)一起进入反应室发生气相反应,一部分直接进入尾气排出到反应室,另一部分形成聚合物排出到反应室,最后一部分通过扩散,吸附到衬底表面,在高温下通过表面扩散和表面反应生长出半导体激光器薄膜,同时发生解吸附反应,扩散进入尾气。

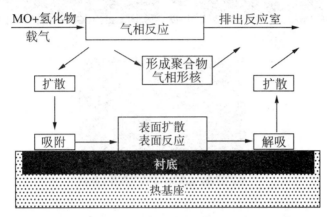

图 11-9 MOCVD 生长半导体激光器的过程示意图

光刻工艺是制备脊波导结构大功率激光器的核心工序,几乎贯穿半导体激光器工艺制作的整个过程。图 11-10 给出了光刻工艺的流程图,首先将光刻胶(对紫外光敏感)通过旋涂的方法均匀的涂敷在样品表面,将带有光刻胶的样品放在铬光刻板下方,光刻板上方实用合适强度的紫外光照射,再经过显影和坚膜过程,将光刻板上的图形复制到光刻胶上。随后通过湿法腐蚀或者干法刻蚀技术,将光刻胶图案复制到样品上,去除光刻胶后,最后得到图形化的样品(比如脊)。需要注意的是,样品腐蚀工艺也对最后的截面形貌有明显影响。图 11-10(a) 和(b) 给出了两种腐蚀溶液(双氧水、浓硫酸和水的混合溶液) 腐蚀的 AlGaAs 基材料的剖面形貌,可以看出:适当降低双氧水(H_2O_2) 浓度可以减小侧面的凸出尖角,避免后续金属覆盖时出现空洞,影响激光器性能。湿法腐蚀速率是各向同性的,垂直腐蚀和侧壁腐蚀是同时进行的,且速率接近,因此很难得到垂直的界面。为了改善侧壁的陡峭程度,感应耦合等离子刻蚀技术被提出用来进行激光器的脊波导结构刻蚀。图 11-11(c) 给出了采用等离子刻蚀技术后脊结构的剖面示意图,可以看出侧壁垂直度很高,表面光滑,完全满足半导体激光器的需求。

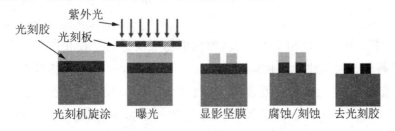

图 11-10 光刻工艺的流程示意图

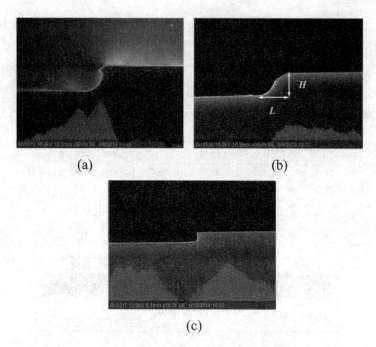

图 11-11 不同双氧水浓度 AlGaAs 材料湿法腐蚀后剖面形貌图：

(a) 4％,(b)1％,(c) 等离子刻蚀的剖面形貌图

激光器是一种受激辐射器件,对于量子阱激光器,需要达到一定的阈值电流密度才能开始工作。为了获得更低的阈值电流密度和更高的光输出功率,需要在脊以外的区域生长一层绝缘膜材料,达到电流隔离的目的。二氧化硅(SiO_2) 绝缘性好,折射率适中,是脊绝缘层的理想材料,等离子化学气相沉积(PECVD) 技术是一种制备二氧化硅等绝缘薄膜的常用技术,具有操作简便、可控性强、膜均匀性好及粘附性强等优点。SiO_2 厚度及生长温度对激光器性能有重要影响。表 11-1 给出了不同 SiO_2 厚度和生长温度下,二氧化硅的折射率以及激光器的阈值电流、工作电压、斜率效率及激射波长等参数的影响。随着生长温度由 100℃ 提高到 200℃,SiO_2 的折射率明显提高,温度进一步升高到 300℃ 后折射率基本不变。SiO_2 生长温度对于激光器性能的影响主要表现在阈值电流和电压方面,100℃ 条件由于 SiO_2 致密性差,漏电程度相对较高,因此器件阈值电流偏大,而 300℃ 时 SiO_2 过于致密,导致工艺腐蚀中难以去除干净,在与外延片接触界面容易残留部分绝缘膜,导致电流注入困难,因此器件电压升高。SiO_2 的厚度对半导体激光器的性能也由明显影响。随着生长厚度增加,器件阈值电流先减小后增加,激光器输出波长也存在相同的情况,这主要是受 SiO_2 材料致密度和热导率低影响造成的。太薄的 SiO_2 膜,导热好但绝缘性差,因此阈值电流高,而非辐射复合增多增加了器件的热量,因此工作波长变长;随着 SiO_2 膜厚度增加,绝缘性得到加强但器件散热受到一定影响,因此其阈值电流和激射波长逐渐增加。

表 11-1　SiO₂ 厚度和生长温度的影响

SiO₂ 厚度 nm	沉积温度 ℃	折射率 @800nm	阈值电流 A	工作电压 V	斜率效率 W/A	激射波长 nm
50			0.27	1.78	1.24	939.6
100			0.25	1.74	1.28	938.5
200	200	1.76	0.28	1.70	1.25	939.7
400			0.30	1.72	1.26	940.3
100	100	1.56	0.28	1.77	1.25	939.4
100	300	1.79	不激射	2.2	无	无

　　P 面和 N 面欧姆接触制备也是半导体激光器芯片制备过程中的重要一环。在半导体激光器完成 p 面光刻及绝缘膜覆盖工艺后,就需要对其 p 面进行金属化欧姆接触工艺,同样在激光器完成 n 面减薄工艺后,也需要对 n 面进行金属化欧姆接触制备。金属材料直接沉积到半导体材料上,一般形成的肖特基接触,会明显提高器件的功耗,降低激光器的效率。通过退火过程可以将肖特基接触转变为欧姆接触,退火工艺优化可以降低欧姆接触电阻,进而提高器件的效率。

　　衬底作为激光器外延层生长的支撑是必需的,但是由于加工过程中人员操作和对工艺片强度的需要,衬底一般厚度较厚,大多数超过 200μm。然而,厚度太厚的衬底对激光器串联电阻和散热都会产生不利影响,同时也会导致激光器芯片解离困难,因此通常要对衬底进行减薄处理,在保证产品良率及后道加工过程中不易破碎的前提下,一般 GaAs 衬底器件会减至 100μm 左右。

第 12 章
半导体太赫兹技术与应用

12.1 太赫兹概述

12.1.1 太赫兹概念

自 1947 年固态晶体管的发现到 1958 年集成电路的发明以来，半导体微电子技术有了显著的进步。这不仅大大影响了世界的经济，而且引领了更先进、更低成本、更强大、更节能的电子设备的发展。正如英特尔联合创始人戈登·摩尔在 1965 年所预言的，这种发展同时也会使集成电路中元器件的数量呈指数的增长。集成电路中元器件的临界尺寸缩小程度随着时间推移也同样遵守"摩尔定律(Moore's Law)"。例如，图 12-1 显示了在 1970 到 2011 之间微处理器的最小特征尺寸(栅极长度)和晶体管密度的演变。在此期间，金属氧化物半导体场效应晶体管(MOSFET)的栅极长度从 $10\mu m$ 减少到 $28nm$，每平方毫米晶体管的数目从 200 个增加到了超过 100 万个。

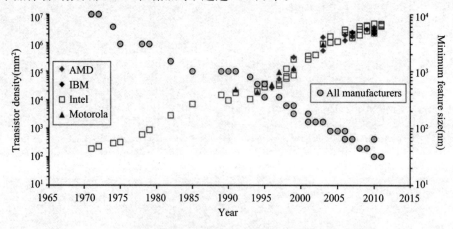

图 12-1　微处理器的特征尺寸和晶体管密度随年代的演变

近半个世纪以来，摩尔定律一直是集成电路芯片设计的指导定律。然而由于物理方面的限制，传统的晶体管不能无限制地缩小。这就产生了一个"More than Moore"的概念，超摩尔时代的到来，侧重于制造出更小的、更强大而且更高效的电子器件设备。电子设备工艺的进一步发展为纳米电子和纳米技术等前沿技术的应用奠定了基础。

尺寸小于 100 nm 的通常称为纳米尺度。因此，尺寸小于 100 nm 的器件称为纳米器件。创新型纳米器件要求不仅要基于新的材料同时也要基于创新的技术，这种新型的纳米器件有：基于石墨烯的晶体管、碳纳米场效应晶体管（FETs）、单电子晶体管（SETs）和侧栅晶体管。除了减少半导体器件的尺寸使集成度变高同时具有更好的器件性能，其中另一个重要的研究领域，是实现器件运行速度的提高，达到太赫兹（1 太赫兹 $= 10^{12}$ 赫兹）的频率。研发的纳米器件已经使的探测毫米和亚毫米波的工作受到了广泛的关注，即太赫兹（THz）技术。

太赫兹（THz）辐射是指频率在 $0.1\text{THz} \sim 10\text{THz}$（波长在 $3\text{mm} \sim 30\mu\text{m}$）之间的电磁波，其波段在微波和红外光之间，属于远红外波段，此波段是人们所剩的最后一个未被完全开发认知的波段。THz 波是宏观电子学向微观光子学过渡的频段，长波段与亚毫米波重合，其发展主要依靠电子学技术；短波段与红外线重合，其发展主要依靠光子学技术；在电磁波谱中处于微波和红外区域之间，如图 12-2 所示。

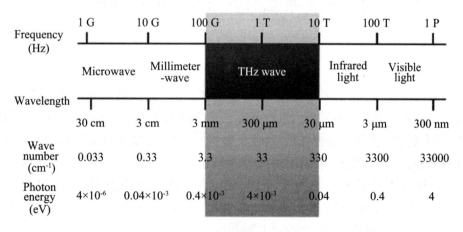

图 12-2　电磁波谱中的太赫兹频段

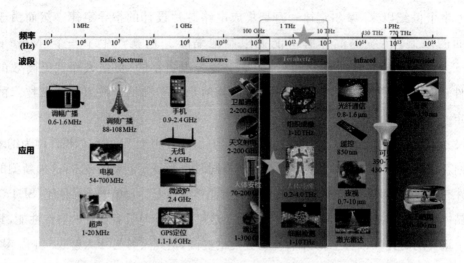

图 12-3　在电磁波谱中各频段对应的应用

20 多年前,太赫兹还只被称为远红外光,无法用传统微波技术达到太赫兹频率。太赫兹的位置处于宏观经典理论向微观量子理论的过渡区,约 50% 的宇宙空间光子能量、大量太空星际分子的特征谱线大都在太赫兹范围。因此太赫兹技术是国际电子与信息领域重大科学问题,2004 太赫兹技术被美国政府评为"改变未来世界的十大技术"之一;2005 日本将太赫兹列为"国家支柱十大重点战略目标"之首;2005 中国 20 多位院士参加第 270 次香山科学会议,标志着我国太赫兹研究战略的启动。太赫兹频率在成像中比光学和微波技术更具优势,在电子、信息、生命、国防、航天等方面蕴含着巨大的应用前景。

12.1.2　太赫兹特性

太赫兹波具有很多的优点与特性,太赫兹光谱包含丰富的物理和化学信息,研究这一波段的光谱对于物质结构的探索具有重要意义;与微波相比,太赫兹波长更小,成像分辨率更高;太赫兹波大气传输损耗低,可在大雾、沙尘暴等低能见度天气状况下成像;另外太赫兹脉冲光源与传统光源相比具有许多独特的性质。

(1)太赫兹波的低能量具有安全性。　由于太赫兹波的能量小(1THz 能量为 4.1MeV),与 X-ray(能量约 30keV)相比就相差 7 个数量级!不会引起生物组织的光离化致癌,不会出现 X 射线电离和破坏被检测物质的现象。

(2)太赫兹具有强的穿透性。太赫兹辐射能穿透非金属和非极性材料,对于非极性物质有很强的穿透力;如衣物等纺织品、纸质板材、塑料、木质板材等包装用品;可替代 X-ray 在医院对人体成像;可在几米外发现旅客身上携带的金属、凝胶体、液体或可疑爆炸物等,具有在军事领域应用的巨大潜质。

(3)太赫兹波的宽带性。太赫兹脉冲光源通常包含若干个周期的电磁振荡,单个脉冲的频带可以覆盖从 GHz 至几十 THz 的范围,便于在大的范围里分析物质的光谱性质。

（4）太赫兹波的相干性。太赫兹波由相干电流驱动的偶极子振荡产生，或是由相干的激光脉冲通过非线性光学的差频效应产生，太赫兹波的相干测量技术能够直接测量电场振幅和相位，可以方便地提取样品的折射率、吸收系数。

（5）太赫兹波的瞬态性。太赫兹波的脉宽在皮秒量级，通过电光取样测量技术，能够有效地抑制背景辐射噪声的干扰，在小于 3THz 时信噪比高达 104:1，远远高于傅立叶变换红外光谱技术；而且其稳定性更好，可以对各种材料进行时间分辨研究。

（6）通常在大气中衰减比较严重，适合局域安全通信。同时有机分子转动和振动跃迁能量在太赫兹范围，可用于材料的非接触、无损、指纹识别。

太赫兹频率引起了业界和学术界的广泛关注，这是由于其在安全、医学和生物、通信和雷达系统、天文学和材料特性等应用领域的巨大潜力。然而，在电磁波谱中，太赫兹波仍然是被利用比较少的区域，通常被称为"太赫兹空隙"。0.1THz 到 10THz 之间的波段就是所谓的太赫兹空隙。存在这种太赫兹空隙的原因是由于缺乏低成本、固态、可集成、而且在室温下可以工作的太赫兹源和探测器。随着新原理、新器件的不断创新发展，我们相信新一代的太赫兹探测器和发射器必将成为太赫兹技术未来发展的关键。

12.1.3 太赫兹的半导体基础

太赫兹技术的研究首先是基于第一、二代半导体材料：Si/Ge，GaAs、InP 及其异质结器件，目前有关器件的结构、性能、应用等已得到广泛的研究。基于第三代宽禁带半导体材料，如 GaN、InGaN 及其异质结器件，应用潜力巨大，目前也正迅速引起人们的关注。

在 III－V 族化合物半导体中，对 GaAs 和 GaP 的研究较为广泛，应用较多。特别是对 GaAs 的研究，因为 GaAs 的禁带宽度比 Si 稍大（$Eg_{GaAs}=1.43eV$，$Eg_{Si}=1.106eV$），故由 GaAs 制备的器件能在更高的温度和更大的反向电压下工作（如 IGBT）。采用掺杂方法或在 GaAs 晶体中掺入铬、氧能得到半绝缘的高阻材料（SI－GaAs），可用作集成电路的衬底和制备各种红外探测器，低阻 GaAs 单晶可作激光器等光电器件的衬底；而且 GaAs 的电子迁移率比 Si 大五倍多，可在更高的频率下工作，是制作高速集成电路、大功率器件和高速电子器件的理想材料。GaAs 各项指标都比较高，具有"一材多用"的优点。但与 Ge、Si 相比，它的制造工艺复杂、成本高、价格贵，As 又是一种有毒的物质，需采取防护措施，防止它对周围环境的污染和对人体的侵害。

GaP 是红光和蓝光等发光器件的材料；GaN 的禁带宽度大，适宜做蓝光器件的材料。GaSb 的晶体制备比较容易，禁带宽度和 Ge 差不多，电子迁移率比 Ge 大 1.5 倍。近年来在材料制备技术上获得了突破性的进展，GeAs 成为当今化合物半导体材料研究的热点。硼（B）的化合物 BN、BP、BAs 制备困难，除 BN 外，其他材料的研究较少；BN 禁带宽度过大，实际应用上还存在问题。

铝（Al）的化合物一般讲是不稳定的，AlP、AlAs 室温下与水反应而分解，AlN 禁带宽度较大,适合做蓝光器件;AlSb 从禁带宽度看可做太阳能电池。铟(In)的化合物,一般都具有较大的电子迁移率,可用来做霍尔器件。 InSb 是研究的比较成熟的化合物半导体材料之一,禁带宽度为 0.18eV,可用来制作红外光电器件和超低温下工作的半导体器件。InAs 的性质和 GaAs 相似,但不如 GaAs 发展得快。InP 材料做出的耿氏二极管其特性比 GaAs 的好;在 GaInAs(P) 三、四元系激光器研制成功后,InP 作为衬底材料被大量使用,它和 GaAs 材料一样是重要的 Ⅲ－Ⅴ 族化合物半导体材料之一。大多数 Ⅲ－Ⅴ 族化合物半导体材料的晶体结构是闪锌矿型,和金刚石型很相似。除了闪锌矿型晶体结构外,有的 Ⅲ－Ⅴ 族化合物半导体材料,如:GaN、ZnO、InN 和 BN 等还具有纤维锌矿结构。表 12-1 给出了部分 Ⅲ－Ⅴ 族化合物半导体材料的物理特性。

表 12-1　部分 Ⅲ－Ⅴ 族化合物半导体材料的物理性质

化合物性质	GaP	GaAs	GaSb	InP	InAs	InSb	Si
密度 /(g/cm³)	4.129	5.303	5.613	4.787	5.667	5.775	2.33
晶体结构	ZB	ZB	ZB	ZB	ZB	ZB	D
晶格常数 /nm	0.5450	0.5642	0.6094	0.5868	0.5478	0.5431	
熔点 /℃	1467	1238	712	1070	943	525	1412
跃迁形式	间接	直接	直接	直接	直接	直接	间接
能带宽 /eV	2.24	1.428	0.72	1.351	0.356	0.18	1.12
电子迁移率 /[cm²/(V·s)]	200	8500	7700	6000	33000	78000	1500
空穴迁移率 /[cm²/(V·s)]	120	420	1400	150	460	1700	475

ZB:闪锌矿型;D:金刚石型(300K)

对于过渡族元素 Cr、Mn、Co、Ni、Fe 和 V 来说,除了 V 在 GaAs 掺杂中是施主外,其他元素在 GaAs 中掺杂都呈现出深受主。Mn、Co 和 Ni 具有＋2 价氧化态,可取代 Ga 而在 GaAs 中引入单受主能级;Cr 和 Fe 的 ＋3 价是稳定的,但它们也存在＋2 价态,也可以在 GaAs 中引进单受主能级;V 通常为＋4 价,它是施主。Cr 是制备半绝缘 GaAs 材料的掺杂剂,与掺氧形成半绝缘的 GaAs 不同,Cr 是深受主而氧是深施主。掺 Fe 也能得到高阻的 GaAs 材料,室温电阻率可达 $10^5\,\Omega\cdot cm$ 以上。目前几乎所有的 GaAs 器件都采用外延层做有源层,单晶用来做衬底。表 12-2 列出了一些 GaAs 单晶器件对导电类型及掺杂的要求。

表 12-2　不同 GaAs 单晶器件对导电类型及掺杂的要求

器件类型	衬底类型	掺杂元素	掺杂浓度(cm^{-3})
微波器件	N+	Te、Sn、Si	$10^{17} \sim 10^{18}$；
	I	Cr、O	$\sim 10^{17}$
红外器件	N+	Si	$10^{17} \sim 10^{18}$
	P+	Zn	$10^{17} \sim 10^{18}$
	N+ *	Te	$10^{16} \sim 10^{18}$
激光器	N+	Te、Sn、Si	$\sim 10^{18}$
可见光器件	N+	Te、Sn、Si	$10^{17} \sim 10^{18}$
红外调制器	I	Cr、O、Fe	$\sim 10^{17}$

12.2　太赫兹发射器

为了获得太赫兹波源，原理上既可将截止频率接近 THz 的高速、非线性器件的亚毫米波频率范围通过混频和倍频，上变频到太赫兹波段，也可以从红外光波段或可见光的泵激光器下变频到太赫兹波段。此外，还可以采用特种元器件直接产生太赫兹波源。针对太赫兹波发射有不同的方法，如基于黑体的太赫兹发射器，太赫兹辐射显然是任何物体的黑体辐射的一部分，它的辐射温度大于 10K。作为一种辐射源，黑体具有查找方便、价格便宜、但发射能量低、频带宽、波形不一致等特点。当然还有热源、宽带脉冲技术和窄带连续波法等方法作为太赫兹发射器。下面介绍几种典型的太赫兹发射器。

12.2.1　基于脉冲激光的太赫兹波发射器

一种基于被超快速激光脉冲照射的半导体也可以作为太赫兹源。超快激光脉冲具有光子能量，这要比材料的带隙大，例如，若要在光电导体中产生电子空穴对，可在静电场中加速形成瞬时光电流。这种快速、时变的光电流辐射电磁波其频带宽可扩展到几个太赫兹。图 12-4(a) 显示了一种由超快激光脉冲照射的 380fs 宽的太赫兹脉冲，图 12-4(b) 显示了太赫兹脉冲的振幅谱。脉冲带宽通常集中在从低频到 3THz 的低频段。虽然这种方法产生的太赫兹波具有可调谐的，紧凑的宽频谱，但它也同时导致了飞秒激光的高成本。

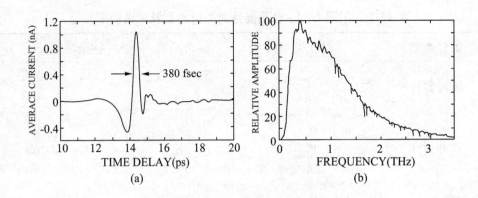

图 12-4 超快激光脉冲照射的太赫兹脉冲：

(a) 测量 380 fs 宽度的太赫兹脉冲；(b) 太赫兹脉冲的振幅谱。

12.2.2 光混频器

作为一种太赫兹的光源，光混频器可提供一致的连续波频率可在 1～3THz。图 12-5 给出了光混频器的示意图。一个太赫兹光混频由两个独立的可调谐激光源组成，通过外差在一个理想的太赫兹区域内产生不同的频率。这两束激光光束照射光导天线（PA），激发了半导体材料，产生振荡输出，并产生相干连续波，频率从微波到几太赫兹。光电流是在电极之间的间隙产生的，能量通过一根太赫兹天线辐射到自由空间。器件的速度是由光产生的载体的内部弛豫、捕获和重组机制决定的，另一方面是由电路参数如光电导缝隙的电容和光电导体和天线的阻抗所决定的。光混频器作为太赫兹源不需要昂贵的设备如自由电子激光，也不需要冷却的外部环境。

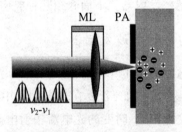

图 12-5 光混频器示意图：(两个光波的拍频 $\nu_1 - \nu_2$，

PA 表示光导天线，ML 表示显微镜镜头。)

12.2.3 自由电子激光器

自由电子激光器（FEL）的波长范围从 0.1 到 300THz，微脉冲的平均功率为 10kW，如图 12-6 所示，自由电子激光器的两个主要组成部分是电子加速器和波动器。自由电子激光利用高速电子束在真空中通过强空间变化磁场的传播。来自加速器的电子束被偶极弯曲磁体偏转，并在直线加速器或同步加速器中进入波动器。电子在振荡磁场中振荡并受到洛仑兹力,然后进行横向振荡并在正向发射同步辐射。在波动器的后面,电子被另一个弯曲的磁体偏转到束流收集器中。这样的系统它的成本较为昂贵,而且受到规模的限制,并且还需要一个专门的设施。但是它的优点是容易产生可调的连续或脉冲波,并且比典型的光导天线发射器产生的波的平均亮度高 5 个数量级以上。

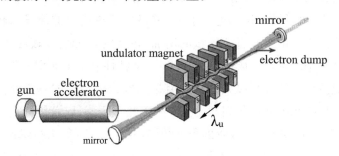

图 12-6 FEL 自由电子激光装置的原理示意图

12.2.4 量子级联激光器

半导体沉积技术的发展使先进的多量子阱半导体结构备受关注。量子级联激光器(QCL)是在 1994 年基于一系列耦合量子阱的基础上首次被演示出来的。在量子级联激光器中,量子约束将导带分为若干个不同的子带。在低温下,上述子带中的电子传输到较低的能级,并以特定波长发射光子。量子级联激光器的运行频率为 $0.84 \sim 5.0 \mathrm{THz}$,在 CW 模式下的温度高达 117 K,脉冲模式下峰值输出功率高达 470MW,电子从高能级跃迁到低能级释放出太赫兹波辐射。

图 12-7(a)给出了 GaAs 量子级联激光器能带电子跃迁示意图,如图 12-7(b)所示,给出了在 CW 模式下的温度 117 K 时,脉冲模式下峰值输出功率。

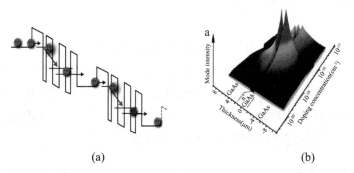

(a)   (b)

图 12-7 量子级联激光器(QCL)电子跃迁示意图和峰值输出功率

12.2.5 气体激光器

太赫兹气体激光器通常采用低压分子气体(如甲醇),它存在于法布里－珀罗谐振腔内,并由 CO_2 激光器产生光泵。输出频率准连续(更换工作介质可覆盖 $0.3 \sim 7.0 \mathrm{THz}$),输出功率大于 50MW,光束质量高。其缺点是通常需要大量的空腔和千瓦的电源来操作

CO_2 激光器,重量约 $70kg$,结构复杂,功耗大约 $3kW$。

12.2.6 耿氏二极管

耿氏二极管作为射频(RF)源是基于耿氏效应,这是 J. B. Gunn 1963 年在 IBM 发现的。在耿氏效应中,电子被应用的电场加速,并可能获得足够的能量从较低的能谷转跃迁到较高的卫星能谷。由于其有效质量的增加,转移的电子会以较慢的速度运动,从而导致平均电子迁移率的降低。耿氏二极管的 $I-V$ 特性显示了典型的负微分电阻(NDR)效应。已被广泛接受为耿氏核磁共振和电流振荡理论。传统的垂直耿氏二极管由于其几何、制造过程、掺杂水平和加热问题而被限制在几十个 GHz 范围内。除了探索新材料外,科学们还研究了平面耿氏二极管的新型结构,并对 GaAs 和 InGaAs 二维电子气材料进行了研究。实验结果表明,在基本模式下,耿氏二极管功率为 $98\mu W$,振荡频率可以高达 $164GHz$ 的,在第二谐波模式下,功率为 $2.2\mu W$,振荡频率为 $218GHz$。基于耿氏效应,也有其他半导体器件,如二极管或晶体管槽可用来产生可调谐的太赫兹辐射,输出频率范围小于 $1.0\ THz$,高频段输出功率较低(微瓦)。

12.2.7 光电导 THZ 源

在光电导半导体材料表面沉积金属,制成偶极天线电极结构,当飞秒激光照射在电极之间的光电导半导体材料时,会在其表面瞬时产生大量自由电子－空穴对,这些光生载流子在外电场的作用下,在光电导半导体表面形成变化极快的光电流,从而产生太赫兹脉冲辐射。

12.3 太赫兹的探测方法

对于太赫兹波的检测方法通常采用以下两种技术:一个是相干技术和另一个是非相干技术。一般而言,相干技术利用频率转换具有较好的灵敏度。然而,它们比基于吸收辐射产生热的非相干技术的实验性要复杂很多。电光器件(EO),光电导天线(PA)和肖特基二极管混频器通常用于相干检测方案。非相干的检测方法有辐射热计和高莱探测器(Golay cell)等。下面介绍几种典型的太赫兹波探测方法系统。

12.3.1 时域系统探测

太赫兹时间域光谱(THz－TDS)使用短脉冲的宽带太赫兹辐射作为源,电光器件作为探测器。使用了各种电光器件晶体包括 $ZnTe$、GaP、$LiNbO_3$ 和 $LiTaO_3$。如图 12-8 所示,显示了典型的相干太赫兹时域光谱的示意图。太赫兹激光的主要组成部分有:飞秒激光、太赫兹辐射源、电光探测器、激光和太赫兹光学的聚焦准直部分、斩波器、机动延迟线、锁相放大器和数据采集系统。测量的光谱范围从 $100GHz$ 到 $4THz$。太赫兹时域光谱技术的缺点是激光的成本较高和光学装置较为复杂。

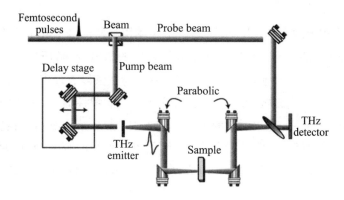

图 12-8 典型的相干太赫兹时域光谱的示意图

光电导天线(PA) 也可以作为探测器在太赫兹时域光谱技术系统中使用。光电导天线的偏压电场是由聚焦于天线的太赫兹脉冲电场产生的。一种基于 GaAs/AlGaAs 量子阱红外光导探测器在温度范围为 10K 到 50K 内可以工作在 3.5THz 频率。PA 的检测受到 PA 有限的载波寿命和电阻电容时间常数的限制。

12.3.2 测辐射热计

对于宽带检测,通常采用基于热吸收的直接探测器。测辐射热计的热红外探测器采用电阻温度计来测量辐射吸收温度。最常见的系统是氦冷却的硅、锗和锑化铟测辐射热计,其响应时间为微秒级。这个系统通常灵敏度很高,但它的速度较慢,并且只适用于非常低温的情况下操作。

12.3.3 高莱探测器

高莱探测器已经被天文学家用于太赫兹的工作多年了。高莱探测器中,在一层薄金属薄膜中吸收的热量被转移成少量的气体。由此产生的压力的增加会使柔性膜片发生形变,激光聚焦于反射光线到光电探测器的膜片上,如图 12-9 所示。

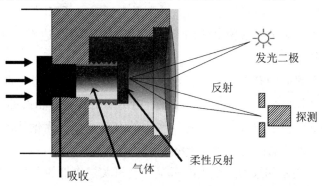

图 12-9 高莱探测器的原理图

12.3.4 自开关二极管

作为一种非相干的太赫兹探测器,基于半导体探测器已经引起了许多关注。因为它们不需要光栅、移动的镜子或其他部件来分析入射的辐射频谱,所以作为可选择性和可调探测器是有利的,在室温下,双量子阱 FET 在太赫兹频段表现出惊人的电压调谐共振光导响应。此外,肖特基二极管同样也是比较常用的非线性器件,可以有效地直接对太赫兹波进行探测。与室温热辐射太赫兹探测器相比,如高莱探测器,肖特基二极管检测器具有更短的响应时间。在零偏置条件下,优化了二极管的频率响应和带宽。此外,它们还可以在室温或低温下进行操作。响应度通常范围在 100GHz 时 400V/W 到 900 GHz 时 4000V/W。

2003 年,英国曼彻斯特大学的宋爱民等人介绍了一种新型纳米级非线性器件,称为自开关二极管(SSD)。从那以后,进行了大量的实验以及重要的器件建模和仿真,以探索和研究设计器件的特性。自开关二极管是一种场效应器件,对太赫兹波进行探测的原理是基于与传统的二极管相似的电流电压(I-V) 的非线性特性,因此可以在许多实际应用中使用。通过 SSD 的平面结构可以实现低寄生电容,它比相同尺寸的垂直二极管的寄生电容要小得多,因此该器件可以用作高频率的探测器。自从自开关二极管首次在 InGaAs/InP 和 InGaAs/InAlAs 二维电子气体(2DEG) 中实现后,SSD 就被广泛的进行了研究。SSD 的另一个优点是,由于该器件为真正的平面结构,可以使用一个光刻步骤实现多个单个 SSD 的集成。因此,制造过程不需要互连层来引入寄生元件。使整个制造过程更简单,更快,更低的成本。SSD 是一种潜在的太赫兹探测器,可以作为商业应用在成像系统中使用。

此外,自开关二极管已经在各种材料中被制备出来,其中在具有二维电子气(2DEG) 结构的铟镓砷(InGaAs) 和氮化镓(GaN),砷化镓(GaAs),硅绝缘体(SOI),以及有机氧化物和金属薄膜上都制备出了性能完备较好的自开关二极管器件。自开关二极管 SSD 是一种单极性的双端器件。它是通过定义一条非对称半导体纳米通道打破器件对称性。如图 12-10(a) 所示为典型的自开关二极管的原子力显微镜(AFM) 图像。较暗的区域是较窄的半导体通道的边界。这些边界通常是由标准电子束曝光技术来定义的,然后是刻蚀过程。这就产生了一个狭窄的纳米通道,绝缘沟槽充当边界。这些沟槽的深度取决于所使用的材料。

自开关二极管 SSD 的有效通道宽度 W_{eff},实际上小于我们制造它的工艺尺寸,因为在刻蚀边界处的存在耗尽区域。这些耗尽区域是由绝缘沟槽表面状态的电荷引起的,如图 12-10(b) 所示,由于这些耗尽区域的存在,沟道的有效宽度在无偏压的条件下几乎是被截断。在自开关二极管的两端施加电压将改变其有效宽度 W_{eff},以及沿着沟道上的电势分布。图 12-10(c) 展示如果加一个正电压 V 于自开关二极管的右端,则自开关二极管的有效宽度 W_{eff} 将会扩大,沟道打开允许电子从左端流向右端形成电流。这是因为沟道的耗尽区域的宽度由于该通道的顶部和底部的电场效应而减小。另一方面,如果对自开关二极管右端外加负偏压时,沟道两端的电场使得沟道的耗尽层增加,沟道中电子的通道宽度减小,它甚至可能完全夹断,电子不能通过,如图 12-10(d) 所示。根据所施加电压 V 的正负,有效沟道宽度将会增加或减少,形成类似二极管的单向导电特性。

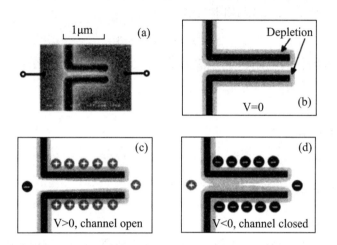

图 12-10 自开关二极管(SSD) 的沟道及特性示意图

理想情况下,在没有电流流过这个通道的这种情况下。器件会呈现出的非线性电流电压(I−V) 曲线特性,如图 12-11(a),这类似于传统的二极管的电流电压特性,但却是完全不同的工作原理,它不需要任何的 PN 结或者肖特基势垒。改变自开关二极管的沟道宽度 W,将提供不同的开启电压值,如图 12-11(b) 所示,从而提供更大的灵活性。正如预期的那样,沟道宽度越宽,导通电压越低。

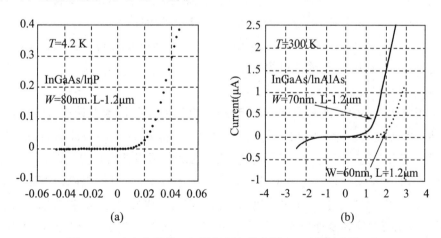

图 12-11 (a) 自开关二极管(SSD) 的典型 I−V 特性曲线

在 InGaAs/InP 衬底制备了 SSD 的沟道宽度 W 和长度 L,分别为 80nm 和 1.2μm。测量温度 T 为 4.2 K;(b) 在 InGaAs/InAlAs 衬底上制备出两个沟道宽度 W 不同,$L = 1.2$μm 的 SSD 的 $I−V$ 特性曲线图。沟道宽度 W 从 70nm 减少到 60nm,开启电压增加。

在电压较高的情况下（$V \gg k_B q/T$，k_B 为玻尔兹曼常数，T 为绝对湿度），自开关二极管工作在类似于 FET 中的饱和区域，自开关二极管的正向导通电流正比于偏置电压的二次方；在电压较低的情况下，自开关二极管的工作状态类似于 FET 工作在亚阈值区，自开关二极管的正向导通电流与偏置电压呈指数增长关系。

通过 FET 的电流电压公式如下所示：

$$I = I_s \left[e^{\left(\frac{qV}{n k_B T} \right)} - 1 \right] \tag{12-1}$$

其中 I_s 为反向饱和电流，n 为理想因子，I_s 与 n 的值可以同各个拟合电流电压曲线得出。

12.4　太赫兹应用

12.4.1　太赫兹技术在军事领域的应用

12.4.1.1　对爆炸物的探测与识别

鉴于爆炸性物质在安全检测和反恐中的重要地位，其光谱和成像是目前的研究热点。通过对不同爆炸物的电光取样时间分辨光谱进行比较，可以看出不同频率下吸收谱和色散关系有所不同，因此利用太赫兹波独特的吸收性质，对爆炸物进行特征识别和安全检测具有潜在应用价值。

12.4.1.2　可进行无损检测

针对哥伦比亚号航天飞机失事事件，美国科研人员采用脉冲中心频率为 1 THz 的太赫兹波对 PAL－Ramp SOFI 绝热泡沫层进行探测和成像，可以成功检测出泡沫层内的缺陷，该技术在战略导弹、航空航天结构材料的检测和评估方面具有重要的应用价值，已被美国宇航局选择为发射中缺陷检测的技术之一。洛克希德马丁公司开发的太赫兹检测系统，用来确保 F－35 战斗机的生产质量。

12.4.1.3　可进行远程探测与成像

由于雷达靠接收回波来发现和确定目标，应用太赫兹技术设计宽带雷达，可以比微波雷达具有更宽的频谱、更高的时间检测精度和分辨率。应用吸波材料设计的隐形飞机、舰船，使得常规窄带雷达对其不能进行有效探测，但吸波材料只能对带宽一定的信号进行吸收，而宽带太赫兹雷达由于具有丰富的频率分量，可以使得隐形军事目标的吸波涂层失去作用。太赫兹技术也可以用来对物体进行三维立体成像，将战场上灰尘或烟雾中的坦克、隐蔽的炸弹及地雷等显示出来。美国国防部先进研究项目局（DARPA）投入大量资金，对 THz 成像阵列技术进行研究，并最终成功研制出远距离、便携式 THz 成像雷达，它可以在沙尘暴、浓烟及海上浓雾中探测到目标并清晰成像。美国喷气推进实验室（JPL）在 $0.56 \sim 0.635\text{THz}$，$0.66 \sim 0.69\text{THz}$，$0.675\text{THz}$ 等波段，对太赫兹雷达成像系统进行了研究，取得良好的成像效果，其中，研制的高分辨力雷达探测系统，工作频率

0.6THz,可实现 5s 内对 25m 远、50cm×50cm 视场的视场成像。一维测距分辨率当目标距离为 4m 时,约为 2cm,改进的三维成像探测系统,在距离 4m 条件下分辨率为 0.5cm,之后进一步研制的 THz 频段的快速高分辨雷达,成功地在 5s 内对 25m 外隐藏的武器进行探测。另有美国西北太平洋国家实验室的 0.35THz 成像系统,美国马萨诸塞大学的 1.56THz 成像系统等。德国应用科学研究所(FGAN)研制的太赫兹 ISAR 成像雷达,可探测到近距离隐藏的武器、军营和舰艇,当探测距离为 500m,工作频率为 0.22THz 的条件下,成像分辨力可达到 1.8cm。瑞典 0.21THz 三维 ISAR 成像系统,以色列 0.33THz 扫描成像系统,苏格兰 0.34THz 三维扫描成像系统,都取得了良好的成像效果。

12.4.1.4　可用于太空通信

由于太赫兹波比微波频率更高、频带更宽、容量更大,在系统设计过程中,可以使用更小尺寸的天线,更高速的数据流,安全性更高。太赫兹频段在外层空间传输损耗与大气中传输小很多,且能量集中,方向性强,与微波波段相比较更利于太空通信。由于太赫兹波受空气影响比较大,通信时传输的距离比较短,在实际作战中,可以专门进行隐蔽通信,适合配合隐形战机等作战设备形成隐形作战系统。而国际电信联盟已为下一步卫星通信预留了 200GHz 的频段,随着卫星通信的进一步发展,必定进入 300GHz 以上的范围,这实际上就是太赫兹通信。由于太赫兹波在大气中传输容易受到各种气候条件的影响,且传输距离有限,其实质性应用将会遇到很多困难和挑战。

12.4.1.5　可用于末端精确制导

导弹制导方式可分为自主制导,寻的制导、遥控制导和复合制导。其中应用较多的寻的制导可以应用雷达制导、红外制导、电视制导、激光制导和毫米波制导。由于太赫兹波具有波束窄、方向性强等特点,采用太赫兹波与常用制导方式相结合,远端采用常规制导方法,接近目标后,采用太赫兹修正的方法,即提高了制导的准确性,又可以很好地避免大气对太赫兹波的吸收,可以进一步提高导弹攻击的准确性。在实际应用中,由于太赫兹波在空气中传输距离有限,仍然面临很大挑战。

12.4.2　太赫兹技术在安全领域的应用

12.4.2.1　可用于安检设备

目前公共场所的安检系统都以 X 射线成像为主,辅助以金属探测器进行人工检查,由于 X 射线本身固有的特点,无法检查出隐藏的非金属危险品、武器、毒品和爆炸物。通过太赫兹技术可以很好地解决这一问题,该技术不仅对人体更加安全,还能够与物联网连接,对城市进行高效的管理。由我国中国电子科技集团公司开发出的太赫兹安检仪可以快速准确地完成安检。新泽西理工学院通过采用 0.1THz 连续窄带宽辐射太赫兹波进行扫描,在仪器中创建对象点的二维图像,该图像以每帧 16ms 的速率被四元检测器阵列重构,图像的分辨率和质量由检测器的数量、检测阵列的结构和基线校准的好坏决定。

2014 年 6 月，德国弗劳恩霍夫应用技术研究联合会公布由弗劳恩霍夫物理测试技术研究所(IPM)与霍伯纳(Hübner)公司应用太赫兹成像技术联合研制的代号为"T－COGNITION"的太赫兹信件安检设备即将投放市场。这款信件安检设备的核心是太赫兹扫描仪，通过分析透过信件的太赫兹信号，几秒钟内可确定其太赫兹"指纹谱"，经过与数据库的比对，确定信件内是否存在危险品如爆炸物、细菌、毒品等。

12.4.2.2　用于生物药品检测

由于大部分物质都会对太赫兹波有相应，而且一些分子吸收谱会分布在太赫兹频段，据此可以将太赫兹技术用于生物药品检测，以此防止生物恐怖袭击。例如通过测定"炭疽热"粉末对太赫兹波的吸收情况，来判定样品中是否含有该物质，该技术在反恐和国土安全领域有着一定的应用价值。

12.4.2.3　用于毒品检测

毒品是指具有毒害性质的、能够使人成瘾并且为国家有关法律明令禁止的物品，其对家庭、社会及个人都有非常大的伤害。分为鸦片类、大麻类、可卡类。通常的毒品检测方法已经取得了较好的效果，但也都存在一定的局限性，经实验研究，很多毒品经过太赫兹波照射后，会在特定的频率上产生较强的吸收从而出现吸收峰，形成太赫兹，以此可以鉴别不同种类的毒品。

12.4.3　太赫兹技术的天文学应用

12.4.3.1　背景

天文学是研究宇宙空间天体及其结构和发展的学科，主要通过观测天体发射到地球的辐射，发现并测量其位置、运动规律、物理性质、化学组成、内部结构、能量来源及其演化规律。我国是世界上最早研究天文学的国家之一，有非常多的世界之最：在河南安阳出土的公元前十四世纪的殷朝甲骨文已有日食和月食的常规记录和世界上最早的日珥记录；自公元前722年直至清末一直沿用的干支记日法是世界上最长久的记日法；公元前687 年和611 年，中国分别有天琴座流星群和彗星的最早记录等等。这些古老的天文学记录都是基于可见光频段，在现代天文学中属于观察天文学的范畴。

随着科技的进步，现代天文学已经发展为可观测"全电磁频段"的科学，观测手段包括 γ－射线、X－射线、紫外线、可见光、红外线和射电。其中，射电天文学是天文学的一个重要分支，它以电磁波频谱为工具，在无线电频率研究天体，提供天文尺度的测量和观测，是验证天文物理理论的有效工具。在 20 世纪射电天文学取得了惊人的成就，其中最耀眼的就是 60 年代射电天文学的"四大发现"，即脉冲星、星际分子、微波背景辐射、类星体，并获得了诺贝尔物理学奖的肯定。

12.4.3.2　太赫兹技术在天文学中的优势

太赫兹波段是射电天文学观测宇宙的特殊波段，可以观测到孕育恒星的冷暗气体及尘埃辐射、示踪星际物质循环过程的丰富分子转动谱线及原子精细结构谱线等天文信息。"大爆炸理论"(The Big Bang Theory)是现代宇宙学最具影响力的学说,该理论认为宇宙曾有一段从热到冷的演化史,宇宙体系在不断地膨胀,使物质密度从密到稀地演化,如同一次规模巨大的爆炸。1922 年美国天文学家埃德温·哈勃观测到"红移现象",并于 1929 年总结出了一个具有里程碑意义的发现:不管你往哪个方向看,远处的星系正急速地远离我们而去,而近处的星系正在向我们靠近。由于多普勒频移效应,早期遥远天体辐射落入太赫兹频段,且星际尘埃吸收早期遥远天体的紫外/可见光后产生亚毫米波辐射,所以太赫兹是早期遥远天体最适合的观测波段。根据维恩位移定律,温度为 10K 的物体黑体辐射功率的峰值出现在约 1 THz,所以 1 THz 附近是天体形成阶段冷暗目标最适合的观测波段。此外,星际介质对太赫兹波段吸收远弱于可见光和近红外,所以太赫兹是研究星际尘埃和气体分子云内部星际介质和恒星物理状态的关键波段。

 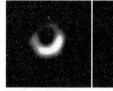

人类首次观测到的黑洞 　　　模拟的M87星系黑洞两种可能的样子

图 12-12　人类首次观测到的黑洞照片(M87 星系) 和对黑洞仿真计算的照片

北京时间 2019 年 4 月 10 日天文学家宣布首次直接拍摄到黑洞照片,如图 12-12 所示,所用的关键技术就是太赫兹和毫米波技术。为了拍摄到黑洞照片,天文学家动用了遍布全球的 8 个太赫兹/毫米波射电望远镜,组成了一个直径与地球相当的"事件视界望远镜"(Event Horizon Telescope,缩写 EHT)。 这个射电望远镜阵列如图 12-13 所示,包括位于西班牙内华达山脉的 30 米毫米波望远镜(IRAM 30m)、位于美国亚利桑那州的海因里希太赫兹亚毫米波望远镜(SMT)、位于墨西哥一座死火山顶部的大型毫米波望远镜(LMT)、位于夏威夷的詹姆斯·克拉克·麦克斯韦望远镜(JCMT)、位于夏威夷的亚毫米波阵(SMA)、位于智利沙漠的阿卡塔玛大型毫米波阵(ALMA)、位于智利沙漠的阿卡塔玛探路者实验望远镜(APEX)和位于南极阿蒙森·斯科特观测站的南极望远镜(SPT)。这8座射电望远镜自2019年4月5日起连续进行了数日的联合观测,又经过2年的数据分析,才让我们一睹黑洞的真容。这颗黑洞位于代号为 M87 的星系当中,距离地球 5300 万光年之遥,质量相当于 60 亿颗太阳。

图 12-13　分布在全球各地的 8 座太赫兹和毫米波 EHT 射电望远镜

12.4.3.3　太赫兹射电望远镜基本原理与构架

地球大气层中的离子和分子对各种辐射存在吸收和反射,只有如图 12-14 所示的特定波段范围的天体辐射可以到达地面,分别对应观察天文学中的光学窗口、红外窗口和射电窗口。对 γ 射线和 X 射线的天文观测主要在外太空进行,而对可见光、红外线和射电的观测可以在地面天文台进行。与低频段的微波相比,太赫兹和毫米波的大气传输损耗相对较大,并存在许多氧气和水蒸气分子的"吸收峰",所以太赫兹天文观测系统的频率都在电磁频谱的"吸收谷"中。例如观测黑洞的 EHT 射电望远镜阵列的工作频率就在 210 ~ 230GHz 之间。为了避免或减弱大气层对太赫兹波的吸收,有些太赫兹射电望远镜也被建造在卫星和飞机上,如 1989 年发射的宇宙背景探索号(Cosmic Background Explorer ,简称 COBE)。

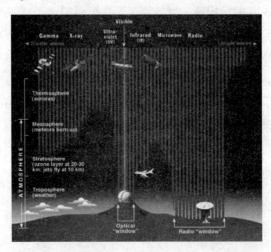

图 12-14　地球大气层对各类天体辐射的吸收能力

为了有效地观测到微弱的天体辐射,太赫兹射电望远镜大都建设在高海拔和低湿度的地方,并需要大口径的抛物面发射天线来收集信号,其基本构架如图 12-15(a) 所示。抛物面将收集的信号汇聚到喇叭天线,然后用超高灵敏度和超低噪声的太赫兹探测器进行检波,之后经过放大、模数转换等数据处理,最后在显示器中进行成像。所以太赫兹射电望远镜的核心器件就是高性能的太赫兹探测器。1962 年,英国剑桥大学的马丁·赖尔发明了综合孔径射电望远镜,进一步大幅提高了射电望远镜的分辨率,并因此获得 1974 年诺贝尔物理学奖。综合孔径技术利用相隔两地的两架射电望远镜接收同一天体的无线电波,两束波进行干涉,其等效分辨率最高可以等同于口径尺寸相当于两地之间距离的单口径射电望远镜。图 12-15(b) 为基于综合孔径技术的美国甚大天线阵(Very Large Array,缩写为 VLA),该天线阵由 27 台 25 米口径的天线组成的射电望远镜阵列,是世界上最大的综合孔径射电望远镜,位于美国新墨西哥州的圣阿古斯丁平原上(海拔 2124 m)。该阵列呈 Y 形排列,每个天线重 230 吨,架设在铁轨上可以移动,组合成的最长基线可达 36 km。

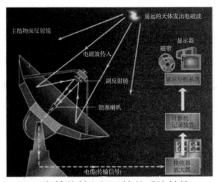

太赫兹射电望远镜的系统结构   架设在铁轨上可移的射电望远镜阵阵(美国VLA)

（a）   （b）

图 12-15 （a）**太赫兹射电望远镜的系统结构图,(b) 基于综合孔径的射电望远镜阵列**

12.4.3.4 太赫兹射电天文望远镜

在上文中我们提到了首次观测黑洞所用的 8 个太赫兹射电望远镜,分别位于美国、西班牙、墨西哥、智利、中国和南极洲。除此之外,太赫兹射电望远镜分布在地球各处,乃至大气层和外空间中。下面我们对太赫兹射电望远镜中的代表简单介绍如下:

（1）世界之最 —— 阿卡塔玛大型毫米波阵和实验探路者望远镜

阿卡塔玛大型毫米波阵英文为 Acatama Large Millimeter-wave Array,简称 ALMA,位于智利的阿卡塔玛高原沙漠,是世界上海拔最高(5100 m)的毫米波望远镜阵列,能看清 500 km 外的一枚硬币。ALMA 由 66 个 12 m 和 7 m 口径的天线组成,频率覆盖 84 ~ 950 GHz,包括 8 个观测频段。

实验探路者望远镜英文名为 Atacama Pathfinder Experiment telescope, 简称 APEX, 直径 12 m, 采用辐射热计为太赫兹探测器, 工作频率 211 ~ 1500GHz。顾名思义, APEX 是亚毫米波望远镜的一个探路者, ALMA 是基于 APEX 建造的。

(2) 最大单体望远镜 —— 墨西哥大型毫米波望远镜

大型毫米波望远镜英文名为 Large Millimeter—wave Telescope, 简称 LMT, 位于墨西哥 Sierra Negra 火山口, 天线直径 32.5m, 工作频率 75 ~ 353GHz。

(3) 最寒冷的望远镜 —— 南极望远镜

南极望远镜英文名为 South Pole Telescope, 简称 SPT, 位于南极洲, 为研究宇宙背景辐射而建立, 天线直径 10m, 工作频率 100 ~ 300GHz。

(4) 欧洲之星 —— 西班牙 30m 望远镜

西班牙 30m 望远镜坐落在西班牙安达鲁西亚内华达山脉的韦莱塔峰, 由国际电波天文研究所 (International Research Institute for Radio Astronomy, 西班牙语简称为 IRAM) 负责营运, 所以被称为 IRAM 30m。它是世界上仅次于墨西哥 LMT 的毫米波单体望远镜, 直径 30m, 工作频率 80 ~ 300GHz。

(5) 沙漠明珠 —— 海因里希·赫兹亚毫米波望远镜

海因里希·赫兹亚毫米波望远镜英文名为 Heinrich Hertz Submillimeter Telescope, 简称 SMT, 位于美国亚利桑那州的格雷厄姆山, 海拔 3100m, 隶属亚利桑那射电天文台。SMT 直径 10m, 工作频率 200 ~ 500GHz。

(6) 海洋之眼 —— 夏威夷双镜

夏威夷双镜包括詹姆斯·克拉克·麦克斯韦望远镜 (The James Clark Maxwell Telescope, 简称 JCMT) 和亚毫米波阵 (The Submillimeter Array, 简称 SMA), 都位于莫纳克亚死火山, 海拔 4092m。其中, JCMT 直径 15 m, 有 4 个工作频段 (211 ~ 276GHz、315 ~ 370GHz、430 ~ 510GHz 和 625 ~ 710GHz); SMA 由 8 个天线构成, 采用综合孔径技术, 最长基线 509m, 工作频率 180 ~ 418GHz。

(7) 最大的太空望远镜 —— 赫歇尔望远镜

赫歇尔望远镜由欧洲宇航局主导建造, 宽 4m, 高 7.5m, 工作频率覆盖 30 ~ 857GHz, 包括 9 个频段。该望远镜 2009 年发射升空, 主要研究恒星和星系的形成和变化。

(8) 机载望远镜 —— 索菲亚望远镜

该望远镜全称为 The German REceiver for Astronomy at Terahertz frequencies (GREAT) onboard the Stratospheric Observatory for Infrared Astronomy (SOFIA), 简称 GREAT/SOFIA, 由德国航天中心和美国宇航局联合建造, 直径约 2.5m (飞机上最大的望远镜), 安装在一架波音 747 货机上, 飞行高度为 8 ~ 14km, 工作频率 0.5

～ 3THz。

(9) 中国戈壁滩上的明珠 —— 13.7m 毫米波射电望远镜

该射电望远镜位于中国青海德令哈市的戈壁滩上,海拔 3200m,直径 13.7m,工作频率 85 ～ 115GHz,是我国第一台太赫兹射电望远镜。

(10) 北半球海拔之最 —— 中国西藏羊八井亚毫米波望远镜

该射电望远镜位于中国西藏羊八井观测站,海拔 4300m,是北半球海拔最高的亚毫米波望远镜,在世界上仅次于智利的阿卡塔玛天文台。经过中德科学家 5 年的合作建设,该望远镜于 2014 年投入使用,直径 3m,工作频率分别为 230GHz 和 345GHz。

参考文献

[1] 物理学词典,徐龙道.科学出版社,2007 年 9 月。

[2] 半导体光子学,余金中著,科学出版社,2016 年 2 月第二印刷。

[3] 半导体光电性质,沈凯华、朱文章编著,厦门大学出版社,1995 年 9 月。

[4] 半导体物理学(第 7 版),刘恩科,朱秉升,罗晋生,电子工业出版社,2011.

[5] 半导体光电子学,黄德修,电子工业出版社,2013.

[6] 半导体自旋电子学,夏建白,葛惟昆,常凯,科学出版社,2008.

[7] 半导体器件物理与工艺(第二版),[美]施敏著,赵鹤鸣,钱敏,黄秋萍译,苏州大学出版社,2002.

[8] 《薄膜物理与技术》,杨邦朝,王文生,电子科技大学出版社,1994 年 1 月,P88。

[9] 杜宝勋,半导体激光器理论基础. 2011:科学出版社。

[10] 波恩,沃尔夫 著,杨葭荪 译. 光学原理:光的传播、干涉和衍射的电磁理论(第七版),电子工业出版社,2009.

[11] 轩植华,白贵儒,郭光灿,光学(第二版),科学出版社,2018.

[12] Semiconductor Optics(第三版,影印版). C. F. Klingshirn. 2007 年 4 月。

[13] 金属有机化合物气相外延基础及应用. 陆大成,段树坤,科学出版社,2009。

[14]. Optical processes in Semiconductors. Jacgues I. Pankove. Dover Publications. Inc. ,New York 1975.

[15] Turkulets, Yury and Ilan Shalish. "Franz-Keldysh effect in semiconductor built-in fields." (2018).

[16] S. M. Sze,Semiconductor sensors, J. Wiley, 1994.

[17] *Light-Emitting Diodes*. Schubert, E. F. , Cambridge Univ. Press. 2006。

[18] A Course in ClassicalPhysics3—Electromagnetism. Springer International Publishing, Bettini A. 2016.

[19] Guru B S, Hiziroglu H R. Electromagnetic field theory fundamentals. Cambridge university press, 2004.

[20] 氮化锌粉末和薄膜的制备及特性研究, 宗福建, 山东大学博士学位论文, 2005.

[21] Kramers—Kronig 关系的一种推导, 刘骥, 李向阳, 大学物理, 1995.

[22] Claus F. Klingshirn, Semiconductor optics, Springer, Berlin, Heidelberg, 2012.

[23] 半导体制冷研究综述. 制冷, 贾艳婷, 徐昌贵, 闫献国等. 2012,31(1):49−55.

[24] J. Wakabayashi, S. Kawaji. Hall effect in silicon MOS inversion layers under strong magnetic fields. J. Phys. Soc. Jpn. 44. 1978.

[25] W. D. Callister, J, Material Science and Engineering An Introduction, Fifth Edition, P. 609, Fig. 19. 3.

[26] X. J. Zhang, H. L. Ma, Q. P. Wang, J. Ma, F. J. Zong, H. D. Xiao, and F. Ji, Structural and optical properties of $Mg_xZn_{1-x}O$ thin films deposited by radio frequency magnetron sputtering. Acta Physica Sinica, 2005. 54 (9): 4309 −4312。

[27] 张锡健, MgZnO 薄膜的制备及特性研究, 山东大学博士学位论文, 2006.

[28] D. C. Tsui, H. L. Stormer, and A. C. Gossard, Two − Dimensional Magnetotransport in the Extreme Quantum Limit, Physical Review Letters, 1982.

[29] Chang, C. Z. Zhang, J. et, at. Experimental observation of the quantum anomalous Hall effect in a magnetic topological insulator, Science, 340, 2013.

[30] Zhang, Y. Tan, Y. W. Experimental observation of the quantum Hall effect and Berry's phase in graphene, Nature, 438, 2005.

[31] Novoselov, K. S. Jiang, Z. et, at. Room−temperature quantum Hall effect in graphene, Science, 315, 2007.

[32] 冯硝, 磁性掺杂拓扑绝缘体薄膜中量子反常霍尔效应的实现与研究, 清华大学博士学位论文, 2014.

[33] Qiu, Z. Hou, D. et, at. Spin colossal magnetoresistance in an antiferromagnetic insulator, Nat Mater, 17, 2018.

[34] Yuasa and D. D. D jayaprawira, Gianttunnel magneto-resistance in magnetic tunnel junctions with a crystalline MgO(001) barrier, Journal of Physics D: Applied Physics, 40, 2007.

[35] ZnO 薄膜的制备及发光特性研究。王卿璞, 山东大学博士学位论文, 2003.

[36]. D. H. Zhang and D. E. Brodie, Thin Solid Films, 213 (1992) 109−122

[37]. D. H. Zhang, H. L. Ma, Appl. Phys. A. 62 (1996) 487－492.

[38]. D. H. Zhang and H. L. Ma, Thin Solid Films, 295(1997) 83.

[39]. T. L. Yang, D. H. Zhang, Thin Solid Films, 326 (1998) 60.

[40]. Yuan Chen, Deheng Zhang, Material Science & Technology, 16(1) (2000) 23.

[41]. D. H. Zhang, T. L. Yang et al., Applied Surface Science 158 (2000) 43－48.

[42]. D. H. Zhang et al., Material Science & Technology, 17 (5) (2001) 517.

[43]. D. H. Zhang et al., Material Chemistry and Physics, 68 (2001) 233

[44]. D. H. Zhang and D. E. Brodie, Thin Solid Films, 238 (1994) 95.

[45]. D. H. Zhang and D. E. Brodie, Thin Solid Films, 251 (1994) 151.

[46]. D. H. Zhang and D. E. Brodie, Thin Solid Films, 261 (1995) 334.

[47]. Deheng Zhang, Acta Physco－Chimica Sinica, 11(9) (1995) 577.

[48]. D. H. Zhang, J. Physics D: Appl. Phys. 28 (1995) 1273－1277.

[49]. 张德恒, D. E. Brodie, 半导体学报, 16 (10) (1995) 779.

[50]. 张德恒, D. E. Brodie, 物理学报, 44 (8) (1995) 1321.

[51]. Fabricius H, Skettrup T, Bisgaard P. Appl. Optics, 25(2) (1986) 764.

[52] Liu Y, Gorla C R, Liang S, et al. J. of Elec. Materials, 29(1) (2000) 60.

[53] 陈汉鸿，叶志镇,《半导体情报》,38 (2) (2001) 37～39.

[54] D. E. Brodie et al., 14th IEEE photovoltatic Specialists Conference, New York, (1980) 468.

[55] Puchert M K, Hartmann, Lamb R N. J. Mater. Res., 11(10) (1996) 2463.

[56] 王新强,杜国同,姜秀英,王金忠,半导体光电,21(4)(2000) 233－237.

[57] M. S. Wu, A. Azuma, T. Shiosake, and A. Kawabata, J. Appl. Phys., 62 (1987) 2482.

[58] Kazunori Mineglishi, Yasushi Koiwai, Yukinobu Kikuchi, et al. Jpn. J. Appl. Phys., 36 (1997) L1453－1455.

[59] Mathew J, Hitoshi T, Tomoji K. Jpn. J. Appl. Phys., 38 (1999) 1205.

[60] J. Ma, S. Y. Li, Thin Solid Films, 237 (1994) 16.

[61] D. H. Zhang, D. E. Brodie, Thin Solid Films, 251 (1997) 151.

[62] 杨邦朝,王文生,薄膜物理与技术 (1994)217。

[63] D. H. Zhang, Ph. D. Thesis, University of Waterloo, 1993.

[64] 杨邦朝,王文生,薄膜物理与技术,电子科技大学出版社,1994 年 1 月,P216。

[65] V. A. Nikitenko, A. I. Tereshchenko, V. P. Kucheruk, Inorganic Materials, 25

(1989) 1425.

[66] V. A. Nikitenko，S. V. Mukhin，I. P. Kusmiina，and V. G. Galstyan，Inorganic Materials，30 (1994) 963.

[67] M. Miyazaki，K. Sato，A. Mitsui，H. Nishimura，J. Non-Cryst. Solids，218 (1997) 323.

[68] M. Miki-Yoshida，F. Paraguay-Delgado，W. Estrada-Lopez，E. Andrade，Thin Solid Films 376 (2000) 99.]，

[69] H. Kawazoe，M. Yazukawa，H. Hyodo，Nature，389 (1997) 939.

[70] 张德恒，半导体杂志 23(1998)34。

[71] D. H. Zhang，T. L. Yang，J. Ma，et al.，Applied Surface Science，5598 (2000).

[72] G. A. Rozgonyi，and W. J. Polito，Appl. Phys. Leet.，8 (9) (1966) 220.

[73] G. L. Dybwad，J. Appl. Phys.，42 (1971) 5192.

[74] T. Mitsuyu，S. Ono，and K. Wasa，J. Appl. Phys.，51 (1980) 2464.

[75] N. Fujimura，T. Nishihara，S. Goto，J. Zu，and T. Ito，J. Crystal Growth，130 (1993) 269.

[76] H. Ieki，H. Tanaka，J. Koike，T. Nishikawa，1996 IEEE MTT－S Digest，(IEEE. NJ. 1996)，P. 409.

[77] V. Craciun，J. Elders，J. G. E. Gardeniers，and I. W. Boyd，Appl. Phys. Lett.，65 (1995) 2963.

[78] A. Suzuki，T. Matsushita，N. Wada，Y. Sakamoto，and M. Okuda，Jpn. J. Appl. Phys. Part 2，35 (1996) L56.

[79] S. Hayamizu，H. Tabata，H. Tanaka，and T. Kawai，J. Appl. Phys.，80 (1996) 787.

[80] V. Srikanth，V. Sergo，and D. R. Clarke，J. Am. Ceram. Soc.，78 (1995) 1931.

[81] P. Nath and R. F. Bunshah，Thin Solid Films 69 (1980) 63.

[82] S. W. Jan，and S. C. Lee，J. Electrochem. Soc.，134 (1987) 2056.

[83] K. F. Huang，T. M. Uen，Y. S. Gou et al.，Thin Solid Films 148 (1987) 7.

[84] H. U. Habermeier，Thin Solid Films 80 (1981) 157.

[85] K. KOBAYASHI，T. Matsubara，S. Matsushima，S. Shirakata，S. Isomura，and G. Okada，J. Mater. Sci. Lett.，15 (1996) 457.

[86] S. Nakarmura，T. Mukai，M. Senoh，Appl. Phys. Lett.，64 (1994) 1687.

[87] C. K. Lau，S. K. Tiku，K. M. Lakin，J. Electrochem. Soc.，127 (1980) 18443.

[88] S. K. Ghandhi，R. J. Field，J. R. Shealy，Appl. Phys. Lett.，37 (1980) 449.

[89] K. Tabuchi, W. W. Wenas, A. Yamada, M. Konagai, and K. Takahashi, Jpn. J. Appl. Phys. Part 1, 32 (1993) 3764.

[90] M. Shimizu, A. Monma, T. Shiosake, and A. Kawabata, J. Crystal Growth, 94 (1989) 895.

[91] M. Shimizu, T. Katayama, Y. Tanaka, T. Shiosaki, and A. Kawabata, J. Crystal Growth, 101 (1990) 171.

[92] D. M. Mattox, J. Appl. Phys. 34 (1963) 2493 ~ 2494.

[93] D. M. Mattox, Electrochemical Technology, 2 (1964) 295 ~ 298.

[94] [日] 金原粲, 藤原英夫, 薄膜, 1982, 裳华房。

[95] S. A. Studenikin, Nickolay Golego, and Michael Cocpvera, J. Appl. Phys. , 84 (1998) 2287.

[96] K. L. Chopra, R. C. Kainthla, D. K. Pandya, A. P. Thakoor, Phys. Thin. Films 12 (1982) 167.

[97] M. S. Tomar, F. J. Garicia, Prog. Cryst. Growth Chract. 4 (1981) 221.

[98] J. R. Arthur and J. J. LePore, J. Vac. Sci. & Tecnnol. , 6 (1969) 545.

[99] M. A. L. Johnson, J. D. Brown, N. A. EI — Masry, J. W. Cook Jr. , J. F. Schetzina, H. S. Kong, J. A. Edmond, J. Vac. Sci. Technol. B,16, (1998) 1282.

[100] K. Iwata, H. Asahi, K. Asami, R. Kuroiwa, and S. Gonda, Jap. J. Appl. Phys. Part 2, 36 (1997) L661.

[101] Ye fan Chen, D. M. Bagnall, Hang-jun Koh, Ki-tae park, Kenji Hiraga, Zi qing Zhu, and Taka fumi Yao, J. Appl. Phys. , 84 (1998) 3912.

[102] D. M. Bagnall, Y. F. Chen, M. Y. Shen, Z. Zhu, T. Goto, T. Yao. J. Crystal Growth 184,185 (1998) 605 609.

[103] H. Lin, S. Kumon, H. Kozuka, T. Yoko. Thin Solid Films 315 (1998) 266.

[104] E. Giani, R. Kelly, J. Electrochem. Soc. 121 (1974) 394.

[105] Y. Chen, D. Bagnail, T. Yao, Mater. Sci. Eng. B 75 (2000) 190.

[106] F. H. Niclo, Appl. Phys. Lett. , 9 (1996) 13.

[107] D. M. Bagnall, Y. F. Chen et al. , Appl. Phys. Lett. , 70 (1997) 2230.

[108] Y. Segawa ,A. Ohtomo,M. Kawasaki,H. Koinuma,Z. K. Tang,P. Yu,G. K. L Wong, Phys. Stat. Sol. (b), 202 (1997) 669.

[109] D. C. Reynolds, D. C. Look, et al. , Solid State communication. 99(12) (1996) 873.

[110] F. Robert，Will UV lasers beat the blues? Science，276(9) (1997) 895.

[111] S. Bethke，H. Pan，B. W. Wessels et al. ，Appl. Phys. Lett. ，52 (1988) 138.

[112] P. Zu，Z. K. Tang，G. K. L. Wong，M. Kawasaki，A. Ohtomo，Koinuma，Y. Segawa，Solid State Communications，103 (1997) 459.

[113] Y. F. Chen，D. M. Bagnall，Kou Hang jun et al. ，J. Appl. Phys. ，84 (1998) 3912.

[114] A. Ohtomo，K. Tamura，K. Saikusa et al. ，Appl. Phys. Lett. ，75 (1999) 2635.

[115] S. A. Studenikin，Nickolay Golego，Michael Cocivera，J. Appl. Phys. ，84 (1998) 2287.

[116] Sunglae Cho，J. Ma，Yunki Kim et al. ，Appl. Phys. Lett. ，75 (1999) 2761.

[117] 叶志镇，陈汉鸿，刘榕等 半导体学报，22(8) (2001) 1015.

[118] C. X. Guo，Z. X. Fu，C. S. Shi. Chin. Phys. Lett. ，16(2) (1999) 146.

[119] H. Z. Wu，X. L Xu，D. J. Qiu，H. K. He，X. Shou. Chin. Phys. Lett. ，19(9) (2000) 694.

[120] D. M. Bagnall et al. ，Appl. Phys. Lett. ，70 (1997) 2230.

[121] H. Cao，Y. G. Zhao，H. C. Ong，S. T. Ho，J. Y. Dai，J. Y. Wu，R. P. H. Chang；Appl. Phys. Lett. ，73 (1998) 3656.

[122] H. Cao，Y. G. Zhao，X. Liu，E. W. Seeling，R. P. H. Chang，Appl. Phys. Lett. ，75 (1999) 1213.

[123] Yasuhiro Igasaki, Takashi Naito, Kenji Murakami, Waichi Tomoda, Appl. Sur. Sci. 169－170 (2001) 512～516.

[124] Zhuxi Fu，Bixia Lin，Jie Zu，Thin Solid Films，402 (2002) 302～306.

[125] S. U. thanna，T. K. Subramanyam，B. Srinivasulu Naidu，G. Mohan Rao，Optical Materials，19 (2002) 461～469.

[126] H. Y. Kim，J. H. Kim，M. O. Park，S. Im，Thin Solid Films，398－399 (2001) 93～98.

[127] S. A. Studenikin, Nickolay Golego, and Michael Cocivera, J. Appl. Phys. ，83 (1998) 2104.

[128] V. Srikant, and D. R. Clarke, J. Appl. Phys. ，81 (1997) 6357～6364.

[129] Walter Water, Sheng-Yuan Chu, Materils Letters，55 (2002) 67～72.

[130] Tae Young MA，Sang Hyun Kim，Hyun Yul MOON，Gi Chol Park，J. J. Appl. Phys. ，35 (1996) P. 6208～6211.

[131] Q. P. Wang, D. H. Zhang, Z. Y. Xue, X. T. Hao, Applied Surface Science. 201

(2002) 123 — 128.

[132] S. H. Bae, S. Y. Lee, H. Y. Kim, S. Im. Optical Materials 17 (2001) 327 — 330.

[133] Z. Y. Xue, D. H. Zhang, Q. P. Wang, J. H. Wang. Applied Surface Science. 195 (2002) 126 — 129.

[134] D. H. Zhang, Meterials Chemistry and Physics 45 (1996) 248.

[135] Y. M. Lu, W. S. Hwang, W. Y. Liu, J. S. Yang, Materials Chemistry and Physcs, 72 (2001) 269 ~ 272.

[136] C. V. R. Vasant Kumar, Abhai Mansingh, J. Appl. Phys. , 65 (1989) 1270 ~ 1280.

[137] Woon-Jo Jeong, Gye-Choon Park, Solar Energy Materials & Solar Cells, 65 (2001) 37 ~ 45.

[138] Y. M. Lu, W. S. Hwang, W. Y. Liu, J. S. Yang, Materials Chemistry and Physics 72 (2001) 269 — 272.

[139] W. F. Wu, B. Sh. Chiou, Thin Solid Films, 247 (1994) 201 ~ 207.

[140] D. H. Zhang, Mater. Chem. And Phys. , 45 (1996) 248.

[141] E. M. Bachari, G. Baud, S. Ben Amor and M. Jacquet, Thin Solid Films 348 (1999) 165.

[142] K. B. Sundaram, A. Khan, Thin Solid Films, 295 (1997) 87 ~ 91.

[143] R. Roy, V. G. Hill, and E. F. Osborn, Polymorphism of Ga_2O_3 and the system $Ga_2O_3 - H_2O$, J. Am. Chem. Soc. 1952, 74, 719 — 722.

[144] S. I. Stepanov, V. I. Nikolaev, V. E. Bougrov, et al. Gallium oxide: properties and applications-A review. Rev. Adv. Mater. Sci. 2016, 44(1), 63 — 86.

[145] H. von Wenckstern. Group-Ⅲ Sesquioxides: Growth, physical properties and devices. Adv. Electron Mater. 2017, 3(9), 1600350.

[146] H. Y. Playford, A. C. Hannon, E. R. Barney, et al. Structures of uncharacterised polymorphs of gallium oxide from total neutron diffraction. Chem. — A Eur. J. 2013, 19(8), 2803 — 2813.

[147] M. Higashiwaki, K. Sasaki, H. Murakami, et al. Recent progress in Ga_2O_3 power devices. Semi. Sci. Tech. 2016, 31 (3), 034001.

[148] S. Fujita, Wide — bandgap semiconductor materials: For their full bloom, Jpn. J. Appl. Phys. , 2015, 54, 030101.

[149] Y. Tomm, P. Reiche, D. Klimm, et al. Czochralski grown Ga_2O_3 crystals. J. Cryst. Growth. 2000, 220 (4), 510 — 514.

[150] Z. Galazka, K. Irmscher, R. Uecker, et al. On the bulk β-Ga$_2$O$_3$ single crystals grown by the Czochralski method. J. Cryst. Growth. 2014, 404, 184－191.

[151] N. Ueda, H. Hosono, R. Waseda, et al. Synthesis and control of conductivity of ultraviolet transmitting β-Ga$_2$O$_3$ single crystals. Appl. Phys. Lett. 1997, 70 (26), 3561－3563.

[152] E. G. Villora, K. Shimamura, Y. Yoshikawa, et al. Large-size β－Ga$_2$O$_3$ single crystals and wafers. J. Cryst. Growth. 2004, 270 (3－4), 420－426.

[153] S. Ohira, M. Yoshioka, T. Sugawara, et al. Fabrication of hexagonal GaN on the surface of β-Ga$_2$O$_3$ single crystal by nitridation with NH$_3$. Thin Solid Films. 2006, 496 (1), 53－57.

[154] H. Aida, K. Nishiguchi, H. Takeda, et al. Growth of β-Ga$_2$O$_3$ single crystals by the edge-defined, film fed growth method. Jap. J. Appl. Phys. 2008, 47 (11), 8506－8509.

[155] W. Mu, Z. Jia, Y. Yin, et al. One-step exfoliation of ultra－smooth β-Ga$_2$O$_3$ wafers from bulk crystal for photodetectors. Crystengcomm. 2017, 19 (34), 5122－5127.

[156] M. A. Mastro, A. Kuramata, J. Calkins, et al. Perspective－Opportunities and future directions for Ga$_2$O$_3$, ECS J. Solid State Sci. Technol. 2017, 6, 356－359.

[157] Y. Liu, L. Du, G. Liang, et al. Ga$_2$O$_3$ field-effect-transistor-based solar－blind photodetector with fast response and high photo-to-dark current ratio, IEEE Electron Device Lett. 2018, 39, 1696-1699.

[158] E. Ahmadi, O. S. Koksaldi, S. W. Kaun, et al. Ge doping of β－Ga$_2$O$_3$ films grown by plasma-assisted molecular beam epitaxy, Appl. Phys. Express 2017, 10, 041102.

[159] K. Sasaki, A. Kuramata, T. Masui, et al. Device-quality β-Ga$_2$O$_3$ epitaxial films fabricated by ozone molecular beam epitaxy, Appl. Phys. Express 2012, 5, 035502 (2012).

[160] S. W. Kaun, F. Wu, and J. S. Speck, β-(Al$_x$ Ga$_{1-x}$)$_2$O$_3$/Ga$_2$O$_3$ (010) heterostructures grown on β－Ga$_2$O$_3$ (010) substrates by plasma－assisted molecular beam epitaxy, J. Vac. Sci. Technol. , A 2015, 33, 041508.

[161] P. Mazzolini, P. Vogt, R. Schewski, et al. Faceting and metal-exchange catalysis in (010) β-Ga$_2$O$_3$ thin films homoepitaxially grown by plasma-assisted

molecular beam epitaxy, APL Mater. 2019, 7, 022511.

[162] E. G. Villora, K. Shimamura, K. Kitamura, et al. RF-plasma-assisted molecular-beam epitaxy of β — Ga$_2$O$_3$, Appl. Phys. Lett. 2006, 88, 031105.

[163] P. Vogt and O. Bierwagen, Reaction kinetics and growth window for plasma-assisted molecular beam epitaxy of Ga$_2$O$_3$: Incorporation of Ga vs. Ga2 O desorption, Appl. Phys. Lett. 2016, 108, 072101.

[164] A. Singh Pratiyush, S. Krishnamoorthy, S. Vishnu Solanke, et al. High responsivity in molecular beam epitaxy grown β-Ga$_2$O$_3$ metal semiconductor metal solar blind deep-UV photodetector, Appl. Phys. Lett. 2017, 110, 221107.

[165] H. Okumura, M. Kita, K. Sasaki, et al. Systematic investigation of the growth rate of β-Ga2 O3 (010) by plasma-assisted molecular beam epitaxy, Appl. Phys. Express 2014, 7, 095501.

[166] Y. Qin, H. Dong, S. Long, et al. Enhancement-Mode β-Ga$_2$O$_3$ Metal-Oxide-Semiconductor Field-Effect Solar — Blind Phototransitor with Ultrahigh Detectivity and Photo-to-Dark current ratio, IEEE Electron Dev. Lett. 2019, 40(5), 742.

[167] M. Baldini, M. Albrecht, A. Fiedler, et al. Si-and Sn-doped homoepitaxial β-Ga$_2$O$_3$ layers grown by MOVPE on (010)-oriented substrates, ECS J. Solid State Sci. Technol. 2019, 6, Q3040 — Q3044.

[168] Z. Feng, A. F. M. Anhar Uddin Bhuiyan, M. R. Karim, et al. MOCVD homoepitaxy of Si-doped (010) β-Ga$_2$O$_3$ thin films with superior transport prop-erties, Appl. Phys. Lett. 2019, 114, 250601.

[169] C. — Y. Huang, R. — H. Horng, D. — S. Wuu, et al. Thermal annealing effect on material characterizations of β — Ga$_2$O$_3$ epilayer grown by metal organic chemical vapor deposition, Appl. Phys. Lett. 2013, 102, 011119.

[170] Y. Chen, H. Liang, X. Xia, et al. Effect of growth pressure on the characteristics of β — Ga$_2$O$_3$ films grown on GaAs (100) substrates by MOCVD method, Appl. Surf. Sci. 2015, 325, 258 — 261.

[171] D. Gogova, G. Wagner, M. Baldini, et al. Structural properties of Si — doped β — Ga$_2$O$_3$ layers grown by MOVPE, J. Cryst. Growth 2014, 401, 665 — 669.

[172] N. M. Sbrockey, T. Salagaj, E. Coleman, et al. Large — area MOCVD growth

of Ga_2O_3 in a rotating disc reactor, J. Electron. Mater. 2014, 44, 1357－1360.

[173] M. J. Tadjer, M. A. Mastro, N. A. Mahadik, et al. Structural, optical, and electrical characterization of monoclinic β－Ga_2O_3 grown by MOVPE on sapphire substrates, J. Electron. Mater. 2016, 45, 2031－2037.

[174] W. Mi, J. Ma, C. Luan, and H. Xiao, Structural and optical properties of β－Ga_2O_3 films deposited on $MgAl_2O_4$(100) substrates by metal－organic chemical vapor deposition, J. Lumin. 2014, 146, 1 - 5.

[175] D. Tahara, H. Nishinaka, S. Morimoto, et al. Heteroepitaxial growth of ε－$(Al_xGa_{1-x})_2O_3$ alloy filmon c － plane AlN templates by mistchemical vapor deposition, Appl. Phys. Lett. 2018, 112, 152102.

[176] H. Nishinaka, N. Miyauchi, D. Tahara, et al. Incorporation of indium into ε－gallium oxide epitaxial thin films grown via mist chemical vapour deposition for bandgap engineering, CrystEngComm 2018, 20, 1882－1888.

[177] T. Oshima, T. Nakazono, A. Mukai, et al. Epitaxial growth of γ － Ga_2O_3 films by mist chemical vapor deposition, J. Cryst. Growth 2012, 359, 60－63.

[178] K. Akaiwa and S. Fujita, Electrical conductive corundum － structured αGa_2O_3 thin films on sapphire with tin－doping grown by spray－assisted mist chemical vapor deposition, Jpn. J. Appl. Phys. , 2012, 51, 070203.

[179] M. Oda, R. Tokuda, H. Kambara, et al. Schottky barrier diodes of corundum-structured gallium oxide showing on-resistance of 0.1 mΩcm grown by MIST EPITAXY, Appl. Phys. Express 2016, 9, 021101.

[180] K. D. Leedy, K. D. Chabak, V. Vasilyev, et al. Si content variation and influence of deposition atmosphere in homoepitaxial Si-doped β－Ga_2O_3 films by pulsed laser deposition, APL Mater. 2018, 6, 101102.

[181] P. Gollakota, A. Dhawan, P. Wellenius, et al. Optical characterization of Eu-doped β-Ga_2O_3 thin films, Appl. Phys. Lett. 88, 221906 (2006).

[182] K. Matsuzaki, H. Yanagi, T. Kamiya, et al. Field-induced current modulation in epitaxial film of deep-ultraviolet transparent oxide semiconductor Ga_2O_3, Appl. Phys. Lett. 2006, 88, 092106.

[183] A. Goyal, B. S. Yadav, O. P. Thakur, et al. Effect of annealing on β－Ga_2O_3 film grown by pulsed laser deposition technique, J. Alloys Compd. 2014, 583, 214－219.

[184] S. Muller, H. von Wenckstern, D. Splith, et al. Control of the conductivity of Si—doped β-Ga$_2$O$_3$ thin films via growth temperature and pressure, Phys. Status Solidi A 2014, 211, 34 — 39.

[185] F. Zhang, M. Arita, X. Wang, et al. Toward controlling the carrier density of Si doped Ga$_2$O$_3$ films by pulsed laser deposition, Appl. Phys. Lett. 2016, 109, 102105.

[186] Q. Feng, F. Li, B. Dai, et al. The properties of gallium oxide thin film grown by pulsed laser deposition, Appl. Surf. Sci. 2015, 359, 847 — 852.

[187] Z. Hu, Q. Feng, J. Zhang, et. al. Optical properties of (Al$_x$Ga$_{1-x}$)$_2$O$_3$ on sapphire, Superlattices Microstruct. 2018, 114, 82 — 88.

[188] K. Goto, K. Konishi, H. Murakami, et al. Halide vapor phase epitaxy of Si doped β — Ga$_2$O$_3$ and its electrical properties, Thin Solid Films 2018, 666, 182 — 184.

[189] J. H. Leach, K. Udwary, J. Rumsey, et al. Halide vapor phase epitaxial growth of β — Ga$_2$O$_3$ and α — Ga$_2$O$_3$ films, APL Mater. 2019, 7, 022504.

[190] H. Murakami, K. Nomura, K. Goto, et al. Homoepitaxial growth of β—Ga$_2$O$_3$ layers by halide vapor phase epitaxy, Appl. Phys. Express 2015, 8, 015503.

[191] S. J. Pearton, F. Ren, M. Tadjer, et al. Perspective: Ga$_2$O$_3$ for ultra-high power rectifiers and MOSFETS, J. Appl. Phys. 2018, 124, 220901.

[192] M. Higashiwaki, K. Sasaki, A. Kuramata, et al. Development of gallium oxide power devices, Phys. Status Solidi A 2014, 211, 21 — 26.

[193] X. Ou, Y. Hao, et. al. First demonstration of wafer scale heterogeneous Integration of Ga$_2$O$_3$ MOSFETs on SiC and Si substrates by ion-cutting process, IEDM 2019. 12.

[194] J. B. Varley, J. R. Weber, A. Janotti, et. al. Oxygen vacancies and donor impurities in β — Ga$_2$O$_3$, Appl. Phys. Lett. 2010, 97, 142106.

[195] C. Janowitz, V. Scherer, M. Mohamed, et. al. Experimental electronic structure of In$_2$O$_3$ and Ga$_2$O$_3$, New J. Phys. 2011, 13, 085014.

[196] M. Mohamed, C. Janowitz, I. Unger, et. al. The electronic structure of β-Ga$_2$O$_3$, Appl. Phys. Lett. 2010, 97, 211903.

[197] J. Zhang, J. Shi, D. —C. Qi, et. al. Recent progress on the electronic structure, defect, and doping properties of Ga$_2$O$_3$, APL Mater. 2020, 8 020906.

[198] L. Du，Q. Xin，M. Xu，et. al，Achieving high performance Ga_2O_3 diodes by adjusting chemical composition of tin oxide Schottky electrode，Semicond. Sci. Technol. 2019，34，075001.

[199] L. Du，Q. Xin，M. Xu，et. al. High-performance Ga_2O_3 diode based on tin oxide Schottky contact，IEEE Electron Device Lett. 2019，40，451－454.

[200] M. H. Wong，K. Sasaki，A. Kuramata，et. al. Field-plated Ga_2O_3 MOSFETs with a breakdown voltage of over 750 V，IEEE Electron Dev. Lett. 2016，37，212 - 215.

[201] Y. Zhang，A. Neal，Z. Xia，et. al. Demonstration of high mobility and quantum transport in modulation-doped $\beta-(Al_xGa_{1-x})_2O_3/Ga_2O_3$ heterostructures，Appl. Phys. Lett. 2018，112，173502.

[202] K. Konishi，K. Goto，H. Murakami，et. al. 1-kV vertical Ga_2O_3 field-plated Schottky barrier diodes，Appl. Phys. Lett. 2017，110，103506.

[203] Z. Hu，H. Zhou，Q. Feng，et. al. Field-plate lateral $\beta-Ga_2O_3$ Schottky barrier diode with high reverse blocking voltage of more than 3 kV and high DC power figure-of-merit of 500 MW/cm^2，Appl. Phys. Lett. 2019，39(10)，1564－1567.

[204] R. Suzuki，S. Nakagomi，Y. Kokubun，et. al. Enhancement of responsivity in solar-blind β-Ga_2O_3 photodiodes with a Au Schottky contact fabricated on single crystal substrates by annealing，Appl. Phys. Lett. 2009，94，222102.

[205] F. Alema，B. Hertog，A. V. Osinsky，et al. Vertical Solar Blind Schottky Photodiode Based on Homoepitaxial Ga_2O_3 Thin Film，8th Conference on Oxide－Based Materials and Devices Ⅷ. San Francisco：SPIE，2017.

[206] D. Guo，H. Liu，P. Li，et al. Zero-power-consumption solar-blind photodetector based on β-Ga_2O_3/NSTO hetero-junction，ACS Appl. Mater. Interfaces 2017，9，1619－1628.

[207] Q. Feng，L. Huang，G. Han，et al. Comparison study of β-Ga_2O_3 photodetectors on bulk substrate and sapphire，IEEE Trans. Electron Dev. 2016，63，3578－3583.

[208] P. Li，H. Shi，K. Chen，et al. Construction of GaN/Ga_2O_3 p - n junction for an extremely high responsivity self-powered UV photodetector，J. Mater. Chem. C 2017，5，10562－10570.

[209] 范学运，王艳香，章义来，稀土掺杂氧化锌纳米粉的制备及其性能研究[J]. 人工晶

体学报,2008,37(5):1166－1171.

[210] 郭米艳,溶胶－凝胶法制备掺钇氧化锌薄膜及其性能研究[D]. 南昌大学,硕士学位论文.

[211] Kılınç N, Öztürk S, Arda L, et al. Structural, electrical transport and NO₂ sensing properties of Y-doped ZnO thin films[J]. Journal of Alloys and Compounds, 2012,536:138 - 144.

[212] ZHENG J H, SONG J L, JIANG Q, et al. Enhanced UV emission of Y-doped ZnO nanoparticles[J]. Applied Surface Science, 2012, 258:6735 - 6738.

[213] 宋淑梅,杨田林,辛艳青等,氧化锌掺钇透明导电薄膜的制备及光电特性研究[J]. 功能材料,2010,41(9):1578－1584.

[214] JUN T W, SONG K K, JUNG Y H, et al. Bias stress stable aqueous solution derived Y-doped ZnO thin film transistors[J]. Journal of Materials Chemistry, 2011,21:13524 - 13529.

[215] RON F, HARET J C. Electrical and luminescent properties of ZnO: Bi, Er ceramics sintered at different temperatures[J]. Journal of Luminescence, 2003, 104:1 - 12.

[216] LIU S M, LIU F Q, GUO H Q, et al. Correlated structural and optical investigation of terbium doped zinc oxide nanocrystals[J]. Physics Letters A, 2000,271:128－133.

[217] LIMA S A M, SIGOLI F A, JAFELICCI M, et al. Luminescent properties and lattice defects correlation on zinc oxide [J]. International Journal of Inorganic Materials, 2001, 3:749—754.

[218] GAO M, YANG J H, YANG L L, et al. Enhancement of optical properties and donor-related emissions in Y-doped ZnO[J]. Superlattices and Microstructures, 2012,52:84—91.

[219] JIA T K, WANG W M, LONG F, et al. Synthesis, characterization and luminescence properties of Y-doped and Tb-doped ZnO nanocrystals[J]. Materials Science and Engineering B, 2009,162:179—184.

[220] KAUR R, SINGH A V, MEHRA R M, et al. Physical properties of natively textured yttrium doped zinc oxide films by sol-gel[J]. Journal of Materials in Electronic, 2005,16:649—655.

[221] YANG J H, WANG R, YANG L L, et al. Tunable deep－level emission in ZnO

nanoparticles via yttrium doping[J]. Journal of Alloys and Compounds，2011，509：3606—3612.

[222] Chu-Chi Ting, Shiep-Ping Chang, Wei-Yang Li, et al. Enhanced performance of indium zinc oxide thin film transistor by yttrium doping [J]. Applied Surface Science, 2013, 284：397.

[223] JIAN SUN, ZHIGEN YU, YANHUA HUANG, et al. Significant improvement in electronic properties of transparent amorphous indium zinc oxide through yttrium doping [J]. The frontiers of physics, April 2014.

[224] Chu-Chi Ting, Shiep-Ping Chang, Wei-Yang Li, et al. Enhanced performance of indium zinc oxide thin film transistor by yttrium doping, Applied Surface Science, 2013, 284：397

[225] Young-Jun Lee, Joo-Hyung Kim, Jangha Kang, Characteristics of Y_2O_3—doped indium zinc oxide films grown by radio frequency magnetron co-sputtering system[J]. Thin Solid Films, 2013, 534：599.

[226] Chu-Chi Ting, Shiep-Ping Chang, Wei-Yang Li, et al. Enhanced performance of indium zinc oxide thin film transistor by yttrium doping [J]. Applied Surface Science, 2013, 284：397.

[227] JIAN SUN, ZHIGEN YU, YANHUA HUANG, et al. Significant improvement in electronic properties of transparent amorphous indium zinc oxide through yttrium doping [J]. The frontiers of physics, April 2014.

[228] E. Burstein, Phys. Rev. 93 (1954) 632.

[229] M. Tanenbaum et al. Phys. Rev. 91 (1953) 1516.]

[230] T. S. Moss, Proc. Phys. Soc. London Ser. B67 (1954) 775.

[231] E. R. Segnit, A. E. Holland, J. Am. Ceram. Soc. 48 (1965) 412.

[232] A. Ohtomo, M. Kawasaki, T. Koida, K. Masubuchi, H. Koinuma, Y. Sakurai, Y. Yoshida, $Mg_xZn_{1-x}O$ as Ⅱ—Ⅵ widegap semiconductor alloy, Appl. Phys. Lett. 72 (1998) 2466.

[233] W. I. Park, Gyu-Chul Yi and H. M. Jang, Metalorganic vapor-phase epitaxial growth and photoluminescent properties of $Zn_{1-x}Mg_xO$ ($0 \leqslant x \leqslant 0.49$) thin films, Appl. Phys. Lett. 79 (2001) 2022.

[234] J. H. Kang, Y. R. Park, K. J. Kim, Spectroscopic ellipsometry study of $Zn_{1-x}Mg_xO$ thin films deposited on Al_2O_3 (0001), Solid State Communications

115 (2000) 127.

[235] Dongxu Zhao, Yichun Liu, Dezhen Shen, Jiying Zhang, Youming Lu, Xiwu Fan, The dependence of emission spectra of rare earth ion on the band-gap energy of $Mg_xZn_{1-x}O$ alloy, J. Cryst. Growth 249 (2003) 163.

[236] 李金华,张昕彤,刘益春,郭薇,白玉白,李铁津,溶胶—凝胶法制备的 $Mg_xZn_{1-x}O$ 纳米薄膜结构和光学性质,高等学校化学学报 24 (2003) 1830.

[237] Guo—Jia Fang, Dejie Li, Bao-Lun Yao, Xinzhong Zhao, Cubic-(111) oriented growth of $Zn_{1-x}Mg_xO$ thin films on glass by DC reactive magnetron sputtering, J. Cryst. Growth 258 (2003) 310

[238] J. N. Zeng, J. K. Low, Z. M. Ren, et al. Appl. Surf. Sci. 197 — 198 (2002) 362

[239] T. K. Subramanyam, N. B. Srinivasulu, S. Uthanna, Effect of substrate temperature on the physical properties of DC reactive magnetron sputtered ZnO films, Opt. Mater. 13 (1999) 239

[240] C. W. Teng, J. F. Muth, Ü. Özgür, M. J. Bergmann, H. O. Everitt, A. K. Sharma, C. Jin, J. Narayan, Refractive indices and absorption coefficients of $Mg_xZn_{1-x}O$ alloys, Appl. Phys. Lett. 76 (2000) 979

[241] R. Swanepoel, Determination of the thickness and optical constants of amorphous silicon, J. Phys. E: Sci. Instrum. 16 (1983) 1214

[242] R. E. Stephens and I. H. Malitson, J. Res. Natl. Bur. Stand. 49 (1952) 249

[243] A. Ohtomo, M. Kawasaki, T. Koida, K. Masubuchi, H. Koinuma, Y. Sakurai, Y. Yoshida, $Mg_xZn_{1-x}O$ as II — VI widegap semiconductor alloy, Appl. Phys. Lett. 72 (1998) 2466

[244] A. K. Sharma, J. Narayan, J. F. Muth, C. W. Teng, C. Jin, A. Kvit, R. M. Kolbas, O. W. Holland, Optical and structural properties of epitaxial $Mg_xZn_{1-x}O$ alloys, Appl. Phys. Lett. 75 (1999) 3327

[245] Y. W. Heo, M. Kaufman, K. Pruessner, D. P. Norton, F. Ren, M. F. Chisholm, P. H. Fleming, Optical properties of $Zn_{1-x}Mg_xO$ nanorods using catalysis — driven molecular beam epitaxy, Solid — State Electronics 47 (2003) 2269

[246] Y. Yamada, D. Matsubayashi, S. Matsuda, et al,. Single crystalline In — Ga — Zn oxide films grown from c — axis aligned crystalline materials and their

transistor characteristics,Japan. J. Appl. Phys. 2014,53(9),091102.

[247] H. P. Chen, W. C. Ting., Correlation Between Carrier Concentration Distribution, I－V and C－V Characteristics of a－InGaZnO TFTs, J. Display Tech. 2016, 12(4), 328－337.

[248] K. Nomura, H. Ohta, K. Ueda, et. al., Thin－film transistor fabricated in single-crystalline transparent oxide semiconductor Science 2003, 300, 1269.

[249] K. Nomura, H. Ohta, A. Takagi, T. Kamiya, et. al., Room-temperature fabrication of transparent flexible thin-film transistors using amorphous oxide semiconductors, Nature 432, 488 (2004).

[250] Liu X., Liu X., Wang J., et. al. Transparent, High-Performance Thin-Film Transistors with an InGaZnO/Aligned-SnO2-Nanowire Composite and their Application in Photodetectors, Adv. Mater. 2014, 26, 7399－7404.

[251] X. Liu, J. Miao, L. Liao, et al., High-mobility transparent amorphous metal oxide/nanostructure composite thin film transistors with enhanced-current paths for potential high-speed flexible electronics,J. Mater. Chem. C 2014, 2(7), 1201－1208.

[252] Y. Tian, D. Han, S. Zhang, et al., High-performance dual-layer channel indium gallium zinc oxide thin-film transistors fabricated in different oxygen contents at low temperature,Japan. J. Appl. Phys. 2014,53(4), 04ef07.

[253] N. Münzenrieder, L. Petti, C. Zysset, et. al. Proc. of Eur. Solid－State Device Res. Conf. (ESSDERC), 2013, 362-365.

[254] A. Takagi, K. Nomura, H. Ohta, et al. Carrier Transport and Electronic Structure in Amorphous Oxide Semiconductor, a-InGaZnO4,Thin Solid Films 2005, 486(1), 38－41.

[255] Han K.-L., Jeong H.-J., Kim B.-S., et. al., Recent review on improving mechanical durability for flexible oxide thin film transistors,J. Phys. D: Appl. Phys. 52 (2019) 483002.

[256] Petti L., Münzenrieder N., Vogt C., Metal oxide semiconductor thin－film transistors for flexible electronics, Appl. Phys. Rev. 2016, 3, 021303.

[257] K. W. Lee, K. Y. Heo, H. J. Kim,et al. Photosensitivity of solution－based indium gallium zinc oxide single-walled carbon nanotubes blend thin film transistors,Appl. Phys. Lett. 2009, 94(10): 102112.

[258] Chang C. , Tsai C. , You J. -J. , et. al. , 62 — 3: A 120 Hz 1G1D 8k4k LCD with Oxide TFT, presented at SID symposium Digest of Technical Papers, 2019.

[259] Takeda Y. , Kobayashi S. , Murashige S. , et. al. , 37 — 2: Development of high mobility top gate IGZO — TFT for OLED display, presented at SID symposium Digest of Technical Papers, 2019.

[260] S. W. Shin, K. H. Lee, J. S. Park, et al. Highly Transparent, Visible-Light Photodetector Based on Oxide Semiconductors and Quantum Dot, ACS Appl Mater Interfaces, 2015, 7(35), 19666 — 19671.

[261] Myny K. , The development of flexible integrated circuits based on thin-film transistors, Nature Electronics, 2018, 1(1), 30 — 39.

[262] Y. Li, J. Yang, Y. Wang, et. al. , Complementary Integrated Circuits Based on p-type SnO and n-type IGZO Thin-Film Transistors, IEEE Electron Dev. Lett. 2018, 39, 208 — 211.

[263] J. Yang, Y. Yuan, Y. Li, et. al. , All-oxide-semiconductor-based Thin-film Complementary Static Random Access Memory, IEEE Electron Dev. Lett. 2018, 39, 1876 — 1879.

[264] Y. Li, J. Zhang, J. Yang, et. al. , Complementary Integrated Circuits based on N-and P-Type Oxide Semiconductors for Applications beyond Flat-Panel Displays, IEEE Trans. Electron Dev. 2019, 66, 950 — 956.

[265] K. Takechi, S. Iwamatsu, S. Konno, T. Yahagi, Y. Abe, M. Katoh, and H. Tanabe, IEEE Trans. Electron Dev. 2017, 64, 638.

[266] X. Du, Y. Li, J. R. Motley, et al. Glucose Sensing Using Functionalized Amorphous In — Ga — Zn — O Field — Effect Transistors, ACS Appl Mater Interfaces, 2016, 8(12), 7631 — 7637.

[267] Y. Fujimoto, M. Uenuma, Y. Ishikawa, et. al. , J. Electron. Mater. 45, 1377 (2016).

[268] S. J. Kim, B. Kim, J. Jung, et al. Artificial DNA nanostructure detection using solution-processed In-Ga-Zn-Othin-film transistors, Appl. Phys. Lett. 2012, 100 (10), 103702.

[269] Zhou J. , Liu N. , Zhu L. , et. al. , Energy-Efficient Artificial Synapses Based on Flexible IGZO Electric-Double-Layer Transistors, IEEE Electron Dev. Lett. 2015, 36, 198 — 200.

[270] Wan C. , Liu Y. , Zhu L. , et. al. , Short-Term Synaptic Plasticity Regulation in Solution-Gated Indium-Gallium-Zinc-Oxide Electric-Double-Layer Transistors, ACS Appl. Mater. Interfaces 2016, 8, 15.

[271] Yang Y. , He Y. , Nie S. , Light Stimulated IGZO-Based Electric-Double-Layer Transistors For Photoelectric Neuromorphic Devices, IEEE Electron Dev. Lett. 2018, 39(6), 897 − 900.

[272] Yang Y. , Liu R. , Jiang S. , et. al. , IGZO-based floating-gate synaptic transistors for neuromorphic computing, J. Phys. D: Appl. Phys. 2020, 53(21), 215106.

[273] W. Hu, L. Zou, X. Chen, et. al. , Highly Uniform Resistive Switching Properties of Amorphous InGaZnO Thin Films Prepared by a Low Temperature Photochemical Solution Deposition Method, ACS Appl. Mater. Interfaces 6, 5012 (2014).

[274] K. Kado, M. Uenuma, K. Sharma, et. al. , Thermal analysis for observing conductive filaments in amorphous InGaZnO thin film resistive switching memory, Appl. Phys. Lett. 105, 123506 (2014).

[275] H. J. Kim, B. S. Song, W. −J. Cho, and J. T. Park, Reliability of amorphous InGaZnO TFTs with ITO local conducting buried layer for BEOL power transistors, Microelectron. Reliab. 2017, 76 − 77, 333 − 337.

[276] J. Zhang, Y. Li, B. Zhang, et. al. , Flexible indium-gallium-zinc-oxide Schottky diode operating beyond 2. 45GHz, Nature Comm. 2015, 6, 7561.

[277] Y. Wang, J. Yang, H. Wang, et. al. , Amorphous-InGaZnO Thin-Film Transistors Operating Beyond 1 GHz Achieved by Optimizing the Channel and Gate Dimensions, IEEE Trans. Electron Dev. 2018, 65, 1377 − 1382.

[278] Feucht, D. Lion & A. G. Milnes (1970), written at New York and London, Heterojunctions and metal-semiconductor junctions, Academic Press, ISBN 0 − 12 − 498050 − 3.

[279] S. P. Kowalczyk, et al, Phys. Rev. Lett. 44, 1620 (1980); Su-Huai Wei and Alex Zunger, Appl. Phys. Lett. 72, 2011 (1998); Su-Huai Wei, et al, Appl. Phys. Lett. 94, 212109 (2009)

[280] J. Robertson, J. Vac. Sci. Technol. B 18, 1785 (2000);

[281] J. Robertson, J. Vac. Sci. Technol. A, 31, 050821 (2013);

[282] J. Robertson, Journal of Applied Physics 100, 014111 (2006);

[283] R. Marschall, Adv. Funct. Mater. 2014, 24, 2421-2440

[284] R. H. Rediker, S. Stopek. Trans. Metal. Soc. , AIME 233 (1965)463.

[285] P. N. Keating, J. Phys. Chem. Solids 24(1963) 1101.

[286] Optical Processes In Semiconductors, J. I. Pankove, Dover Publications. Inc. , New York 1975.

[287] 杨青娅. ZnO 纳米线肖特基势垒调控及其光电特性研究[D]. 河南大学 2013.

[288] 郝飞翔. 过渡金属氧化物异质结光伏效应研究[D]. 中国科学技术大学 2017.

[289] 张腾飞. 新型半导体材料/石墨烯肖特基结光电探测器的制备与性能研究[D]. 合肥工业大学 2017.

[290] 朱红卫,史常忻,陈益新,李同宁,低暗电流 InGaAs 金属－半导体－金属光电探测器,半导体光电,1996 年第 3 期,257－260.

[291] 左红英. 叠层有机肖特基结太阳能电池的研究现状与发展方向,通信电源技术,2016 年第 6 期,215－216.

[292] 邹宜峰. 基于肖特基结型的高性能红外光电探测器的研究[D]. 合肥工业大学 2016

[293] H. Dember, The forward motion from electrons through light, Physikalische Zeitschrift 33 (1932) 207－208.

[294] E. I. Adirovich, V. M. Rubinov, Y. M. Yuabov, On nature of ano-malously high voltages in semiconducting films, Doklady Akademii nauk SSSR 168 (1966)1037－1041.

[295] B. Goldsten, L. Pensak, High-voltage photovoltaic effect, Journal of Applied Physics, 30 (1959) 155－161.

[296] 戴沁煊,周建军,太阳能电池研究进展,企业科技与发展,2018 年第 2 期,79－83.

[297] V. M. Lubin, G. A. Fedorova, High-voltace photoelectromotive forces in thin semiconductor layers, Doklady Akademii nauk SSSR 135 (1960)833－836.

[298] J. T. Wallmark, A new semiconductor photocell using lateral photoeffect,, Proceedings of the Institute of Radio Engineers, 45 (1957) 474－483.

[299] 张岩. 有机半导体复合薄膜的输运性质和横向光效应[D]. 复旦大学 2010.

[300] G. Wlerick, Sur les proprietes photoelectriques du sulfure de cadmium, Annales de Physique, 1 (1956) 623－679.

[301] 刘渊,齐彦民,钙钛矿太阳能电池研究进展,新材料产业,2018 年第 4 期,61－65.

[302] 刘良玉,张威,禹庆荣，晶体硅太阳电池技术及进展研究浅析,中国设备工程,2017年第 9 期,175 — 176.

[303] 谢欣荣,李京振,李嘉兆,化合物半导体薄膜太阳能电池研究进展,广东化工,2017年第 22 期,103 — 105.

[304] Bose, S., Planck's law and light quantum hypothesis[J]. Z. Phys, 1924. 26(1): p. 178.

[305] Martin, R., P. Middleton, K. O'donnell, and W. Van Der Stricht, Exciton localization and the Stokes' shift in InGaN epilayers[J]. Applied physics letters, 1999. 74(2): p. 263 — 265.

[306] Urbach, F., The long-wavelength edge of photographic sensitivity and of the electronic absorption of solids[J]. Physical Review, 1953. 92(5): p. 1324.

[307] Rice, J. K., L. Pasternack, and H. H. Nelson, Einstein transition probabilities for the AlH A 1 Π—X1 Σ + transition[J]. Chemical Physics Letters, 1992. 189(1): p. 43 — 47.

[308] Ebeling, K. J., Physics of Semiconductor Lasers. 1996: Springer Netherlands. 2375 — 2376.

[309] Ilroy, P. M., A. Kurobe, and Y. Uematsu, Analysis and application of theoretical gain curves to the design of multi-quantum-well lasers[J]. IEEE Journal of Quantum Electronics, 1985. 21(12): p. 1958 — 1963.

[310] Mawst, L. J. Analysis temperature characteristics of highly strained InGaAs-GaAsP-GaAs ($\lambda 1.17 \mu$m) quantum well lasers. in Symposium on Integrated Optoelectronic Devices. 2002.

[311] Dutta, N. and R. Nelson, The case for Auger recombination in In1 — x Ga x As y P1 — y[J]. Journal of Applied Physics, 1982. 53(1): p. 74 — 92.

[312] Sugimura, A., Comparison of band-to-band Auger processes in InGaAsP[J]. IEEE Journal of Quantum Electronics, 1983. 19(6): p. 930 — 932.

[313] Chinn, S. R., P. S. Zory, and A. R. Reisinger, A model for GRIN — SCH — SQW diode lasers[J]. IEEE journal of quantum electronics, 1988. 24(11): p. 2191 — 2214.

[314] Chuang, S. L., Efficient band — structure calculations of strained quantum wells[J]. Physical Review B, 1991. 43(12): p. 9649.

[315] Schubert, E. F., Light-Emitting Diodes. 2006: :Cambridge Univ. Press

[316] Shigihara, K., Y. Nagai, S. Karakida, and A. Takami, High-power operation of broad-area laser diodes with GaAs and AlGaAs single quantum wells for Nd: YAG laser pumping[J]. IEEE Journal of Quantum Electronics, 1991. 27(6): p. 1537 — 1543.

[317] Manasevit, H. M., Single-crystal gallium arsenide on insulating substrates[J]. Applied Physics Letters, 1968. 12(4): p. 156 — 159.

[318] 王健, 熊兵, 孙长征, 郝智彪, and 罗毅, 刻蚀端面 AlGaInAs/AlInAs 激光器的制作与特性[J]. 中国激光, 2005. 32(8): p. 1031 — 1034.

[319] Wang, D. N., J. M. White, K. S. Law, C. Leung, S. P. Umotoy, K. S. Collins, J. A. Adamik, I. Perlov, and D. Maydan, Thermal CVD/PECVD reactor and use for thermal chemical vapor deposition of silicon dioxide and in — situ multi — step planarized process. 1991, Google Patents.

[320] W. F. Brinkman, D. E. Haggan, and W. W. Troutman, "A history of the invention of the transistor and where it will lead us," IEEE Journal of Solid — State Circuits, vol. 32, pp. 1858 — 1865, 1997.

[321] J. S. Kilby, "Invention of the integrated circu it," IEEE Transactions on Electron Devices, vol. 23, pp. 648 — 654, 1976.

[322] G. E. Moore, "Cramming more components onto integrated circuits (Reprinted from Electronics, pg 114 — 117, April 19, 1965)," Proceedings of the IEEE, vol. 86, pp. 82 — 85, 1998.

[323] I. Ferain, C. A. Colinge, and J. — P. Colinge, "Multigate transistors as the future of classical metal — oxide — semiconductor field — effect transistors," Nature, vol. 479, pp. 310 — 316, 2011.

[324] T. Nagatsuma, "Terahertz technologies: present and future," IEICE Electronics Express, vol. 8, pp. 1127 — 1142, 2011.

[325] Y. C. Shen, T. Lo, P. F. Taday, B. E. Cole, W. R. Tribe, and M. C. Kemp, "Detection and identification of explosives using terahertz pulsed spectroscopic imaging," Applied Physics Letters, vol. 86, 241116, 2005.

[326] R. M. Woodward, V. P. Wallace, R. J. Pye, B. E. Cole, D. D. Arnone, E. H. Linfield, and M. Pepper, "Terahertz Pulse Imaging of ex vivo Basal Cell Carcinoma," J Investig Dermatol, vol. 120, pp. 72 — 78, 2003.

[327] K. Ishigaki, M. Shiraishi, S. Suzuki, M. Asada, N. Nishiyama, and S. Arai,

"Direct intensity modulation and wireless data transmission characteristics of terahertz—oscillating resonant tunnelling diodes,"Electronics Letters, vol. 48, pp. 582—583, 2012.

[328] Y. Yang, M. Mandehgar, and D. R. Grischkowsky, "Broadband THz Pulse Transmission Through the Atmosphere,"IEEE Transactions on Terahertz Science and Technology, vol. 1, pp. 264—273, 2011.

[329] T. G. Phillips and J. Keene, "Submillimetre as tronomy,"Proceedings of the IEEE, vol. 80, pp. 1662—1678, 1992.

[330] K. Kawase, Y. Ogawa, Y. Watanabe, and H. Inoue, "Non—destructive terahertz imaging of illicit drugs using spectral fingerprints,"Optics Express, vol. 11, pp. 2549—2554, 2003.

[331] "Blackbody radiation", Retrieved 30th December 2013 from www. iki. rssi. ru/asp/ pub_sha1/Sharch06. pdf, 2013.

[332] N. Katzenellenbogen and D. Grischkowsky, "Efficient generation of 380 fs pulses of THz radiation by ultrafast laser pulse excitation of a biased metal semiconductor interface", Applied Physics Letters, vol. 58, pp. 222—224, 1991.

[333] S. Matsuura, M. Tani and K. Sakai, "Generation of coherent terahertz radiation by photomixing in dipole photoconductive antennas", Applied Physics Letters, vol. 70, pp. 559—561, 1997.

[334] E. F. Plinski, "Terahertz photomixer", Technical Sciences, vol. 58, pp. 463—470, 2010.

[335] D. Oepts, A. F. G. Van Der Meer and P. W. Van Amersfoort, "The Free—Electron—Laser user facility FELIX", Infrared Physics & Technology, vol. 36, pp. 297—308, 1995.

[336] J. Faist, F. Capasso, D. L. Sivco, C. Sirtori, A. L. Hutchinson and A. Y. Cho, "Quantum cascade laser", Science, vol. 264, pp. 553—556, 1994.

[337] E. R. Mueller, "Optically-pumped THz laser technology", Retrieved on 30th December 2013, from http://www. coherent. com/downloads/OpticallyPumped Laser. pdf.

[338] J. B. Gunn, "Microwave oscillations of current in Ⅲ—Ⅴ semiconductors", Solid State Communications, vol. 1, pp. 88—91, 1963.

［339］N. J. Pilgrim，A. Khalid，C. Li，G. M. Dunn and D. R. S. Cumming，"Vertical scaling of multi — stack Planar Gunn diodes"，International Semiconductor Conference (CAS)，Sinaia，Romania，pp. 427 — 430，11th — 13th October，2010.

［340］C. L. A. Khalid，V. Papageorgiou，N. J. Pilgrim，G. M. Dunn and D. R. S. Cumming，"A 218 — GHz second — harmonic multiquantum well GaAs — based planar Gunn diodes"，Microwave and Optical Technology Letters，vol. 55，pp. 686 — 688，2013.

［341］E. R. Mueller，"Terahertz radiation: application and sources"，AIP The Industrial Physicist，pp. 27 — 29，2003.

［342］B. Ferguson and X. — C. Zhang，"Materials for terahertz science and technology"，Nature Materials，vol. 1，pp. 26 — 33，2002.

［343］P. Y. Han and X. —C. Zhang，"Free—space coherent broadband terahertz time — domain spectroscopy"，Measurement Science and Technology，vol. 12，pp. 1747 — 1756，2001.

［344］G. Marcel，S. Giacomo，H. Daniel，F. Jerome，B. Harvey，L. Edmund，R. David and D. Giles，"Terahertz range quantum well infrared photodetector"，Applied Physics Letters，vol. 84，pp. 475 — 477，2004.

［345］M. J. E. Golay，"A pneumatic infra — red detector"，Review of Scientific Instruments，vol. 18，pp. 357 — 362，1947.

［346］A. Semenov，O. Cojocari，H. W. Hubers，F. Song，A. Klushin and A. S. Muller，"Application of zero— bias quasi—optical schottky—diode detectors for monitoring short — pulse and weak terahertz radiation"，IEEE Electron Device Letters，vol. 31，ip. 674 — 676，2010.

［347］J. L. Hesler and T. W. Crowe，"NEP and responsivity of THz zero — bias Schottky diode detectors"，Joint 32nd International Conference on Infrared and Millimeter Waves and Terahertz Electronics (IRMMW — THz)，Cardiff，United Kingdom，ap. 844 — 845，2nd — 9th September，2007.

［348］A. M. Song，A. Lorke，A. Kriele，J. P. Kotthaus，W. Wegscheider，and M. Bichler，"Nonlinear Electron Transport in an Asymmetric Microjunction: A Ballistic Rectifier,"Physical Review Letters，vol. 80，pp. 3831 — 3834，1998.

［349］《电子测量与仪器学报》，第 29 卷 第 8 期,2015 年 8 月，JOURNAL OF

ELECTRONIC MEASUREMENT AND INSTRUMENTATION,Vol. 29 No. 8. • 1097－1101.

[350] 赵国忠. 太赫兹科学技术研究的新发展[J]. 国外电子测量技术,2014,33(2):1－20.

[351] 赵国忠. 太赫兹光谱和成像应用及展望[J]. 现代科学仪器,2006(2):36－40.

[352] 姚建铨,路洋,张百钢,等. THz 辐射的研究和应用新进展[J]. 光电子激光,2005,16(4):503－509.

[353] 戚祖敏. 太赫兹波在军事领域中的应用研究[J]. 红外,2008,29(12):1－4.

[354] 张亮亮,张存林,赵跃进,等. 爆炸性物质太赫兹时间分辨光谱测量[J]. 光谱学与光谱分析,2007,27(8):1457－1460.

[355] 陈涛,李智,莫玮. 基于模糊模式识别的爆炸物 THz 光谱识别 [J]. 仪器仪表学报,2012,33 (11):2480－2486.

[356] 张雯,雷银照. 太赫兹无损检测的进展[J]. 仪器仪表学报,2008,29(7):1564－1568.

[357] 岳桢干. 美国伦斯勒理工学院太赫兹研究中心的远距离太赫兹探测技术研究[J]. 红外,2011,32(5):47－48.

[358] 郑新,刘超. 太赫兹技术的发展及在雷达和通讯系统中的应用[J]. 微波学报,2010,26(6):1－6.

[359] 李晋,皮亦鸣,杨晓波. 基于回旋管的星载太赫兹成像雷达设计与仿真 [J]. 电子测量与仪器学报,2010,24(10):892－898.

[360] 姚建铨. 太赫兹技术及其应用[J]. 重庆邮电大学学报:自然科学版,2010,22(6):703－707.

[361] DENGLER R J,COOPER K B,CHATTOPADHYAYG,et al. 600 GHz imaging radar with 2 cm range reso－lution[C]. IEEE/MTT－S International Microwave Sym－posium,Honolulu,2007:1371－1374.

[362] CHATTOPADHYAY G,COOPER K B,DENGLER R,et al. A 600 GHz imaging radar for contraband detection[C]. Proceedings of 19th International Symposium on Space Terahertz Technology,Groningen,2008:300－303.

[363] COOPER K B,DENGLER RJ,LLOMBART N,et al. THz imaging radar for standoff personnel Screening[J]. IEEE Transactions on Terahertz Science and Technolo－第 8 期 太赫兹技术在军事和安全领域的应用 • 1101 • gy,2011(1):169－182.

[364] 冯伟,张戎,曹俊诚. 太赫兹雷达技术研究进展[J]. 物理,2013,42(12):846—854.

[365] SHEEN D M,HALL T E,SEVERTSENRH,et al. Stand—off concealed weapon detection using a 350 GHz radar imaging system,passive millimeter — wave imaging tech — nology[C]. Florida: SPIE Proceedings,2010,7670:08.

[366] ESSEN H,WAHLEN A,SOMMERETAL R,et al. De — velopment of a 220 — GHz experimental radar[C]. 2008 German Microwave Conference, Hamburg — Harburg,2008:1 — 4.

[367] 徐刚锋,张岩. 太赫兹成像雷达技术发展与制导应用探讨[J]. 太赫兹科学与电子信息学报,2013,11(4): 507 — 511.

[368] 邱桂花,于名讯,韩建龙,等. 太赫兹雷达及其隐身技术[J]. 火控雷达技术,2013,42(4):28 — 32.

[369] 初洪娜. 关于太赫兹通信技术的综合分析探讨[J]. 硅谷,2011(14):34 — 35.

[370] 曹俊诚. 太赫兹辐射源与探测器研究进展[J]. 功能材料与器件学报,2003,9(2): 111 — 117.

[371] 姚建铨,迟楠,杨鹏飞,等. 太赫兹通信技术的研究与展望[J]. 中国激光,2009,36(9):2213 — 2233.

[372] 杨光鲲,袁斌,谢东彦,等. 太赫兹技术在军事领域的应用[J]. 激光与红外,2011,41(4):336 — 380.

[373] LIU ZH W. Video-rate Terahertz interferometric and synthetic aperture imaging[J]. Applied Optics,2009,48(19):3788 — 3795.

[374] 韩元,周燕,阿布来提,等.太赫兹技术在安全领域中的应用[J]. 现代科学仪器,2006(2):45 — 47.